|洞庭湖研究系列丛书|

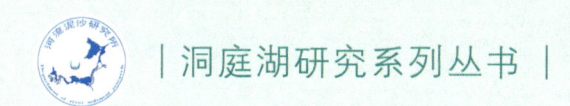

数字模拟技术在洞庭湖区水安全中的应用研究

王在艾 刘易庄 蒋婕妤◎编著

河海大学出版社
·南京·

图书在版编目(CIP)数据

数字模拟技术在洞庭湖区水安全中的应用研究 / 王在艾,刘易庄,蒋婕妤编著. -- 南京：河海大学出版社，2023.12
（洞庭湖研究系列丛书）
ISBN 978-7-5630-8799-0

Ⅰ.①数… Ⅱ.①王… ②刘… ③蒋… Ⅲ.①数字技术－应用－洞庭湖－湖区－水资源管理－安全管理－研究 Ⅳ.①TV213.4-39

中国国家版本馆 CIP 数据核字(2023)第 241899 号

书　　名	数字模拟技术在洞庭湖区水安全中的应用研究
书　　号	ISBN 978-7-5630-8799-0
责任编辑	曾雪梅
特约校对	薄小奇
装帧设计	徐娟娟
出版发行	河海大学出版社
地　　址	南京市西康路1号(邮编:210098)
电　　话	(025)83737852(总编室)　(025)83722833(营销部)
	(025)83787103(编辑室)
经　　销	江苏省新华发行集团有限公司
排　　版	南京布克文化发展有限公司
印　　刷	广东虎彩云印刷有限公司
开　　本	700毫米×1000毫米　1/16
印　　张	15.375
字　　数	300千字
版　　次	2023年12月第1版
印　　次	2023年12月第1次印刷
定　　价	118.00元

编写委员会

主　编　王在艾
副主编　刘易庄　蒋婕妤

参编人员

湖南省水利水电科学研究院

伍佑伦　纪炜之　赵文刚　宋　雯　吕慧珠
王　灿　顿佳耀　唐　瑶　肖　寒　鲁瀚友
彭丽娟　刘思凡　金兴华　陈旺武

长沙理工大学

蒋昌波　隆院男　邓　斌　熊　维　马　远
闫世雄　吴睿轩　曹劲松　袁　帅　徐维平
陈冀来　王楚才　王长顺　邹银翔　潘鹤鸣
康远泰

前言

洞庭湖作为长江中游重要的调蓄湖泊，多年来形成了以堤防为基础、蓄滞洪区、上游水库和河道整治相配套的防洪减灾水生态修复的传统工程体系，对长江中游地区的防洪、水资源、河湖以及生态安全起到了重要的作用。然而，随着三峡工程运用后洞庭湖江湖关系的变化，以及推动水利高质量发展尤其是数字孪生水利建设的要求，依靠传统治理模式已难以适应当前的新形势，利用新技术、新思路完善和优化水利工程智能管理体系，强化水安全预警和决策能力迫在眉睫。

首先，当前洞庭湖区水利工程基础信息已有部分数字化成果，但基础成果多限于平面化、单一化展示，数字化覆盖范围不足、技术手段不够先进，且信息资源缺乏系统有效的数字展示平台和共享机制，数据难以互补、应用层次较低。其次，作为数字化的核心部分，专业模型能帮助决策者快速提炼数字化成果基本规律和趋势，但洞庭湖当前模型能力不足，支撑决策精准化程度不高。以分蓄洪为例，蓄洪容积总计约 340 亿 m^3，尽管城陵矶附近规划湖南省 24 个洞庭湖蓄滞洪区与湖北省洪湖蓄滞洪区以有效分蓄洪水，但在制定蓄洪垸分洪应急预案时更多依据人为经验而非数字模拟模型开展预演、预测，分洪决策高效性、客观性不足。最后，精准、高效的模型模拟成果必须通过基本要素的数字化与信息化进行三维展示，才能发挥出智能管理最直接的抓手作用，然而洞庭湖区在模型成果三维展示方面缺乏研究。

因此，为实现依托湖区基础信息数字化成果，结合数字化模拟快速提出分蓄洪调度决策方案，合理利用分蓄洪区以达到更高效的防洪效果，本书基于洞庭湖水文资料及水利工程等基础信息，依托 BIM 模型、大场景下三维倾斜摄影等数字建模技术，集成洪水演进模型、水环境模型，建设了三维可视化成果和模型交互的数字平台。平台实现了湖区基础信息及典型堤垸主要水利工程的三维可视化，包括洞庭湖区水利工程基本情况介绍、蓄滞洪区堤防三维展示、三大垸及三小垸分洪闸 BIM 展示、西官垸主要控制性水利工程（水闸、泵站、安全区、安全台等)三维倾斜摄影模型;同时与湖区分蓄洪分区串联大湖模型、西官垸垸内洪水演进模型、西官垸垸内河网水质模拟模型等模型组件结合,实现堤垸分蓄洪闸门自定义启闭联动的三维情景分蓄洪模拟结果,最终形成"数据—自动模拟—可视化—用户—操控—控制模拟—再次可视化"多次循环的人-机-模型实时交互技术效果。本书研究成果有助于提高湖区防洪、饮水、用水和生态等水安全决策的信息化水平,为洞庭湖区水安全决策提供数字化技术支撑。

目录

第一章　绪论 ·· 001
　1.1　研究背景及意义 ·· 003
　　1.1.1　研究背景 ··· 003
　　1.1.2　研究进展 ··· 005
　1.2　研究内容 ·· 010
　　1.2.1　完善以水利工程信息为特色的洞庭湖区大数据节点 ····· 010
　　1.2.2　完善三维地图和中间件技术的水利工程群信息展示系统
　　　　　·· 010
　　1.2.3　完善以耦合分蓄洪的分区串联大湖模型为核心的模型组件微服务群 ··· 011
　　1.2.4　研究以水安全决策支撑为目标的系统校验和应用示例 ··· 011

第二章　研究区域 ··· 013
　2.1　自然地理 ·· 015
　2.2　水文气象 ·· 016
　　2.2.1　气候降水 ··· 016
　　2.2.2　水文特征 ··· 017
　　2.2.3　洪水特性 ··· 017
　2.3　河网水系 ·· 021
　　2.3.1　长江 ··· 021
　　2.3.2　四口河系 ··· 021
　　2.3.3　洞庭湖及洪道 ··· 023
　　2.3.4　"四水"河系 ··· 025
　　2.3.5　汨罗江、新墙河 ·· 026
　　2.3.6　历史演变 ··· 026

2.3.7　江湖关系变化 ………………………………………………… 028
　2.4　水利工程 …………………………………………………………… 034
　　　2.4.1　长江水库群 …………………………………………………… 034
　　　2.4.2　城陵矶附近蓄滞洪区 ………………………………………… 040
　　　2.4.3　控制性水闸 …………………………………………………… 046

第三章　洞庭湖区洪水演进及分蓄洪模型 ……………………………… 051
　3.1　经典算法 …………………………………………………………… 053
　3.2　模型概况 …………………………………………………………… 054
　　　3.2.1　计算范围 ……………………………………………………… 054
　　　3.2.2　空间地形数据合成 …………………………………………… 055
　　　3.2.3　模型简化 ……………………………………………………… 055
　　　3.2.4　利用线性水库简化 …………………………………………… 056
　　　3.2.5　利用非线性水库简化 ………………………………………… 057
　　　3.2.6　三口分洪计算 ………………………………………………… 057
　3.3　参数自动优选 ……………………………………………………… 059
　3.4　子区间产汇流算法 ………………………………………………… 060
　　　3.4.1　汇流时间 ……………………………………………………… 062
　　　3.4.2　径流量在时段上的划分 ……………………………………… 062
　　　3.4.3　蒸发 …………………………………………………………… 063
　　　3.4.4　产流 …………………………………………………………… 064
　　　3.4.5　产汇流耦合 …………………………………………………… 064
　　　3.4.6　参数 …………………………………………………………… 065
　　　3.4.7　输出 …………………………………………………………… 067
　3.5　分蓄洪算法 ………………………………………………………… 067
　　　3.5.1　分洪口空间布置 ……………………………………………… 067
　　　3.5.2　分洪口门外河水位时间序列 ………………………………… 068
　　　3.5.3　蓄洪量和进洪流量 …………………………………………… 071
　　　3.5.4　堤垸淹没区算法 ……………………………………………… 075
　3.6　1954年洪水演进模拟 ……………………………………………… 081
　　　3.6.1　洪水分析 ……………………………………………………… 081
　　　3.6.2　计算范围 ……………………………………………………… 085
　　　3.6.3　参数率定 ……………………………………………………… 086
　　　3.6.4　长江边界条件 ………………………………………………… 089

  3.6.5 超额洪量计算 ·········· 090
 3.7 分洪运用经济损失 ·········· 099
  3.7.1 洞庭湖区蓄滞洪区 ·········· 099
  3.7.2 洪湖蓄滞洪区 ·········· 103
 3.8 小结 ·········· 105

第四章 西官垸分蓄洪数值模拟模型 ·········· 107
 4.1 模型介绍 ·········· 109
  4.1.1 基本方程 ·········· 109
  4.1.2 初始条件和边界条件 ·········· 112
  4.1.3 关键问题处理 ·········· 113
  4.1.4 水动力方程的离散求解 ·········· 114
 4.2 动边界处理 ·········· 114
 4.3 模型率定与验证 ·········· 116
  4.3.1 2019年洪水率定 ·········· 116
  4.3.2 2020年洪水率定 ·········· 119
 4.4 西官垸开闸分洪模拟 ·········· 122
  4.4.1 1998年典型洪水 ·········· 122
  4.4.2 2003年典型洪水 ·········· 134
 4.5 小结 ·········· 145

第五章 西官垸河道水环境调度模拟 ·········· 147
 5.1 一维河网水质模拟 ·········· 149
  5.1.1 水动力模型 ·········· 149
  5.1.2 水质模型 ·········· 149
 5.2 模型构建 ·········· 150
  5.2.1 模型计算范围和网格划分 ·········· 150
  5.2.2 边界条件设置 ·········· 151
  5.2.3 模型计算参数确定 ·········· 152
 5.3 模型率定 ·········· 153
  5.3.1 水动力率定与验证 ·········· 153
  5.3.2 水质参数率定与验证 ·········· 153
 5.4 模拟结果及水质保障调度方案制定 ·········· 155
  5.4.1 调水范围和目标 ·········· 155

  5.4.2　调水原则 ··· 155
  5.4.3　调度方案制定 ····································· 155
 5.5　小结 ··· 161

第六章　洞庭湖河道堤垸及分洪可视化数字平台 ············· 163
 6.1　基本功能 ··· 165
  6.1.1　基础信息展示 ····································· 165
  6.1.2　基础功能 ··· 165
 6.2　后台管理 ··· 169
  6.2.1　场景管理 ··· 169
  6.2.2　垸区信息 ··· 169
  6.2.3　基础数据 ··· 170
  6.2.4　分析模拟 ··· 171
  6.2.5　共享管理 ··· 171
  6.2.6　权限管理 ··· 172
  6.2.7　系统管理 ··· 173
 6.3　三维功能 ··· 174
  6.3.1　湖区沙盘展示 ····································· 174
  6.3.2　场景配置模块 ····································· 175
  6.3.3　属性查看 ··· 179
  6.3.4　场景漫游 ··· 179
  6.3.5　水下地形 ··· 180
 6.4　分洪闸 BIM 模型展示 ······································· 181
  6.4.1　BIM 技术介绍 ····································· 181
  6.4.2　基础数据获取 ····································· 182
  6.4.3　BIM 模型构建 ····································· 182
  6.4.4　BIM 模型展示 ····································· 186
 6.5　西官垸可视化信息交互 ····································· 194
  6.5.1　技术原理 ··· 194
  6.5.2　遵循标准 ··· 197
  6.5.3　飞行系统 ··· 197
  6.5.4　航测方案 ··· 198
  6.5.5　外业数据采集 ····································· 204
  6.5.6　内业数据处理 ····································· 206

  6.5.7　三维可视化模型展示 ·· 207
6.6　堤垸分蓄洪三维情景模拟 ·· 217
  6.6.1　技术原理 ·· 217
  6.6.2　方案管理 ·· 219
  6.6.3　开闸模拟 ·· 221
  6.6.4　分洪模拟 ·· 222
  6.6.5　情景模拟 ·· 223
  6.6.6　西官垸洪水演进 ·· 224

第七章　结论与建议 ·· 225
7.1　结论 ··· 227
  7.1.1　洞庭湖区分蓄洪模拟 ·· 227
  7.1.2　西官垸洪水演进模拟 ·· 227
  7.1.3　西官垸水环境调度模拟 ··· 227
  7.1.4　洞庭湖河道堤垸及分洪可视化数字平台 ································ 228
7.2　建议 ··· 228

参考文献 ··· 229

第一章
绪论

1.1 研究背景及意义

1.1.1 研究背景

随着经济社会的快速发展,我国已处于新型工业化、城镇化发展阶段,对水资源的需求与日俱增,水安全形势十分严峻。尤其是在作为重大国家战略发展区域的长江经济带,这一形势更为严峻,其突出表现为饮水安全与水质恶化、防洪安全与区域发展、生态需求与经济发展之间的矛盾,其中防洪安全是关系长江流域全局安危的永恒话题。长期以来,流域性、区域性大洪水频繁发生,尽管三峡水库及其上游梯级水库群开发运用后,防洪形势有所缓解,但2016年、2017年、2020年均发生不同程度洪水,尤其是2020年先后发生3次编号洪水,形成流域性大洪水,长江干流监利以下江段全线及洞庭湖、鄱阳湖长时间维持超警戒水位。除去洪涝灾害的威胁,生态安全也成为当前面临的最为紧迫的问题,2011年、2019年洞庭湖、鄱阳湖频频干旱见底,接近30%的重要湖(库)仍处于富营养化状态。而随着新一轮拉尼娜及厄尔尼诺现象的影响,极端天气将更为频繁地发生[1],水安全问题可能愈发突出。

面对严峻的水安全形势,长江流域各省份将水旱灾害防御作为首要任务,特别是湖南省,境内长度在5 km以上的河流有5 341条、水面面积常年在1 km^{2}以上的湖泊有156个,其中包括长江中游十分重要的调蓄湖泊——洞庭湖。洞庭湖吞吐长江,汇集"四水",湖区内河网密布,水系纵横交错,防洪局面更为复杂。其在汛期调蓄25%的长江洪水,遇大洪水承担160亿m^{3}分蓄洪任务,是长江中游防洪体系安全中难以替代的组成部分[2]。但长江和"四水"洪水遭遇复杂,螺山泄流能力有限,且20世纪50年代以来湖区河道及湖泊淤积泥沙基数过大,导致洞庭湖汛期内水位抬升迅速且高洪水位持续时间长,造成湖区防洪局面难以有效改观[3]。

为应对严峻的防洪形势,洞庭湖形成了以堤防为基础,蓄滞洪区、上游水库和河道整治相配套的防洪减灾工程体系[4,5]。1986—1996年洞庭湖区开展一期治理工程,对11个重点垸1 191 km堤防实施应急除险,24个蓄洪垸实施安全设施和洪道整治试验性建设;1997—2008年二期治理工程对重点垸堤防开展加固、蓄洪安全试点建设;2009年至今全面完成蓄洪垸堤防加固及三大垸分蓄洪设施建设[6]。然而,随着三峡水库运用后长江与洞庭湖江湖关系的变化,洞庭湖洪水呈现出新的特点及趋势:长江常遇洪水洪峰得到控制,泥沙被拦截,荆江三口分流分沙不断减少,清水冲刷加剧,湖区内淤积泥沙重新启动、运移,新的泥沙分布影响了河湖形态及洪水传播[7]。同时,在洞庭湖防洪问题尚未完全解决的情况下,水环境、水资源等问题也逐步凸显[8]。

针对防洪、水环境问题,传统思路主要通过工程建设加以解决。防洪方面,主要通过"加固、扩容、拦蓄"等综合措施系统提升传统工程防洪能力[9];水环境方面,主要是通过河湖连通、沟渠疏浚、底泥清运等方式解决。随着江湖关系变化及生态文明建设需求,仅依靠传统治理模式难以适应当前的形势,完善水利工程智能管理体系,补齐防洪工程短板,强化防洪、用水安全监控、预警和决策能力迫在眉睫。作为智能管理最直接的抓手,基于多要素的数字化洪水演进、水环境演变模拟为开展防洪演练、水环境治理提供了新的思路。

作为洪水调度、水环境治理最基本的依托,洪水演进、水环境演变模拟模型也需要进一步完善。以往洪水演进模拟过程中对洞庭湖蓄滞洪区分蓄洪造成的影响考虑较少[10],但三大垸(钱粮湖垸、大通湖东垸、共双茶垸)、三小垸(澧南垸、西官垸、围堤湖垸)、城西垸、民主垸共8个蓄洪垸总蓄洪容积近80亿 m^3,基本覆盖东、南、西洞庭湖及"四水"尾闾,其调度情况会导致外河外湖的洪水演进发生一定的变化。而水质模型一般单独应用于垸内或垸外河网水质模拟,针对堤垸内外水系联合调度对垸内水环境影响方面的研究较少。因此,构建洞庭湖-分蓄洪区耦合洪水演进模型、一维水动力学河网水质模型,提高传统洪水模型的模拟精度与适用性,探索闸坝联动改善河系水资源和沟渠生态问题,能够为湖区水安全保障提供科学支撑。

精准、高效的模型模拟及其成果展示离不开基本要素的数字化与信息化。当前水利信息化主要采用数字测量、遥感、遥测等数字化技术和设备采集各种水利基础数据,或采用数字化扫描及识别等技术把非数字化的信息数字化,运用关系型数据库、空间数据库和数据仓库等存储和组织数据,通过高速数据通信网络传输数据,采用管理信息系统、决策支持系统、地理信息系统、数据挖掘和人工智能等技术处理、使用和发布数据。这些技术的掌握和有效应用是整个水利信息化的重要基础。

洞庭湖区水利信息化建设已有一定发展。如湖南省水利厅打造了囊括水雨情自动监测网络、湖南省防汛抗旱指挥平台、部分墒情试点等内容的湖南省防汛抗旱指挥系统;湖南水文编织了集雨水墒情、防汛抗旱、水库工情、取水用水、水土流失等数据源的智慧水信息采集网,基本实现了采集要素自动化、可视化、多元化,建立了全省统一的水数据存储体系,打造了统一的用户管理、门户集成、数据交换、地图服务系统[11];湖南省洞庭湖水利事务中心基于河湖管理专业基础数据库构建了"四水"干流及洞庭湖河湖管理信息系统。然而,尽管已建立多类别的涉及洞庭湖的水利信息系统,但洞庭湖水利数字化、信息化仍存在不少短板:湖区水利工程信息资源未形成专业数据库系统,不利于挖掘使用、统计分析及管理;已有业务数据库不共享,数据难以互补;基础信息没有系统平台展示,导致应用层次低。总体来说,洞庭湖区基础信息缺乏系统有效的数字展示平台和信息共享机制,针对水利工程信息资源进行结构化组织和有效的信息交换确有必要。

1.1.2 研究进展

1.1.2.1 水利工程基础信息数字化及可视化研究

随着现代社会的发展,各行各业兴起了数字化、信息化建设热潮。例如:5G通信、高速铁路等行业数字化建设已经起步,且已具有相当规模。我国水利数字化体系建设相对于其他行业虽然起步较晚,但具有非常广阔的发展空间。可视化技术是一种通过建立实物模型,采用三维可视化手段,理解和描绘实物的数据体表征方式,它将难以直观表达的数据转化为容易被人接受的三维图像信息[12]。从20世纪80年代产生至今,三维可视化技术已经成为多门学科开展科学研究的必要工具。在众多应用领域中,三维可视化技术为决策者提供了更好的决策环境,降低了不确定性,提高了其预见性[13]。

三维建模可通过建筑物立面测量来重构,也可通过三维建模软件及渲染软件进行构建。目前主流的三维建模方法有三种[14]:通过全站仪外业测量后应用三维建模软件进行的三维建模,通过三维激光扫描仪的三维建模,通过无人机倾斜摄影测量的三维建模。

应用三维建模软件进行建模是最为传统的建模方法,该方法外业测量任务重,内业数据处理需耗费人力和时间成本,但建模精度高,模型稳定性好[15]。目前,国内外流行的三维设计软件有:3ds Max、AutoCAD、Civil 3D、CATIA、MultiGen Creator/Vega、SketchUp、BIM 等。这些建模软件中,3ds Max、MultiGen Creator/Vega、Civil 3D 等可以构建比较逼真的三维模型,但它们的建模过程比较复杂,学习时间较长,不容易掌握。而另一些设计软件构建的三维模型又太过于简单,导致效果不理想。与同类型设计软件相比,AutoCAD、BIM 方便易用,当处理数量比较庞大的三维建模工程时,能有效提高建模速度和质量。但使用传统的三维 CAD 软件进行设计,创建的仅仅是建筑的几何模型,无法包含构筑物的特定属性,不能满足不同专业的要求,无法实现建筑性能各个方面的分析等。针对传统 CAD 软件存在的问题,建筑信息模型 BIM 技术可以提供有效的解决方法[16]。

BIM 技术是目前最先进的计算机辅助建筑设计技术。通过基于 BIM 技术的应用软件系统,设计人员可以创建一个包含所有建筑信息的虚拟建筑模型[17]。BIM技术在水利工程项目中应用的核心价值就是将水利工程各模型实现三维可视化,建立完善的项目信息数据库,实现水利项目建设的信息化管理[18]。BIM技术在水利工程项目中的应用优势主要体现在三维可视化、信息关联性及可溯源性、信息共享性三个方面。BIM技术可以利用计算机软件对二维线条进行处理,展示真实的地形地貌环境及地层详细信息,并实现各种水工构筑物模型的三维可视化。BIM技术在构建水利工程模型时能够实现各组件相关联参数的联动性,这样能够大幅减少项目信息的重复输入,减小信息输入错误的可能性,同时,BIM技术还可将水利工程建设期间的各种信息汇总为一个数据文件,以便在各参建单位和各专业之间查阅,大大提高了协同作业的效率[19]。朱亭等[20]以湖南托口水电站为例,采用BIM技术构建了大坝实体、地形场景以及监测信息的三维可视化模型,并开发出集成了三维可视化模型展示、数据查询、数据展示及安全预警四大模块的大坝安全监控系统;刘黎溪等[21]根据勘测资料创建工程建筑物区地形地质BIM模型,通过BIM协同平台,实现多专业协同设计,研究探索地质模型在实体开挖、三维剖切、三维渲染等方面的高级应用技术,直观清晰地展示地质结构,为项目设计和信息化管理提供参考。

三维激光扫描仪的建模方法外业测量相对简单,三维建模精度很高,但由于点云数据量非常大,处理起来很不容易,并且三维激光扫描仪的成本高,不适合大范围的推广使用[22]。

建筑物立面建模以无人机倾斜摄影为主,即根据需要将建筑物从各个不同方向,测出目标的俯视图和正立面图、侧立面图,以真实反映出建筑物各个部位在立面图上的关系位置及其尺寸。无人机倾斜摄影测量技术是近几年发展起来的新的测量手段,具有方便快捷的优点,并且外业和内业的操作都不是很难,成了一种低门槛高效率的三维建模方法,得到全行业范围内的大力推广,并且深受测绘工作者的青睐[23]。无人机倾斜摄影的数据有以下特点:①数据获取方式便捷高效,利用无人机搭载普通相机按照预定航线飞行,即可获取原始影像数据;②数据获取成本较低;③获取的数据具有全方位、多视角、高分辨率等特点;④内业数据处理较为简单,基本可以实现全自动或半自动化得到三维模型成果[24]。万凯等[25]使用实景建模软件对济南市历城区孟家村赵王闸进行三维重建,运用无人机全自动执行规划航线拍摄倾斜影像,重构实景模型,完成对闸坝的全面建模与监测。朱征等[26]以无人机所采集的POS数据、图像数据为基础,完成了白格堰塞区三维数字模型重建;以数字高程模型、数字地表模型、正射影像等形式展示了白格堰塞区地貌,并测算了白格堰塞体形态、结构等方面的特征信息。

在智慧水利大数据方面,刘辉[27]根据水利工程的特点,即水利工程相关数据量大且单调、数据可挖掘性小、水利工程不接受人工智能产生的黑箱知识,分析得出传统的 IT 与智慧水利有较多不同,实现智慧水利需要完成数据、模型、智能反馈这三步有关物联网平台建设的基础性工作。蒋云钟等[28]分析了大数据技术在水利中的应用,并指出水利大数据与以因果关系为特点的水利模型的结合,是解决水利精细化管理的途径,水利大数据的可视化能直观高效地展现水利数据信息。目前,洞庭湖区水利工程基础设施数字化程度相对较低,从而限制了湖区智慧水利建设,因此有必要开展湖区工程数字化、可视化工作,促进湖区工程联动更便捷、管理更高效及决策更智慧。

1.1.2.2　水利管理信息化

只有针对水利基础、业务等数据开展采集、整合、联动,形成基础数据库资源,才能挖掘出大量数据的应用价值,作为各类业务应用系统的支撑。目前,随着通信技术、计算机技术的快速发展和应用,我国水利工程管理基本实现了对水情、雨情等信息数据的采集与处理。浙江省以水利数字化转型为抓手,构建数据共享和业务协同两大开发模型,对水利数据和业务中台进行研究,推进智慧水利建设[29]。广东省人民政府办公厅印发的《广东省推进新型基础设施建设三年实施方案(2020—2022 年)》[30]明确:启动广东智慧水利融合工程建设。建设互联高速可靠的水利信息网,构建覆盖全省各级水利行政主管部门、各类水利工程管理及涉水单位全面互联互通的水利网络大平台,实现省、市、县、镇四级水利网点和各类涉水节点的高速网络全覆盖。建立水利大数据中心和共享平台,加快推进水利业务数据互联互通和"一数一源",重点推进水利大数据智能应用、水利"一张图"建设。推进水利专业数据汇集、共享,构建创新协同的水利大数据智能应用体系。四川省水旱灾害防御智慧水利以水文要素感知、信息存储传输、实时水雨情监测等环节为基础,开展洪水预报和防洪调度工作[31]。

当前水利部门对信息化建设的整体认知正逐步提高。如江苏省宿迁市以水利大数据为基础构建了水利建设工程管理体系[32],实现了水利数据在水利建设设计、施工、运营管理等阶段的应用;辽宁水文利用物联网、云计算、大数据、移动互联网等先进技术,并基于松耦合服务架构,通过构建以面向服务为核心的水文信息资源整合架构,很好地解决了辽宁水文信息资源异构应用间的信息共享、集成以及协同不足等问题,初步实现了系统与数据的互联互通,系统与平台的无缝集成和整合共享[33];镇江市在多种数据的支撑下,在"智慧水利"框架中建立了各种模型以方便调取利用,进一步加强了水利信息化的共享性和实用性[34]。在过去多年的信息化建设中,水利水电行业在不同时期应用不同的系统集成技术手段,建设了众多体系规模、软件架构不同的信息管理、应用系统。涉水工程管理软件种类繁多,涵盖工程安全监测、水雨情测报、水库调度、数据采集、水资源管理、政务办公等业务方向。大部分大中型水利工程管理单位都针对最核心、最紧要的职责和功能建立了水利工程管理软件系统。通过建立功能完善、基于业务的工程管理软件系统,可大幅度提高日常运行管理工作效率,促进信息资源的整合共享,提升单一水利工程以及多层级的涉水工程管理与决策水平。

众多水利信息平台所采用的技术包括空间信息、网络通信、数据自动化采集与分析处理、计算机图形图像处理等,这些现代信息技术为实现水利工程智能化管理、科学决策提供了更多实用的技术手段,各生产部门与研究学者互相合作,也对此进行了大量研究和尝试。如王宁等[35]基于 Flex 和 SOA 开发了防洪调度管理信息系统,实现了地理信息服务、水文监测数据管理、防洪调度方案比选及洪水演进模拟等功能的集合;白忠[36]将 BIM 技术与 GIS 技术融合运用于水利工程信息管理,提高水利工程的管理水平;张亦弛[37]研究了基于 WebGIS 的省级水利地理信息服务平台建设;凌龙[38]利用 WebGIS 多源数据共享的优势,采用 ArcGIS Server 加 ArcGIS Portal 定制开发的方式,开发了一个水利基本管理信息系统原型,将水利综合管理的各类数据集成到一个平台上管理;李建勋等[39]将 GIS 与 SOA 架构结合,用于管理水利数据;雷瑛等[40]则利用云计算技术,将资源的独占模式变为共享,同时将 GIS 数据与分析功能包装成云服务,实现数据与分析功能的共享、复用,以期打破信息孤岛与应用孤岛[41]。近些年来,软件系统体系结构已逐步从 C/S 模式向 B/S 模式转变,采用了有线网络、无线传感器、数据库等技术进行监测数据的采集与数据存储,部分软件系统已应用当今流行的 SOA 架构、Web Service 服务、移动互联等先进技术。

1.1.2.3 洞庭湖区洪水演进及分蓄洪模拟研究

当前,模型模拟洪水演进是研究江湖河网水流运动规律的主要手段,亦是防洪调度决策的重要依据,当前模拟模型主要分为水文学模型和水动力学模型。理论研究认为不可压缩流体遵循纳维—斯托克斯方程,计算机问世以前,洪水演进主要通过求解各种简化的圣维南方程组展开,包括:采用实测资料点绘相关关系的纯经验方法,这类方法的研究代表有 Harris[42];线性圣维南方程组法,Lighthill 等[43]、Dronkers[44]对此进行了大量研究。除此之外,还有建立流量与储量之间近似关系的水文学方法,研究代表有 Cunge[45]、Miller[46],以及简化形式的水力学方法,研究代表有 Wooding[47]。随着计算机的普及,洪水演进模拟模型也得到了很大程度的发展,水动力模型的应用范围逐渐扩大,计算精度也逐渐提高,从而为模拟范围内任意点水位流量预报提供了可行的技术手段[48]。但在实时洪水预报过程中,模型下游边界控制条件无法事先确定,仅用水动力模型开展实时洪水预报仍存在一定的难度。

河道洪水演进水文学数学模型是将水流连续方程和水流运动方程加以简化、概化,形成以水量平衡方程和蓄泄方程为基础的数学模型[49],水文学数学建模方法有连续平均法、特征河长法、汇流曲线法等,这些水文方法在缺乏河道地形资料且实测水文资料也不足的条件下,使用较为方便,为河道早期的开发治理提供了有效的研究手段。在国外,1871 年,法国科学家圣维南从理论和实践出发,研究了水流能量守恒和质量守恒规律,提出了著名的圣维南一维方程组。但圣维南方程是非线性方程,直接求解有一定的困难。传统的水文学方法是对方程作一定的简化,忽略方程中的惯性项,使之成为对流扩散模型。其中最具代表性的是马斯京根的洪水演进模型[50],他开创了洪水演进模拟的水文学方法,用槽蓄方程代替复杂的水动力方程,极大地简化了计算,同时取得了满足实用需求的演算精度。除此之外,目前常用的水文模型还有新安江模型[51]、水箱模型[52]、SWAT 模型[53]及 VIC 模型[54]等。

洪水演进模型模拟除上述较为常见的水文学方法外,还在有一定资料的基础上,发展了出流与槽蓄关系法。应用出流与槽蓄关系法,Choudhury 等[55]曾模拟河网水流状态,模型参数采用了各单元的槽蓄曲线及相互之间的蓄泄关系。我国在该方法上运用最为成功的当属长江流域中下游的大湖演进水文学数学模型[56]。该模型的主要原理是在一定的条件下,将连续方程简化为河段水量平衡方程,将水动力方程简化为槽蓄方程来进行出流计算。长江流域大湖演进水文学数学模型能够模拟长江中下游复杂江湖关系下的洪水演进状态,该模型要求有长系列、较为详尽的水文实测资料。就目前来说,较之强烈依赖于复杂多变的长江中下游河湖水沙地形的水力学模型,该模型在大尺度洪水行为的模拟上更具优势。国内对大湖模型的应用也较为普遍,邹冰玉等[57]通过对螺山站单值化后流量的分析,校正模型出流量因素,对大湖模型演算方法进行完善。结果表明:以洞庭湖来水为主和干流、洞庭湖共同来水时,模型应用效果较好,但遇三峡水库出库流量陡增时,模型应用效果较差。一次洪水过程中,起涨点预报均比实况滞后,涨水面和洪峰的预报效果较好。宁磊[58]根据 20 世纪 60—70 年代至 1990 年实测水文资料,基于出流与槽蓄关系法及水量平衡方程建立了长江中游宜昌—湖口包括洞庭湖、鄱阳湖大湖演进水文学数学模型,分析得出三峡工程建成 20 年以后超额洪量预计将减少 1/2,并利用该模型从防洪角度首次提出了江湖关系的内涵。对于洞庭湖地区,在 20 世纪 80 年代前主要采用水文学模型进行洪水预报。

洞庭湖地区洪水模拟一直是众多学者和水文机构关注的热点和难点,国内外学者就长江中游-洞庭湖洪水演进模型开展了大量研究[59-63]。胡四一等[64]建立了一二维非恒定流模型,开展了长江干流、河网、湖泊、分蓄洪区垸及水库的洪水演进和调度仿真研究。长江水利委员会基于水文学方法建立了大湖演算模型,反映出长江洪水调节对洞庭湖水系的影响[65]。张有兴、刘晓群等[66]考虑了起涨水位的影响,改进了大湖演算模型,进行洞庭湖洪水模拟。近年来,湖南省水文水资源勘测中心采用 API 模型、马斯京根模型、新安江模型、水位流量关系法等对洞庭湖流域各支流站点进行预报,并结合大湖演算模型对螺山站点水位进行预报,并进一步预报城陵矶水位,为保障洞庭湖区安全度汛提供了可靠信息。对比水动力学模型,以长江中下游大湖演算模型为代表的水文学模型不仅能够模拟复杂江湖关系下的洪水演进状态,而且运算简单快捷,可快速给出洞庭湖水系对长江干流洪水调节的主要特征,在当前长江中下游防洪调度及洪水演进模拟中发挥了重要作用。

1.2 研究内容

1.2.1 完善以水利工程信息为特色的洞庭湖区大数据节点

整理基础数据:以洞庭湖 11 个重点垸、24 个蓄洪垸为对象,基于历史研究成果、平行单位的水利信息数据源,收集、整理区域空间地理,堤防范围、级别及高程,蓄滞洪区布局,典型河段水下地形,以及气象、环境、经济社会等数据资料,组织三维倾斜摄影等补充数据细节。

建设标准化多源数据存储节点:拟将数据分为三类分别管理。其中,关系型数据库采用 MySQL 数据库存储;非关系型数据库采用 MongoDB 数据库存储;规则的时空数据采用文件存储。

完善数据管理和服务:建立一套能实现对所有数据进行增、删、改、查等维护和对非本地数据进行远程连接、获取、推送等的数据管理和服务系统;全部数据用统一的微服务接口对外提供数据,可实现同步的分级权限管理与用户信息校验。

1.2.2 完善三维地图和中间件技术的水利工程群信息展示系统

单个水利工程展示中间件研究:结合用户习惯和文化传统,建立可运行时配置的堤、桥、闸、泵、溃口的二维、三维展示前台插件;在此基础上分类整理水利工程的关键信息,建立可运行时配置的固定信息与时变信息展示中间件。

水利工程群展示优化技术研究:基于数据库动态记录,根据视野范围、缩放比例重复调用水利工程中间件,基于视角和光线入射角度调整工程群插件与信息标签的缩放、阴影和前后遮蔽,利用显卡并行计算,快速展示水利工程群及其相关信息。

人-机-模型实时交互技术研究：结合下一节的模型库，以整个洞庭湖区为对象，对 1954 年洪水作情景模拟；以西官垸为典型区，将前台的控制性工程设施（泵站、水闸、安全台、安全区）操作与模型组件、参数库和方案库对接，实现二、三维场景下堤防、水闸、安全台、安全区、险工险段、垸内地理及社会经济数据项信息浏览、查询、情景计算和实时反馈；结合一维水动力学河网水质模型，探索闸坝联动改善河系水资源和沟渠生态问题。

1.2.3　完善以耦合分蓄洪的分区串联大湖模型为核心的模型组件微服务群

改进分区串联大湖模型，给出关键节点的水位、流量和沿程节点的水位；构建大湖模型中源汇项（含闸、泵、溃口）耦合模拟技术；形成针对湖区的降雨产流模型库，建立一维河网水质模拟、二维堤垸洪水演进模拟；建立参数辅助智能优选技术，建立多节点同步的实时校正技术。完善通用模型接口和基于内存交换的模块交互技术，研究基于 REST API 的模型封装。

1.2.4　研究以水安全决策支撑为目标的系统校验和应用示例

耦合产汇流模拟和多点多方案分蓄洪模拟，建立三大垸（钱粮湖垸、大通湖东垸、共双茶垸）、三小垸（澧南垸、西官垸、围堤湖垸）、城西垸、民主垸分区串联可视化大湖演算模型技术，并在三维数字堤防平台实现堤垸分蓄洪闸门的自定义启闭方案以及联动的三维情景模拟结果（含分洪演进过程与湖区关键节点水位流量响应）；实时编制和检验不同分蓄洪方案的防洪效果（如洪峰削减量、淹没区及其淹没过程等）。同时结合流域调度方案，分析对上下游防洪的影响，为制定典型洪水过程中水库-蓄滞洪区联合调度防洪监测对策提供技术支撑。

重现 1954 年洞庭湖区洪水过程，检验软件系统和模型精度。以西官垸为典型区，研究分洪演进情景模拟和河道水环境调度模拟。

第二章
研究区域

2.1 自然地理

洞庭湖位于湖南省北部,北缘濒临长江荆江段,与江汉平原通过华容隆起隔江相望。地形东、南、西三面环山,西北高,东南低,为北部敞口的马蹄形盆地,湖体呈近似"U"字形。东以幕阜山、罗霄山等山脉与鄱阳湖水系为界,山峰海拔多在 500~1 000 m,少数在 1 500 m 以上;南以南岭山系与珠江水系为界,山峰海拔约为 1 000 m 上下,高峰可达 1 600~2 200 m;西以武陵、雪峰山脉与乌江、清江水系为界,山峰海拔一般为 1 000 m 以下,高峰可超过 1 500 m;北边濒临长江荆江段。洞庭湖区四周有桃花山、太阳山、太浮山等 500 m 左右的岛状山地突起,环湖丘陵海拔在 250 m 以下,滨湖岗地低于 120 m 者为侵蚀阶地,低于 60 m 者为基座和堆积阶地;中部由湖积、河湖冲积、河口三角洲和外湖组成的堆积平原,海拔大多在 25~45 m,呈现水网平原景观。

洞庭湖汇集湘、资、沅、澧"四水"及湖周中小河流,承接经松滋、太平、藕池、调弦(1958 年冬封堵)四口分流长江来水,在城陵矶附近汇入长江。水域范围包括东洞庭湖、南洞庭湖、目平湖、七里湖 4 个天然湖泊。当城陵矶水位达 33.5 m 时,洞庭湖天然湖泊面积为 2 625 km^2,容积为 167 亿 m^3。

湘江流域地形特点为西南高而北东低,东安至洞庭湖入口河流落差 95 m。河源至永州萍岛属中低山地貌,两岸峰险山峻、谷深林密,河道顺直,一般为"V"形河谷,河谷宽 110~140 m,河床坡降 0.90‰~0.45‰;永州萍岛至衡阳为中游河段,两岸为低山—丘陵地貌,河谷台地发育,逐渐开阔,呈"U"形,河谷宽 250~600 m,河床坡降 0.29‰~0.18‰;衡阳至洞庭湖入口为下游河段,两岸为丘陵—平原地貌,河道蜿蜒曲折,河谷开阔,河谷宽 500~1 000 m,河床坡降 0.083‰~0.045‰。

资江流域地势西南高而东北低。资江在武冈以上为河源段,平均坡降 5‰;武冈至小庙头为上游,平均坡降 0.53‰;中游地区即小庙头(邵阳市下游 34 m)至马迹塘之间大部为高山峻岭,平均坡降 0.5‰;马迹塘至益阳为下游,主要为冲积相堆积平原,区内地势辽阔、平坦,河道为"U"形宽谷,平均坡降 0.3‰。

沅江流域呈南北长而东西窄、自西南斜向东北的矩形状,地势上跨越我国第二、第三级阶梯,总体上西南高而东北低,地形高差较大,流域上游分布苗岭山脉,两侧分布武陵山、雪峰山两大山脉。洪江以上为沅江上游,多为高山峻岭,海拔 1 000 m 左右,河谷深切,岸坡陡峭,河宽 50~150 m,平均坡降 1.01%;洪江至凌津滩为中游,地形以低山丘陵为主,但沅陵至五强溪为长达 90 km 的峡谷,河谷宽 500~1 000 m,平均坡降 0.34%;凌津滩以下为下游,河谷开阔,阶地发育。

澧水流域南以武陵山与沅江为界,西北以湘鄂丛山与清江分流,东临洞庭湖,地势西北高东南低。桑植县城以上为上游,两岸高山峻岭,山峰高程多在1 000~2 000 m;桑植至石门为中游,河流穿行于峡谷与山间盆地之中,深潭与急滩交互出现,山岭高程400~1 400 m,河床坡降0.754‰;石门至小渡口为下游,地势平缓开阔,丘陵岗地零星分布,高程35~50 m,河床坡降0.204‰;小渡口以下属尾闾,为广阔的平原,地面高程30~40 m。

2.2 水文气象

2.2.1 气候降水

洞庭湖地区属中北亚热带湿润气候区,雨热同期,降水丰沛但季节分配不均,多梅雨期暴雨和台风暴雨。多年平均气温16.6~17.1℃;年降水量1 100~1 400 mm,由东南向西北呈递减趋势,降水日数142天;年蒸发量1 258.3 mm。

洞庭湖区所在长江中下游地区受副热带高压脊线、西风环流和东南沿海台风的影响,极端天气现象较多。在亚洲中高纬度地区经向环流盛行时,北方来的冷气流与南方来的暖气流长时间汇聚于长江中下游一带,常造成梅雨期暴雨。梅雨期暴雨大多发生在4—9月,其中6—8月暴雨占全年暴雨总量的90%以上,往往造成洞庭湖区洪涝灾害一年多发。此外,7—8月洞庭湖区易受台风的影响,台风带来的高强度降雨也是造成湖区洪涝灾害的主要原因。

湘江流域处亚热带湿润地区。多年平均气温17.1~18.1℃,中游稍高,下游稍低,多年平均降水量1 271.6~1 400.6 mm,中、下游相差不大,最大日降水量150~217.41 mm,以衡阳市为最大;多年平均年蒸发量1 271.5~1 495.2 mm。每年4—8月为汛期,其中最大洪水5月出现次数最多,占34.2%。

资江流域属中亚热带季风湿润气候区,多年平均气温16.2~17.1℃,中、下游无明显差别,多年平均降水量1 272.5~1 691.8 mm,以安化为界,其上游降水量呈递增之势;多年平均年蒸发量1 117.6~1 367.9 mm,以邵阳市居首位(属衡邵丘陵干旱区);年最高洪水位多出现在4—8月,主要集中在5—7月,其中6月出现次数最多,占33.3%。

沅江流域属副热带气候区。多年平均气温16.5~17℃,以沅陵为界,中游稍高于下游,多年平均降水量1 294.8~1 426.6 mm,沅陵、桃源较大;多年平均年蒸发量1 161.4~1 317.2 mm,中游大于下游;最高水位多出现在4—8月,占94.7%,主要集中在5—7月,占81.9%,其中6月出现次数最多,占33.3%。

澧水流域属中亚热带季风湿润气候区。多年平均气温 16.3～16.7℃，中、下游无明显差别；多年平均降水量 1 254～1 396.9 mm，中游最大，下游最小；多年平均年蒸发量 1 119.7～1 382.8 mm，桑植最小；年最高洪水位多出现在 5—9 月，占 97.5%，主要集中在 6—8 月，占 79%；其中 6 月出现次数最多，占 38.6%。

当汛期洪水发生时，湘、资、沅、澧"四水"的干流和尾闾的水位变化，是洪涝灾害发生的关键因素。洞庭湖区除了要接纳本区的降水外，还要接纳来自湘、资、沅、澧"四水"流域和湖区以上长江流域的降水。湘、资、沅、澧"四水"如果同时暴雨，洪水一并汇入洞庭湖，往往容易造成特大洪涝灾害。城陵矶是洞庭湖唯一的出水口，湖南"四水"、长江三口入湖洪峰从这里注入长江。汛期的时候，城陵矶口由于受长江高水位顶托，洞庭湖排出的湖水拥堵，甚至出现长江洪水倒灌洞庭湖，引起湖区大范围的洪涝灾害。此外，洞庭湖内部芦苇丛生，滞流阻水，也严重影响其泄洪功能的发挥。洞庭湖区内江湖关系复杂，防洪堤线漫长，特殊的自然地理、河网水系环境，加之脆弱的防洪治涝体系，使得洞庭湖区成为洪涝灾害多发区。

2.2.2 水文特征

(1) 径流

1951—2020 年洞庭湖总入湖水量 178 408 亿 m³，年均入湖水量 2 549 亿 m³；总出湖水量 198 965 亿 m³，年均出湖水量 2 842 亿 m³。其中：四口分流水量 60 461 亿 m³，年均 864 亿 m³；四水入湖水量 117 947 亿 m³，年均 1 685 亿 m³；区间水量 20 557 亿 m³，年均 294 亿 m³。

(2) 水位

洞庭湖区水域面积大、江河汇流多，因此水位复杂多变。洞庭湖水位西高东低，汛期和枯期水位、水面变幅大。江河汇流处莲花塘历史最高水位出现在 1998 年 8 月 20 日，为 35.80 m；洞庭湖出湖水文监测站城陵矶（七里山）多年平均水位（1953—2020 年）为 24.87 m，最高水位出现在 1998 年 8 月 20 日，为 35.94 m。南洞庭控制站沅江历史最高洪水位出现在 1996 年 7 月 21 日，为 37.09 m；西洞庭控制站石龟山历史最高洪水位出现在 1998 年 7 月 24 日，为 41.89 m；湘、资、沅、澧"四水"控制站历史最高水位分别出现在 1994 年 6 月 18 日、1996 年 7 月 17 日、2014 年 7 月 17 日、1964 年 6 月 29 日，分别为 41.95 m、47.37 m、47.37 m、67.63 m。

2.2.3 洪水特性

2.2.3.1 长江洪水

长江洪水主要由暴雨形成。上游宜宾至宜昌河段，有川西暴雨区和大巴山暴雨区,暴雨频繁,岷江、沱江和嘉陵江分别流经这两个暴雨区,洪峰流量甚大,暴雨走向大多和洪水流向一致,使岷江、沱江和嘉陵江洪水相互遭遇,易形成寸滩、宜昌站峰高量大的洪水。清江、洞庭湖水系中有湘西北和鄂西南两个暴雨区,暴雨主要出现在6—7月和5—6月,相应的,清江和洞庭湖水系的洪水也出现在5—7月。

长江流域洪水发生的时间和地区分布与暴雨一致。一般是中下游洪水早于上游;江南早于江北。上游南岸支流乌江洪水发生时间为5—8月,金沙江和上游北岸各支流洪水发生时间为6—9月;中游北岸支流汉江洪水发生时间为6—10月。长江上游干流受上游各支流洪水的影响,洪水主要发生时间为7—9月,长江中下游干流因承泄上游和中下游支流的洪水,洪水发生时间为5—10月。年最大洪峰出现时间,上游干流主要集中在7—8月,中下游干流主要集中在7月。

根据1949—2020年宜昌站实测资料统计,洪水洪峰流量最大年份为1981年,洪峰流量为70 800 m³/s;历年最大1 d、3 d洪量均发生在1981年,分别为60.05亿 m³、172.54亿 m³;历年最大5 d、7 d、15 d洪量发生均在1954年,分别为280亿 m³、385亿 m³、785亿 m³。

2.2.3.2 "四水"洪水

湘江流域的洪水主要由暴雨形成。每年4—9月为汛期,年最大洪水多发生于4—8月,其中5、6两月出现次数最多。湘江流域水量丰富,干流中下游洪水过程多为肥胖单峰型。由湘潭站1959—2020年洪水量数据可知,历年最大1 d、3 d、7 d洪量均发生在2019年,分别为22.6亿 m³、61.2亿 m³、119亿 m³;最大15 d洪量发生在1962年,为183亿 m³;最大30 d洪量发生在1968年,为300亿 m³。

资江洪水一般发生在4—9月,主汛期为6—8月。洪水在7月15日之前多为峰高量大的复峰,一次洪水过程多在5 d左右;7月15日之后多为峰高量小的尖瘦型,单峰居多,一次洪水过程多在4 d左右。由桃江站1959—2020年洪水量数据可知,历年最大1 d、3 d、7 d、15 d洪量均发生在1996年,分别为9.68亿 m³、27.0亿 m³、56.2亿 m³、71.8亿 m³;最大30 d洪量发生在1998年,为92.1亿 m³。

沅江洪水一般发生在4—10月,4—8月为主汛期,以5—7月发生次数最多。大洪水大多发生在6—7月。5—7月的洪水一般是峰高量大历时长的多峰型,8月以后的洪水多为峰高量小历时短的单峰型。一次大洪水历时,中游为7~11 d,下游为10~14 d;洪量主要集中在3~5 d时段内。由桃源站1959—2020年洪水量数据可知,历年最大1 d、3 d、7 d、15 d、30 d洪量均发生在

1996 年，分别为 23.8 亿 m³、70.2 亿 m³、147 亿 m³、205 亿 m³、287 亿 m³。

澧水洪水年最大洪峰出现在 4—10 月，但大多出现在 6、7 月。澧水洪峰持续时间短，峰型尖瘦，一次洪水历时，上游为 2~3 d，中下游为 3~5 d。暴雨时空分布上的差异和干支流洪水的各种组合，使其常出现连续相持的复式洪水过程，5~7 d 内可出现 3~4 次洪峰。由石门站 1959—2020 年洪水量数据可知，历年最大 1 d、3 d 洪量均发生在 1998 年，分别为 15.0 亿 m³、33.1 亿 m³；最大 7 d 洪量发生在 1980 年，为 47.1 亿 m³；最大 15 d、30 d 洪量均发生在 1983 年，分别为 68.5 亿 m³、94.7 亿 m³。

2.2.3.3 洪水遭遇

从洪水过程遭遇来看，由于洞庭湖可调蓄洪水，各来水河流洪水过程也较长，洪水过程遭遇机会较多。对 1959—2020 年长江、"四水"最大 1 d、3 d、7 d、15 d、30 d 洪量对应洪水遭遇频次进行统计分析，结果见表 2-1。

表 2-1　长江及"四水"最大洪量对应洪水过程遭遇频次表（1959—2020 年）　单位：次

	洪水过程遭遇	1 d	3 d	7 d	15 d	30 d
两水遭遇	长江+湘江	0	0	0	2	3
	长江+资江	1	1	3	4	9
	长江+沅江	0	1	2	3	10
	长江+澧水	0	1	4	13	20
	湘江+资江	4	11	18	32	35
	湘江+沅江	1	5	12	21	25
	湘江+澧水	0	1	1	6	21
	资江+沅江	8	21	27	28	41
	资江+澧水	0	2	3	6	24
	沅江+澧水	3	11	18	26	36
三水遭遇	长江+湘江+资江	0	0	0	1	2
	长江+湘江+沅江	0	0	0	0	2
	长江+湘江+澧水	0	0	0	0	2
	长江+资江+沅江	0	1	1	0	6
	长江+资江+澧水	0	0	0	1	8
	长江+沅江+澧水	0	0	0	3	10
	湘江+资江+沅江	0	4	7	12	15
	湘江+资江+澧水	0	0	0	1	13

续表

洪水过程遭遇		1 d	3 d	7 d	15 d	30 d
三水遭遇	湘江＋沅江＋澧水	0	0	0	3	12
	资江＋沅江＋澧水	0	1	3	6	21
四水遭遇	"四水"	0	0	0	1	10
	长江＋湘江＋资江＋澧水	0	0	0	0	1
	长江＋湘江＋沅江＋澧水	0	0	0	0	2
	长江＋资江＋沅江＋澧水	0	0	0	0	6
五水遭遇	长江＋湘江＋资江＋沅江＋澧水	0	0	0	0	1
合计		17	60	100	169	335

最大 1 d 洪水过程相遇共发生 17 次，均为两水遭遇，其中资江与沅江相遇次数最多，共发生 8 次；湘资洪水遭遇次之，共 4 次；沅澧洪水遭遇 3 次，长江与资江、湘江与沅江洪水各遭遇 1 次。

最大 3 d 洪水过程相遇共发生 60 次。两水遭遇主要发生在资江与沅江之间，共遭遇 21 次；湘资、沅澧洪水遭遇次之，均为 11 次；湘沅洪水遭遇共发生 5 次；资澧洪水遭遇 2 次；长资、长沅、长澧、湘澧洪水均遭遇 1 次。三水遭遇主要发生在湘、资、沅三水之间，共遭遇 4 次；长资沅、资沅澧洪水分别遭遇 1 次。

最大 7 d 洪水过程相遇共发生 100 次。两水遭遇主要发生在资江与沅江之间，共遭遇 27 次；湘资、沅澧洪水遭遇次之，均为 18 次；湘沅洪水遭遇共发生 12 次；长澧洪水遭遇 4 次；长资、资澧洪水均遭遇 3 次；长沅洪水遭遇 2 次；湘澧洪水遭遇 1 次。三水遭遇主要发生在湘、资、沅三水之间，共遭遇 7 次；资沅澧洪水遭遇次之，共 3 次；长资沅、长沅澧洪水均遭遇 1 次。

最大 15 d 洪水过程相遇共发生 169 次。两水遭遇主要发生在湘江与资江之间，共遭遇 32 次；资沅洪水遭遇次之，为 28 次；沅澧洪水遭遇共发生 26 次；湘沅洪水遭遇共发生 21 次；长澧洪水遭遇 13 次；湘澧、资澧洪水均遭遇 6 次；长资洪水遭遇 4 次；长沅洪水遭遇 3 次；长湘洪水遭遇 2 次。三水遭遇主要发生在湘、资、沅三水之间，共遭遇 12 次；资沅澧洪水遭遇次之，共 6 次；湘沅澧、长沅澧洪水均遭遇 3 次；长湘资、长资澧、湘资澧洪水分别遭遇 1 次。湘资沅澧"四水"遭遇发生 1 次。

最大 30 d 洪水过程相遇共发生 335 次。两水遭遇主要发生在资江与沅江之间，共遭遇 41 次；沅澧洪水遭遇次之，为 36 次；湘资洪水遭遇共发生 35 次；湘沅洪水遭遇共发生 25 次；资澧洪水遭遇 24 次；湘澧洪水遭遇 21 次；长澧洪水遭遇 20 次；长沅洪水遭遇 10 次；长资洪水遭遇 9 次；长湘洪水遭遇 3 次。三水遭遇主要发生在资、沅、澧三水之间,共遭遇21次;湘资沅洪水遭遇次之,为15次;湘资澧洪水遭遇13次;湘沅澧洪水遭遇12次;长沅澧洪水遭遇10次;长资澧洪水遭遇8次;长资沅洪水遭遇6次;长湘资、长湘沅、长湘澧洪水均遭遇2次。四水遭遇主要发生在湘、资、沅、澧之间,共遭遇10次;长资沅澧洪水次之,遭遇6次;长湘沅澧洪水遭遇2次;长湘资澧洪水遭遇1次。长江与"四水"遭遇仅发生过1次。

2.3 河网水系

2.3.1 长江

长江与洞庭湖直接相关的有荆江河段和城汉河段。荆江河段上起湖北枝城,下至湖南城陵矶,全长347.2 km,河道呈西北—东南走向。以藕池口为界,荆江分为上荆江与下荆江,上荆江长约171.7 km,河段较为稳定,属微弯分汊型河道;下荆江全长175.5 km,为典型蜿蜒型河道,有"九曲回肠"之称。荆江河段中,涉及湖南的河段均为下荆江,上起华容县五马口,下至城陵矶,河道长度为76.8 km。

城汉河段上起湖南城陵矶,下至湖北汉口武汉关,全长235.6 km,除簰洲湾河段呈"S"形弯道外,其余多为顺直河段,江面开阔,但两岸多山丘、石嘴、矶头,距离城陵矶约20 km处有著名的界牌河段。此河段中,涉及湖南的河段为城陵矶至铁山嘴河段,长65.25 km。

2.3.2 四口河系

四口河系是荆江向洞庭湖分流河道,包括松滋河、虎渡河、藕池河和调弦河,全长956.3 km,其中湖南省境内559.0 km。

(1) 松滋河

松滋河于1870年由长江大洪水冲开南岸堤防所形成,口门位于长江枝城以下约17 km的陈二口,全长约401.8 km(其中湖南省境内166.9 km)。在距口门22.7 km处的松滋大口分为东西两河,松西河在湖北省境内长约82.9 km,自大口经新江口、狮子口到湖南省杨家垱;松东河在湖北省境内长约87.7 km,自大口经沙道观、中河口、林家厂到新渡口进入湖南省。两河进入湖南省后,在尖刀咀附近由瓦窑河相连,长约5.3 km。之后分为三支:松滋东支(大湖口河)、松滋中支(自治局河)、松滋西支(官垸河),三支合流后在新开口处与虎渡河合流,最后于肖家湾汇入澧水洪道。其中松西河在青龙窖处分为松滋中支(自治局河)、松滋西支(官垸河),官垸河自青龙窖经官垸、濠口、彭家港于张九台汇入自治局河,长约 36.3 km;自治局河自青龙窖经三岔垴、自治局、张九台于小望角与东支汇合,长约 33.2 km。松滋东支由新渡口经大湖口、小望角在新开口汇入松虎合流段,长约 49.5 km。松虎合流段由新开口经小河口于肖家湾汇入澧水洪道,长约 21.2 km。

此外还有 7 条串河:沙道观附近西支与东支之间的串河莲支河,长约 6 km;南平镇附近西支流向东支的串河苏支河,长约 10.6 km;曹咀垸附近松东河支汊官支河,长约 23 km;中河口附近东支与虎渡河之间的串河中河口河,长约 2 km;尖刀咀附近东支和西支之间的葫芦坝串河(瓦窑河),长约 5.3 km;官垸河与澧水洪道之间在彭家港、濠口附近的两条串河,分别长约 6.5 km、14.9 km。

(2) 虎渡河

虎渡河入口为沙市上游 15 km 处的太平口,全长约 136.1 km。从太平口分泄江水,经弥陀寺、黄金口至黑狗垱,经黄山头南闸进入湖南省安乡县境内,再经大杨树、董家垱、陆家渡至新开口,与松滋河汇合后经松虎合流段汇入西洞庭。南闸于 1952 年修建,控制虎渡河下泄流量不超过 3 800 m³/s。

(3) 藕池河

藕池河于 1860 年由长江大水溃口冲成。口门位于长江干流新厂水位站下游约 10 km、湖北省石首市和公安县交界的天心洲附近,河道总长度 332.8 km(其中湖南 274.3 km)。藕池河支流较多,从其分合关系,习惯分东支、中支、西支三条支流,以及东支沱江、鲇鱼须河及中支陈家岭河三条汊河。

藕池河东支为主要通道,经管家铺、老山咀、黄金咀、江坡渡、梅田湖、扇子拐、南县城、九斤麻、罗文窖、北景港、文家铺、明山头、胡子口、复兴港、注滋口、刘家铺、新洲注入东洞庭湖,全长 94.3 km。东支至华容县集成安合垸北端殷家洲往东分出汊河,称鲇鱼须河,全长 27.9 km。东支到九斤麻后,与鲇鱼须河汇合后又往南分出沱江(已经建闸控制),全长 41.2 km;往东分出注滋口河,为藕池东支主流。

藕池河西支,又称安乡河或官垱河,自康家岗沿荆江分洪区南堤经官垱、曹家铺、麻河口、鸿宝局,于下柴市与中支汇合,全长 70.4 km。

藕池中支自黄金咀经团山寺至陈家岭分为东、西两支:东支为主流,称施家渡河;西支陈家岭河长约 24.3 km,止于南县葫芦咀。两支于下柴市相汇,经三岔河至茅草街西侧与澧水合流入目平湖,全长 74.7 km。

(4) 调弦河

调弦河又称华容河,口门位于湖北省石首市调关镇附近的调弦口,河道总长度 85.6 km(其中湖南 72.9 km),包括北支一条主支和南支一条分汊河道。调弦河于蒋家嘴进入湖南省华容县,至治河渡分为南、北两支,北支(主支)经潘家渡、罐头尖至六门闸入东洞庭湖,全长约 60.7 km;南支(汉河)经护城、层山镇至罐头尖与北支汇合,长 24.9 km。1958 年在上游入口调弦口建调弦口闸,下游出口建六门闸控制,形成内河。

2.3.3 洞庭湖及洪道

2.3.3.1 湖泊与洪道

洞庭湖的地势,西高东低,自西向东形成一个倾斜的水面。洞庭湖水域范围包括东洞庭湖、南洞庭湖、目平湖、七里湖 4 个天然湖泊(长度计 201.3 km)和 8 条主要洪道(长度计 268.1 km),长度合计 469.4 km,详见表 2-2。

表 2-2　洞庭湖水域范围及长度表

分区	湖泊、洪道名称		起点	终点	河长
西洞庭	七里湖		澧县小渡口	石龟山水文站	29.3
	澧水洪道		石龟山水文站	汉寿县三角堤	38.0
	目平湖		汉寿县三角堤	小河咀水文站	44.2
	沅江洪道		常德市德山柱水河口	汉寿县坡头	53.5
南洞庭	南洞庭湖		小河咀水文站	汨罗市磊石山	78.2
	草尾河洪道		沅江市胜天	沅江市北闸	49.8
	资江洪道	此湖口河	益阳市甘溪港	湘阴县杨柳潭	28.6
		甘溪港河	益阳市甘溪港	沅江市沈家湾	20.7
		毛角口河	湘阴县毛角口	湘阴县临资口	35.6
	湘江洪道	东支	湘阴县濠河口	湘阴县斗米咀	21.1
		西支	湘阴县濠河口	湘阴县古塘	20.8
东洞庭	东洞庭湖		汨罗市磊石山	七里山水文站	49.6
合计	4 湖 8 洪道				469.4

当城陵矶水位 33.5 m 时,洞庭湖天然湖泊面积为 2 625 km²,容积为 167 亿 m³。依据 2003 年实测地形图量算的洞底湖天然湖泊面积和容积见表 2-3。

表 2-3　洞庭湖天然湖泊面积、容积统计表(2003 年)

城陵矶(七里山)水位(m)	面积(km²)	容积(亿 m³)	城陵矶(七里山)水位(m)	面积(km²)	容积(亿 m³)
27	1 364.76	25.25	31	2 450.13	98.42
28	1 838.31	40.99	32	2 525.79	121.72

续表

城陵矶(七里山)水位(m)	面积(km²)	容积(亿 m³)	城陵矶(七里山)水位(m)	面积(km²)	容积(亿 m³)
29	2 127.29	57.91	33	2 567.21	147.08
30	2 328.86	77.74	34	2 589.52	172.92

2.3.3.2 堤垸区主要水系

堤垸区主要水系指湖区堤防保护区的四大撇洪河和常年水面面积 1 km² 以上的内湖。当前洞庭湖主体水域面积大于 1 km² 的内湖共 94 处,水域总面积 560.23 km²。

洞庭湖区撇洪河将沿湖丘陵地带山水汇集后,沿渠汇集垸内涝水排往外河(湖),一般撇洪河出口均建闸控制,其水位既受上游来水影响,又受出口外河水位的影响。四大撇洪河情况详见表 2-4。

表 2-4 撇洪河水系情况表

垸名	撇洪河名	干流起止点 起点	干流起止点 终点	撇洪面积(km²)	干渠长度(km)
沅澧垸	冲柳撇洪河	八宝湖	苏家吉	554	55.40
松澧垸	涔水撇洪河	临澧官亭闸	小渡口	1 144	72.43
沅南垸	南湖撇洪河	谢家铺	蒋家嘴	968	50.50
烂泥湖垸	烂泥湖撇洪河	光坝	乔口	690	37.49
合计				3 356	215.82

(1) 冲柳撇洪河

冲柳撇洪河工程主要是将太阳山、白云山一带丘岗区自流入湖的山水及垸内渍水,按高水高排、低水低排,高低分家,先自排、再蓄洪、后电排的原则,分别从苏家吉、南碷等地排入沅水。整个工程分为高水区和低水区,共保护鼎城、武陵、津市、西洞庭、贺家山、万金障六个区、市、农场的 41 万亩[①]耕地。干渠长约 55.40 km,撇洪面积总计 554 km²。

(2) 涔水撇洪河

涔水为松澧大圈内撇洪河,松澧大圈位于洞庭湖西北部,为洞庭湖重点防洪保护区,属澧水尾闾的冲积平原。涔水发源于王家山及燕子山,干渠全长约 72.43 km,撇洪面积总计 1 144 km²,地跨临澧、澧县、津市、津市监狱。

---

① 1 亩＝1/15 hm²。

(3) 南湖撇洪河

南湖撇洪河上起常德市鼎城区谢家铺镇,下至常德市汉寿县蒋家嘴镇,干渠全长 50.50 km,于蒋家嘴汇入目平湖。南湖撇洪河沿途拦截谢家铺、沧水、严家河、太子庙、崔家桥、龙潭桥、纸料洲等 7 条支流山洪,撇洪面积总计 968 km^2,其中沧水撇洪面积最大,为 287.3 km^2。

(4) 烂泥湖撇洪河

烂泥湖撇洪河工程位于大众北端,原设计撇洪面积 734.6 km^2,实际撇洪面积 690 km^2,撇洪河干流自赫山区罗家咀至乔口出湘江,全长 37.49 km,出口建有乔口防洪闸。沿途先后有南岳塘河(45.9 km^2)、椆木垸河(17.2 km^2)、沧水铺河(120 km^2)、泉交河(221 km^2)、干角岭河(6 km^2)、侍郎河(186 km^2)、汤家冲河(6 km^2)、朱良桥河(62.3 km^2)8 条支流汇入。

2.3.4 "四水"河系

(1) 湘江

湘江是湖南省境内最大的一条河流,流域面积 94 721 km^2,河长约 948 km,河流坡降约 0.19‰。湘江在永州萍岛以上分为两源:一是东源,为正源,又名潇水,发源于永州市蓝山县境内野狗岭,流经蓝山县江华瑶族自治县、道县、双牌县、零陵区;二是西源,发源于广西灵川县海洋山,在全州县斗牛岭流入湖南。东西两源在永州萍岛汇合后,经永州市冷水滩区、衡阳市、株洲市、湘潭市、长沙市至湘阴县的濠河口注入洞庭湖。

(2) 资江

资江位于湖南省中部,流域面积 28 211 km^2,河长约 661 km,平均坡降约 0.46‰。流域形状南北长、东西窄,地势西南高、东北低。资江自邵阳县双江口以上分西、南两源:南源夫夷水发源于广西资源县越城岭北麓,向北流经湖南省新宁县、邵阳县至双江口;西源赧水习惯上被称为主源,发源于邵阳市城步县境雪峰山东麓,向东北流经武冈市、洞口县,先后纳蓼水与平溪,至隆回县纳辰水,于邵阳县双江口与南源夫夷水汇合,经邵阳、冷水江、新化、安化、桃江、益阳等县市至甘溪港后汇入洞庭湖。

(3) 沅江

沅江系湖南省境内的第二大河流,流域面积 89 833 km^2,全长 1 053 km(湖南省内长 568 km),平均坡降为 0.49‰。沅江发源于贵州省东南部,有南北二源,以南源为主。南源龙头江出自贵州省都匀市斗篷山,又称马尾河,在贵州省凯里市汊河口与北源相汇合后称清水江,东流至洪江市黔城镇与渠水汇合后,始称沅江。沅江在湖南省内经怀化市洪江区、安江镇、中方县、辰溪县黄溪口镇、溆浦县江口镇、辰溪县城、湘西州泸溪县至怀化市沅陵县折向东北,经桃源县、常德市、汉寿县,最后由德山镇入西洞庭湖的目平湖。

(4) 澧水

澧水位于湖南省西北部,流域面积 16 959 km², 全长 407 km,河流坡降 1.01‰。流域形状南北窄而东西长,地势则西北高东南低。澧水有南、中、北三源,以桑植县杉木界北源为主。三源在桑植县南岔汇合,流经桑植县、张家界市,至慈利县纳溇水,至石门纳渫水,经临澧、澧县、津市等县市,于小渡口注入西洞庭湖。

2.3.5 汨罗江、新墙河

汨罗江全长 252 km,流域总面积 5 540 km², 其中湖南省内面积 5 265.3 km², 河流平均坡降 0.50‰。汨罗江发源于江西省修水县梨树垸,流经修水县,于平江县长寿街入湖南省境,经黄旗段、长乐街,至汨罗市磊石山注入东洞庭湖。

新墙河流域总面积 2 347 km², 干流长 101 km,河流平均坡降 0.96‰。新墙河发源平江县宝贝岭,流经平江县硬树坪、板江、洞口和岳阳县平头铺、中洲、王家台、宗湖祠、望云台、上大堤、晏岩村、王家方、何家段,于岳阳荣家湾入洞庭湖。

2.3.6 历史演变

洞庭湖的形成与发展,与古云梦泽的衰亡息息相关。距今 300 万年左右的喜马拉雅运动基本形成了现代的中国地貌,西部喜马拉雅山脉和青藏高原迅速抬升成为"世界屋脊",东部近东西向的张裂作用则使李四光提出的新华夏构造体系中的三大隆起带和三大沉降带之间的相对高差不断加大,形成三级台阶的地貌,并使黄河水系和长江水系最终得以全面形成。

距今 55 万年左右,长江出巫峡进入中下游地区,在巫山—雪峰山以东、大别山罗霄山脉以西之间的江汉—洞庭湖盆地区域演化发育。受巫山尾脉约束,长江携带大量碎屑物质于三峡出口以下沉积,在宜昌东南的虎牙山以下形成一个巨大的扇形堆积体,砾石层厚度接近 100 m,冲积范围主要在百里洲一带,南边达今松滋、公安、石首、澧县、安乡、华容边界的黄山头、桃花山一带,北边沿今荆州、沙市达江陵,云池组沉积厚度最大可达 70 m 以上,其中有 40 m 以上的砾石层。这组砾石层向下游方向呈东南走向,经松滋、澧县境内入洞庭盆地,水流方向为西北向东南。距今 55 万年前并不存在注入江汉盆地的古荆江河段,长江是直接斜插入洞庭盆地的,然后再回绕进入江汉盆地南侧地带。长江进入洞庭湖区,即汇入湖中,携带的泥沙也在洞庭湖区沉积变成中更新世中期洞庭湖组或白沙井组地层,然后江水借助洞庭湖于今君山、城陵矶一带再次汇入古长江。

距今约30万年左右的中更新世中晚期,长江流入洞庭湖进口经过数十万年冲积堆积,造成湖盆北部地堑显著增高,使松滋—黄山头一带成为侵蚀台地,加之华容桃花山隆起的阻隔,长江水道开始向地势相对低下的江汉盆地流泻,并经陈二口附近向东直入江汉盆地,华容隆起(石门—华容—临湘东西向构造带)遂成为江汉和洞庭两盆地的分水岭。长江干流(荆江段)就改向流入江汉盆地。也就是在距今4万年左右直至荆江南岸穴口形成的时间内,古荆江的水都未汇入过洞庭湖,即在晚更新世中晚期,整个洞庭湖区不再有古长江的水流和泥沙汇入,其主要接受"四水"的水流冲刷改造和泥沙淤积,在"四水"长时间对湖区的冲刷作用下,湖区地形地貌被多次塑造,整个湖区干流、支流、小水沟纵横交错。

在汉朝以前(距今2 000年),云梦泽南连长江,北通汉水,方九百里,面积近20万 km^2。长江洪水出三峡后,经过云梦泽的调蓄,当时长江中下游"洪水过程不明显,水患甚少"。当时的洞庭湖还只有君山附近的一块水面,方二百六十里,其余都是被湘江、资水、沅江、澧水四水河网切割的沼泽平原。随着长江和汉水的大量涌入,大量泥沙也被带到云梦泽。由于长时间的淤积作用,到南北朝时期(公元500年前后),云梦泽萎缩为方三四百里,调蓄作用大为减弱,迫使荆江河段水位上升,转而向南宣泄进入洞庭湖,从而使洞庭湖迅速扩大并与南面的青草湖相连,达到方五百里。到唐宋时期(公元1 000年前后),统一的云梦泽已演化成星罗棋布的小湖群。与此同时荆江河槽的雏形也已形成,有九穴十三口(荆北八口,荆南五口)分泄长江的洪水。当荆北出现大面积洲滩后,人们就在洲滩上从事劳动,从晋朝(公元325年前后)时即开始在江陵筑堤防水。随着泥沙的淤积,九穴十三口的分流作用越来越小,人们又在河道淤塞的先决条件下进行堵口并垸。到1542年郝穴堵口,形成了统一的荆江大堤、荆江河槽和江汉平原。从此,江水被约束在单一的荆江河槽里,不能再向江汉平原分流,这就促使水位再次抬升,仅有太平、调弦两口分流长江水沙至洞庭湖。从1542年郝穴堵口、荆江大堤形成,到1860年藕池溃口前的三百多年间,荆江大堤和河槽相对稳定,荆江河势比较顺直,上、下荆江泄量基本一致,江湖关系也处于相对稳定的状态。1860年、1870年藕池、松滋先后决口成河,形成四口分流的态势。洞庭湖由原来的湘、资、沅、澧四水下游的沼泽平原变成了长江与"四水"的洪水调蓄场。当藕池、松滋先后溃口形成四口分流后,破坏了持续三百年的平衡关系,成为江湖演变过程中一个新的转折点。一方面,在藕池口、松滋口溃口初期,四口分泄长江荆江河段一大半洪水,使下荆江河段由于流量急剧减少而迅速淤塞弯曲,形成了蜿蜒曲折型河道,造成上、下荆江安全泄量不平衡的严重恶果。另一方面,大量的洪水涌入洞庭湖,加剧了洞庭湖的水患,同时把大量泥沙带入洞庭湖,使得洞庭湖面积迅速变小。1542 年到 1852 年期间为洞庭湖全盛时期,洪水期湖水面积达 6 000 多 km²,至 1949 年其水面为 4 350 km²,到 1978 年水面为 2 691 km²。在 1995 年,当城陵矶水位 31.5 m 时,水面面积仅为 2 625 km²,其枯水期水面面积只剩 645 km²,原来的洞庭湖变成被洲滩民垸分割的几条洞庭河。

松滋、虎渡、藕池、调弦等四口分流洪道的演变也是洞庭湖演变的一部分,四口分流河道组成复杂的庞大河网,形成 50 多 km 宽的冲积扇,由北向南推进,从 1860 年至 1900 年的 41 年间,冲积扇向南推进 65 km,平均每年推进 1.6 km。西洞庭湖宽广湖面大部分淤积后,四口水系和沅江、澧水两水受赤山的阻拦,在茅草街汇集折向东流,沅水和部分长江来水被挤到赤山南端经小河咀河段入南洞庭湖。民国初年,草尾河的水下三角洲露出水面,20 世纪 30 年代形成草尾河,20 世纪 40 年代形成黄土包河。澧水、沅水、资水等三水与四口水系的组合水流经南洞庭湖、黄土包河、草尾河向东与湘水汇合后,向东北入东洞庭湖。新中国成立后,洞庭湖受自然和人类活动的巨大影响,经历了 50 多年的变化,形成了现今的河湖水网。

2.3.7 江湖关系变化

20 世纪 50 年代以来江湖关系发生了很大的变化,它改变了江湖水沙的分配,导致河床淤积和水位流量关系变化,荆江由于流量的加大而引起水位的抬高,城陵矶以下则因淤积而抬高。江湖关系的调整变化对城陵矶—螺山河段及洞庭湖区的水位抬升具有很大的影响,是造成长江中游及洞庭湖地区同流量下水位抬高的基本原因之一。

导致江湖关系变化的主要原因,一是洞庭湖本身的泥沙淤积和人类围垦活动造成的湖面面积衰减,二是荆江裁弯工程的影响。

2.3.7.1 洞庭湖淤积围垦的影响

洞庭湖接纳"四水",吞吐长江,形成了自然的泥沙淤积现象。进入洞庭湖的悬移质输量约有四分之一通过城陵矶进入长江,而剩余的四分之三左右淤积在洞庭湖内。

1949 年以来,洞庭湖年均淤沙约 1 亿 m³。湖底 50 年(1949—1998 年)共淤高 1.8 m,年均淤高 3.6 cm,湖面从 4 350 km² 缩减到 2 578 km²,年均减少约 36 km²(表 2-5);湖容从 293 亿 m³ 减小到 150 亿 m³ 以下,年均减少近 3 亿 m³(图 2-1)。

自然的淤积为人为的围垦提供了条件。洞庭湖围垦的历史悠久,可以上溯

表 2-5 洞庭湖天然湖泊面积变化表

年份	1825	1896	1932	1949	1954	1958	1971	1977	1984	1995	1998
面积(km^2)	6 300	5 400	4 700	4 350	3 915	3 141	2 820	2 740	2 690	2 623	2 578

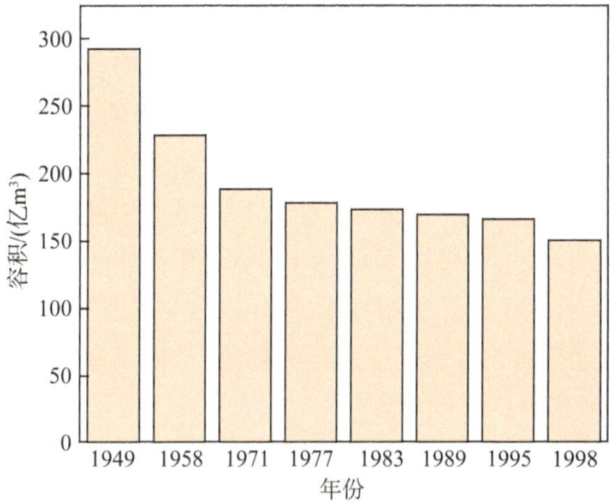

图 2-1 洞庭湖容积变化图

到石器时代,到汉晋时期,围垦已初具规模,当时的文献称洞庭湖为"洞庭陂",表明湖区已全面筑堤围垦了。自唐到宋,再到明清,围垦一直在继续,但增加速度较慢。1949 年以来的围垦大致可分为三个时期:一是 1954 年及其以前的几次大水后进行了有计划的堵支并流、合修大垸,共减少湖泊面积 435 km^2。二是 1956 年到 1960 年间进行了大量的围垦,外湖面积减少迅速,共减少湖泊面积 774 km^2,平均每年围湖 23 万亩,即 153 km^2。两次合计减少湖泊面积 1 209 km^2,占总减少面积的 75% 以上。三是 20 世纪 60 年代以来的小规模围垦和内湖围垦以及矮围灭螺堵了一些湖汊,60 年代围 192 km^2,70 年代围了约 200 km^2。在 1949 年前的近 2 000 年,洞庭湖区围垦面积约 1 028 km^2。1949 年以后人口剧增,围垦约 1 600 km^2,湖泊面积急剧减小。

泥沙的自然淤积和人为的过度围垦,使洞庭湖的面积和容积大为减小,直接导致了洞庭湖的吞吐能力降低,调蓄作用减弱,长江中游地区的水灾日趋严重。

2.3.7.2 荆江裁弯的影响

下荆江是典型的蜿蜒型河段,河道蜿蜒曲折,泄洪不畅,也不利于航运。为了扩大洪水泄量、缩短航程和减少碍航水道的数量,1967 年及 1969 年下荆江河段分别实施了中洲子与上车湾两处人工裁弯,1972 年沙滩子又发生了自然裁弯,三处裁弯共缩短了河长约 78 km。河道曲折率由原来的 2.83 缩小到 1.93,江湖关系、水沙条件发生了新的变化。

(1) 荆江比降变化

下荆江实施系统裁弯工程后由于溯源侵蚀,裁弯段上游水面比降加大,据段文忠分析得出的下荆江水面比降与流量的关系 $J=KQ^{-n}$ [式中 Q 为监利站的流量(m^3/s),系数 K 与指数 n 分别为裁弯前 $K=2.81, n=0.206$,裁弯后 $K=2.81, n=0.192$],可以看出裁弯后的比降大于裁弯前的比降。比降的加大导致流速增加,流量增大,同时洪水期水位降低,安全泄量增大,提高了荆江的防洪排洪能力,有利于消除该段的洪水威胁。但比降加大,引起了荆江的冲刷,径流量随着冲刷相应增大,而流量增大又加剧了冲刷,两者共同作用,导致荆江流量大幅增加。裁弯后,下荆江径流量增加了 763 亿 m^3,相当于一条半黄河或一条半汉江的水量。流量的加大又引起了水位的抬高,抵消了裁弯工程的部分效果。

(2) 洞庭湖来水来沙组成及变化

荆江裁弯以前(1951—1966 年),三口来水量占洞庭湖总入湖水量的 42.1%,"四水"来水量占 48.7%,区间径流量占 9.2%。裁弯以后至葛洲坝运行前(1973—1980 年),三口来水量占比减少到 30.0%,"四水"来水量占比则相应增大到 61.2%,区间来水占比变为 8.8%(详见表 2-6)。

与此同时,来沙量也发生了很大的变化,三口来沙量占比由裁弯前的 85.6%变成 75.1%,而"四水"来沙量占比从裁弯前的 14.4%增加到 24.9%。总入湖沙量多年平均值由裁弯前的 24 587 万 t 减少为裁弯后的 14 742 万 t,减小幅度为 40.0%。出湖沙量多年平均值也相应减少,由裁弯前的 6 251 万 t 减少为裁弯后的 3 840 万 t,减小幅度达 38.6%(详见表 2-6)。虽然裁弯后洞庭湖的来水来沙组成发生了较大的变化,但是三口入湖沙量与"四水"入湖水量在入湖总量中的绝对优势仍未发生根本变化。

表 2-6 洞庭湖区年平均来水来沙量统计表

	裁弯前(1951—1966 年)		裁弯后(1973—1980 年)	
	径流量(亿 m^3)	输沙量(万 t)	径流量(亿 m^3)	输沙量(万 t)
三口	1 418	21 051	834	11 076
"四水"	1 640	3 536	1 699	3 666
区间	309	—	245	—
城陵矶	3 367	6 251	2 778	3 840
湖区淤积	—	18 336	—	10 902
淤积率	—	74.6%	—	74.0%

（3）分流河道的淤积

三口分流河道处于入湖三角洲上,因此不可避免地具有河长延伸、坡降减缓、河床淤积等特性,河道处于缓慢淤积衰退过程中。荆江裁弯工程的实施,则加剧了其萎缩衰退的进程。

裁弯后三口分流量逐步递减,经统计,1951—1966年、1973—1980年枝城平均年径流量分别为4 625亿 m^3、4 441亿 m^3,相差不大,而荆江三口1973—1980年平均分流量较1951—1966年减少584亿 m^3。

当枝城流量为50 000 m^3/s时,三口分流流量1968年、1980年较1955年分别减小约1 900 m^3/s、6 100 m^3/s。三口分流比的变化见表2-7。表中还可以看出藕池口因为距离裁弯的位置最近,所受到的影响最大,其分流分沙衰减幅度也相应最大。但三口分流河道不同于一般的河道,它同时受到长江与洞庭湖水位的影响,流量减少后并不像单一的河道那样水位会有相应的降低,而往往是变化不大的,因此流量减少后,过水面积并未有相应的减少,从而使流速和挟沙能力大大减小。而含沙量并未有大的变化,由此导致了河道的淤积;河道淤积又使得分流量进一步减少。单纯从进入分流河道的径流量减少来看,似乎对荆江南岸的防洪是有利的,但情况并非如此,河道的淤积导致河床与洪水位大幅抬高,加上堤防线长面广,防洪的形势依然十分严峻。

表2-7 裁弯前后荆江三口分流分沙比

站点		裁弯前(1951—1966年)		裁弯后(1973—1980年)	
		分流比(%)	分沙比(%)	分流比(%)	分沙比(%)
松滋口	新江口	7.1	6.7	7.3	6.7
	沙道观	3.9	3.7	2.4	2.5
太平口	弥陀寺	4.8	4.3	3.6	3.8
藕池口	康家岗	1.4	2.5	0.2	0.4
	管家铺	13.5	21	5.3	8.2

（4）城陵矶以下河道的淤积

在上游来水量相同的情况下,进入荆江的流量增大,使水位有所上升,从而部分抵消了裁弯工程的效果,而且荆江挟沙能力的增强,也引起了下荆江的冲刷。洞庭湖的出流也随三口分流量的减少而相应减少,年均径流量由1951—1966年的3 367亿 m^3减少至1973—1980年的2 778亿 m^3,对荆江出流的顶托作用减弱;同时,原来由这些水量携带的泥沙进入洞庭湖后约有74%淤积在湖内,而现在则直接由荆江携带到城陵矶以下的河段,使其含沙量增大约15.3%,从而导致城陵矶以下河段的淤积,特别是与下荆江紧接的城陵矶—螺山河段。在自然状态下,城陵矶以上荆江河段的水面比降为 $0.0366\times10^{-3}\sim0.0556\times10^{-3}$,平均为 0.05×10^{-3};城陵矶以下至江西湖口长江河段的水面比降为 0.0216×10^{-3}。以城陵矶为分界点,上下河段水面比降下游比上游降低了一半多,加之下荆江裁弯后,上游水面比降又提高了一倍多。因此城陵矶以上、以下河段的水面比降相差更大,当水流进入城陵矶以下河段时,流速迅速减缓,挟沙能力降低,于是泥沙很快沉积。而螺山以下至石码头河段是有名的界牌河段,全长约 28 km,其洪水河床的平面外形呈两端小中间大的顺直展宽分汊型。螺山上游 10 km 处的杨林矶、龙头山为土质坚硬的河岸突咀,河宽仅 1 050 m,螺山、鸭栏处河宽为 1 600 m,过螺山后河面逐渐放宽,深泓线摆动加大,新堤一带河宽达 3 500 m,其间横卧南门洲,将水流分成左右两汊,后又在石码头汇合,该处有护岸工程控制,河宽缩至 1 500 m,形成一人工卡口。洪水期由于界牌河段卡口作用,局部比降加大,上游水位壅高,流速减缓,有利于泥沙的淤积。据估算,城陵矶以下江段 1972—1987 年累计堆积泥沙约 11×10^8 t,河床断面缩小 4 000～6 000 m²,减小泄洪流量 4 000～6 000 m³/s,若与 20 世纪 60 年代的同流量相比,洪水位将抬高 0.8～1.5 m。

(5) 城陵矶以下河段的淤积对洞庭湖的影响

洞庭湖所减少的淤积泥沙被输送到城陵矶螺山河段,据统计,该河段在裁弯后的 1981—1995 年比裁弯前的 1956—1966 年年均增淤沙量约 2 640 万 t,从而使该段中泥沙淤积量大为增加,河床断面平均淤高 2.5 m,缩窄约 30 m,使河段两侧原通江的黄盖湖、西凉湖、洪湖等湖口的口门堵闭成不通江的湖泊。又据湖南省水文水资源局的研究,1967—1983 年城陵矶—螺山河段的河床年均淤高为 15.6 cm;洞庭湖与荆江汇流口的高程,1966 年为 -10 m,1997 年为 -6 m,即荆江裁弯后淤高了 4 m,抬高了湖区和荆江河段下游的侵蚀基准面。

大量泥沙淤积不但使该河段水位抬高,过水能力下降,而且使洞庭湖出口口门抬高,影响了洞庭湖的出流,对荆江与洞庭湖的出流都产生了严重的顶托作用,湖区水位相应抬高,湖容增大,洞庭湖调蓄作用减小。这种变化既阻碍了洞庭湖的泄流排沙,加大了湖区洪涝灾害发生的频率和严重程度;同时也顶托了湘水、资水等的泄流,对长沙、益阳等城市的防洪工作带来很大的压力。更为严重的是,该河段的淤积对洞庭湖产生的影响远远比这些泥沙直接淤积在湖内大得多。洞庭湖区现有湖面面积 2 691 km²,河道水面面积 1 307 km²,总计水面面积 3 998 km²。也就是说,城陵矶以下河段河床每抬高 1 m,调蓄湖容就损失近 4×10^9 m³。这种调蓄湖容的损失较泥沙直接淤积在洞庭湖区的损失要大得多,洞庭湖区淤积 1 t 泥沙,湖容损失为 0.71 m³,而城陵矶以下河段淤积 1 t 泥沙,因河床抬高损失的调节湖容为 9.52 m³,是泥沙直接淤积在湖区所造成湖容损失的 13.4 倍。洞庭湖调蓄容积的减小又反过来加速了城陵矶螺山河段的流量及水位的抬高,形成了一种恶性循环。

2.3.7.3 河道演变的影响

另外,荆江与洞庭湖交汇处的河道形态变化也是造成长江中游水位抬高的原因之一。自 1975 年以来,荆江出口由南向北平移了约 1 000 m;荆江出口段与洞庭湖出口段的深泓线交汇点下移;原交汇处冲刷坑高程由 1966 年 6 月的 −10 m 淤为 1987 年 6 月的 −6 m,两股水流的交角由原来的 60°变为现在的接近 90°,造成洞庭湖出流不畅,水位抬高,增强了荆江与洞庭湖的相互顶托作用。

2.3.7.4 三峡工程的影响

三峡工程建成后运行的初期以清水或低含沙水流下泄,将引起长江中游江湖关系的一系列调整,对荆江、三口分流河道、洞庭湖及城陵矶以下的河道都会产生深远的影响。

首先会引起荆江的冲刷,但这种冲刷与裁弯后的冲刷又不同,其冲刷的机理除了因为流量增加引起的冲刷外,更重要的是低含沙量下泄水流引起的含沙量恢复时的冲刷。

水库运行的前十年内,虽然以清水或者低含沙量水流下泄,但由于荆江的强烈冲刷,含沙量不至于降到很小;到第十四年左右,上荆江已基本达到冲淤平衡,冲刷基本停止,而水库下泄水流的含沙量依然较小,此时三口含沙量也已降到了最小,此后又随着水库下泄水流含沙量的增大而逐渐增加。随着口门含沙量的减小,三口分流河道将发生冲刷,但是由于荆江的冲刷,三口口门的高程相对抬高,进一步减少了分流量,再加上分流河道下游的洞庭湖尾闾属于淤积区,这些河道上游被冲刷后,泥沙便淤积在下游,这样上冲下淤,使分流河道坡降减缓,导致冲刷减少,并逐渐转为淤积,使分流分沙量进一步减少。

洞庭湖的泥沙主要来自三口分流河道,而三峡工程建成后由于水库的拦蓄和荆江的冲刷,由分流河道进入洞庭湖的泥沙将大为减少,泥沙的颗粒也将逐渐细化,洞庭湖的淤积速度将减缓。从这一角度看,三峡工程对于减缓洞庭湖的淤积、增加其防洪调节湖容是有利的。

在三峡工程建成运行后的十年到几十年间,由于荆江流量扩大与冲刷,使被带到城陵矶以下的泥沙仍比经过洞庭湖调蓄之后的沙量大,这必然会引起城陵矶以下河段的淤积。虽然在之后又会逐渐引起该河段的冲刷,但冲刷前的河道淤积对长江中游的防洪有着巨大的影响,必须引起足够的重视。

总之,三峡建库运行后将对长江中游江湖关系产生深远的影响,其作用有与荆江裁弯有相似的一面,也有不同的方面。三峡工程的兴建对长江流域特别是中游荆江地区的防洪作用是巨大的,但在水库运行的初期、水沙没有达到平衡之前,长江河道、江湖关系都将发生很大的变化,这些变化既存在着有利的一面,又有不利的一面。

2.4 水利工程

2.4.1 长江水库群

2.4.1.1 概况

根据《2022年长江流域水工程联合调度运用计划》,纳入计划的控制性水库51座,总调节库容1 160亿 m^3,总防洪库容705亿 m^3。其中长江三峡以上水库水电站工程有27座,包括金沙江中游的梨园、阿海、金安桥、龙开口、鲁地拉、观音岩,雅砻江的两河口、锦屏一级、二滩,金沙江下游的乌东德、白鹤滩、溪洛渡、向家坝,岷江的紫坪铺、猴子岩、长河坝、大岗山、瀑布沟,嘉陵江的碧口、宝珠寺、亭子口、草街,乌江的构皮滩、思林、沙沱、彭水,以及长江三峡,具体详见表2-8。

表2-8 2022年三峡以上纳入调度计划水库群参数

序号	水系名称	水库名称	正常蓄水位 (m)	调节库容 (亿 m^3)	防洪库容 (亿 m^3)	装机容量 (MW)	建设情况
1	长江	三峡	175	165	221.5	22 500	已建
2	金沙江	梨园	1 618	1.73	1.73	2 400	已建
3		阿海	1 504	2.38	2.15	2 000	已建
4		金安桥	1 418	3.46	1.58	2 400	已建
5		龙开口	1 298	1.13	1.26	1 800	已建
6		鲁地拉	1 223	3.76	5.64	2 160	已建
7		观音岩	1 134	5.55	5.42/2.53	3 000	已建
8		乌东德	975	30.2	24.4	10 200	已建
9		白鹤滩	825	104.36	75	16 000	已建
10		溪洛渡	600	64.62	46.5	13 860	已建
11		向家坝	380	9.03	9.03	6 400	已建

续表

序号	水系名称	水库名称	正常蓄水位（m）	调节库容（亿 m³）	防洪库容（亿 m³）	装机容量（MW）	建设情况
12	雅砻江	两河口	2 865	65.6	20	3 000	已建
13		锦屏一级	1 820	49.11	16	3 600	已建
14		二滩	1 200	33.7	9	3 300	已建
15	岷江	紫坪铺	877	7.74	1.67	760	已建
16		猴子岩	1 842	0.62	—	1 700	已建
17		长河坝	1 690	1.2	—	2 600	已建
18		大岗山	1 130	1.17	—	2 600	已建
19		瀑布沟	850	38.94	11/7.3	3 600	已建
20	乌江	构皮滩	630	29.02	4.0/2.0	3 000	已建
21		思林	440	3.17	1.84	1 050	已建
22		沙沱	365	2.87	2.09	1 120	已建
23		彭水	293	5.18	2.32	1 750	已建
24	嘉陵江	碧口	704	1.49	0.83/1.03	330	已建
25		宝珠寺	588	13.4	2.8	700	已建
26		亭子口	458	17.32	14.4	1 100	已建
27		草街	203	0.65	1.99	500	已建

2.4.1.2 长江中游调度方案

(1) 防洪调度

长江中下游干流防洪任务为：总体达到防御1954年洪水的标准，减少分洪量和蓄滞洪区的使用概率。荆江河段防洪标准达到100年一遇，同时当遭遇1 000年一遇或类似1870年洪水时，应有可靠措施保证荆江两岸干堤防洪安全，防止发生毁灭性灾害。

① 荆江河段

荆江河段发生洪水时，充分利用河道下泄洪水，运用三峡等水库联合拦蓄洪水。当荆江河段发生100年一遇以下洪水时，控制沙市站水位不超过44.50 m；当荆江河段发生100年一遇以上、1 000年一遇以下洪水时，配合蓄滞洪区、排涝泵站运用，控制沙市站水位不超过45.00 m。其中：

梨园、阿海、金安桥、龙开口、鲁地拉、锦屏一级、二滩等有配合三峡水库承担长江中下游防洪任务的水库，实施与三峡水库同步拦蓄洪水的调度方式，适当控制水库下泄。

乌东德、白鹤滩、溪洛渡、向家坝、观音岩、瀑布沟、亭子口、草街、构皮滩、思林、沙沱、彭水等承担所在河流防洪和配合三峡水库承担中下游防洪双重任务的水库,结合所在河流防洪任务,配合其他水库降低长江干流洪峰流量,减少三峡水库入库洪量。

水布垭、隔河岩等清江梯级水库与三峡水库实施联合防洪调度,减轻长江干流荆江河段防洪压力。

荆江河段发生 100 年一遇以上、1 000 年一遇以下洪水时,充分利用三峡等水库联合拦蓄洪水,控制枝城站最大流量不超过 80 000 m³/s。视实时水情工情,依次运用荆江分洪区、涴市扩大分洪区、虎西备蓄区及人民大垸蓄滞洪区分蓄洪水,控制沙市站水位不超过 45.00 m,保证荆江两岸干堤防洪安全,防止发生毁灭性灾害。

发生 1 000 年一遇以上洪水,视需要爆破人民大垸中洲子江堤吐洪入江,进一步运用监利河段主泓南侧青泥洲、北侧新洲垸等措施扩大行洪;若来水继续增大,爆破洪湖西分块蓄滞洪区上车湾进洪口门,利用洪湖西分块蓄滞洪区分蓄洪水。

当沙市站水位超过 44.50 m 时,排涝泵站服从统一调度。

② 城陵矶河段

当城陵矶地区发生洪水时,充分利用河湖泄蓄洪水,利用三峡等水库联合拦蓄洪水,控制城陵矶站(莲花塘站,以下称城陵矶站)水位不超过 34.4 m。其中:

梨园、阿海、金安桥、龙开口、鲁地拉、观音岩、锦屏一级、二滩、瀑布沟、亭子口、草街、构皮滩、思林、沙沱、彭水等水库,结合所在河流防洪任务,实施与三峡水库同步拦蓄洪水的调度方式,适当控制水库下泄。清江梯级水库相机配合调度。

金沙江下游乌东德、白鹤滩、溪洛渡、向家坝水库在留足川渝河段所需防洪库容前提下,按三峡水库预报入库洪量进行分级控泄,减少汇入三峡水库的洪量;当预报三峡水库入库洪峰较大时,削减汇入三峡水库的洪峰流量。

洞庭湖水系水库防洪调度在满足本流域防洪要求的前提下,与干流防洪调度相协调。当三峡水库对长江中下游防洪调度时,若洞庭湖水系来水较大,按所在河流防洪任务拦蓄洪水;若洞庭湖水系来水不大且预报短时期内不会发生大洪水时,水库群相机配合调度,减少入湖洪量;本河流洪峰过后,水库泄水腾库时,应在确保水库上下游安全的前提下,考虑城陵矶地区的防洪要求,适当控制泄水过程。

当三峡水库对城陵矶地区的防洪补偿调度库容用完后,预报城陵矶站水位仍将达到 34.40 m 并继续上涨,视实时水情工情,相机运用重要蓄滞洪区、一般蓄滞洪区分洪,控制城陵矶站水位不高于 34.90 m。启用城陵矶附近蓄滞洪区的次序为：视重点保护对象安全需要,首先运用洞庭湖钱粮湖垸、大通湖东垸、共双茶垸,并相机运用屈原垸、建新垸、建设垸、民主垸、城西垸、江南陆城垸、澧南垸、西官垸、围堤湖垸、九垸和洪湖蓄滞洪区等蓄洪。若在执行上述分洪过程中,预报城陵矶超额洪峰、洪量,运用上述蓄滞洪区分洪不能有效控制城陵矶站水位时,则运用君山垸、集成安合垸等蓄滞洪保留区分蓄洪水。

洞庭湖四水尾闾水位超过其控制水位(湘江长沙站 39.00 m,资水益阳站 39.00 m,沅江常德站 41.50 m,澧水津市站 44.00 m),危及重点垸和城市安全,可先期运用四水尾闾相应蓄滞洪区。

当城陵矶站水位超过 34.00 m 时,视沙市站和汉口站水位,排涝泵站服从统一调度。

(2) 蓄水调度

长江上游配合三峡水库承担长江中下游防洪任务的梨园、阿海、金安桥、龙开口、鲁地拉、锦屏一级、二滩、乌东德、白鹤滩等水库,一般情况下 8 月初开始逐步有序蓄水。承担所在河流防洪和长江中下游防洪双重任务的溪洛渡、向家坝、亭子口、草街、构皮滩、思林、沙沱、彭水等水库,在留足所在河流(或河段)所需防洪库容的前提下,9 月初可逐步蓄水;观音岩、瀑布沟水库根据防洪库容预留要求分时段逐步蓄水。三峡水库 9 月中旬可逐步蓄水。紫坪铺、碧口、宝珠寺等水库 10 月初开始蓄水。猴子岩水库 11 月初开始蓄水。两河口水库按批复的蓄水计划和调度方案蓄水。长江中游清江及洞庭湖水系水库一般可在 8 月初开始逐步蓄水,其中东江水库 9 月初开始蓄水;陆水及鄱阳湖水系水库一般可在 7 月初开始逐步蓄水;汉江流域水库一般可在 10 月初开始逐步蓄水,其中潘口、鸭河口水库 8 月中下旬开始蓄水。

水库具体开始蓄水时间根据水库承担的防洪任务及防洪形势确定,并合理安排蓄水过程。有条件实施提前蓄水的水库,应编制提前蓄水计划,经批准后执行。

2.4.1.3 主要水库调度方式

本小节主要介绍金沙江下游乌东德、白鹤滩、溪洛渡、向家坝及三峡水库主要调度方式。金沙江下游梯级水库防洪任务为确保枢纽自身防洪安全,配合联合调度,提高川渝河段宜宾、泸州主城区的防洪标准至 50 年一遇,减轻重庆主城区的防洪压力;同时配合三峡水库承担长江中下游防洪任务。三峡水库的防洪任务是：确保三峡和葛洲坝水利枢纽防洪安全;对长江上游洪水进行调控,使荆江河段防洪标准达到 100 年一遇,遇 100 年一遇至 1 000 年一遇洪水,包括

1870 年大洪水时,控制枝城站流量不大于 80 000 m³/s,配合蓄滞洪区运用,保证荆江河段行洪安全,避免两岸干堤溃决;根据城陵矶地区防洪要求,考虑长江上游来水情况和水文气象预报,适度调控洪水,减少城陵矶地区分蓄洪量。

(1) 乌东德水库

7 月 1 日至 7 月 31 日的防洪限制水位为 952 m。当川渝河段发生洪水需要金沙江下游梯级水库拦蓄洪水时,乌东德水库与白鹤滩、溪洛渡、向家坝水库联合拦蓄洪水,拦蓄流量根据防洪控制站洪水和区间洪水情况在金沙江下游梯级水库间合理分配;当长江中下游发生洪水需要三峡水库拦蓄洪水时,乌东德水库配合三峡水库对长江中下游进行防洪调度,减小三峡水库的入库洪量;当库水位达到 975 m 后,按保枢纽安全方式进行调度。

8 月 1 日开始蓄水,逐步蓄至库水位 965 m。经有关部门统一后可进一步蓄至正常蓄水位 975 m。

非汛期水库根据兴利需求进行调度。最小下泄流量 8 月至次年 2 月为 900 m³/s,3 月至 7 月为 1 160 m³/s。

(2) 白鹤滩水库

7 月 1 日至 7 月 31 日的防洪限制水位为 785 m。当川渝河段发生洪水需要金沙江下游梯级水库拦蓄洪水时,白鹤滩水库与乌东德、溪洛渡、向家坝水库联合拦蓄洪水,拦蓄流量根据防洪控制站洪水和区间洪水情况在金沙江下游梯级水库间合理分配;当长江中下游发生洪水需要三峡水库拦蓄洪水时,白鹤滩水库配合三峡水库对长江中下游进行防洪调度,减小三峡水库的入库洪量;当库水位达到 825 米后,按保枢纽安全方式进行调度。

8 月 1 日开始蓄水,逐步蓄至正常蓄水位 825 m。非汛期水库根据兴利需求进行调度。最小下泄流量 8 月至次年 2 月为 1 160 m³/s,3 月至 7 月为 1 260 m³/s。

(3) 溪洛渡水库

7 月 1 日至 9 月 10 日的防洪限制水位为 560 m。当预报李庄站流量小于 51 000 m³/s,若库水位低于 573.1 m,按不超过 25 000 m³/s 控泄,若库水位高于 573.1 m,按出入库平衡调度;当预报李庄站洪峰流量超过 51 000 m³/s 或朱沱站洪峰流量超过 52 600 m³/s 时,联合乌东德、白鹤滩、向家坝水库对川渝河段进行防洪补偿调度,控制李庄站、朱沱站洪峰流量分别不超过 51 000 m³/s、52 600 m³/s;当预报寸滩站洪峰流量大于 83 100 m³/s,联合乌东德、白鹤滩、向家坝水库拦洪削峰,尽量使寸滩站流量不超过 83 100 m³/s。

在与乌东德、白鹤滩、向家坝水库联合防洪调度时,先运用溪洛渡水库拦蓄洪水,当溪洛渡水库水位上升至 573.1 m 后,金沙江下游梯级水库共同拦蓄洪水;当溪洛渡水库水位达到 600 m 后,按保枢纽安全方式进行调度。

原则上 9 月上旬开始蓄水,逐步蓄至正常蓄水位 600 m。非汛期水库根据发电、航运等兴利需求进行调度。最小下泄流量为 1 200 m³/s。

（4）向家坝水库

7 月 1 日至 9 月 10 日的防洪限制水位为 370 m。当预报李庄站流量小于 51 000 m³/s,若溪洛渡水库水位低于 573.1 m,向家坝水库按不超过 25 000 m³/s 控泄,当溪洛渡水库水位高于 573.1 m 之后,向家坝水库按出入库平衡调度;当预报李庄站洪峰流量超过 51 000 m³/s 或朱沱站洪峰流量超过 52 600 m³/s 时,联合乌东德、白鹤滩、溪洛渡水库对川渝河段进行防洪补偿调度,控制李庄站、朱沱站洪峰流量分别不超过 51 000 m³/s、52 600 m³/s;当预报寸滩站洪峰流量大于 83 100 m³/s,联合乌东德、白鹤滩、溪洛渡水库拦洪削峰,尽量使寸滩站流量不超过 83 100 m³/s。

在与乌东德、白鹤滩、溪洛渡水库联合防洪调度时,先运用溪洛渡水库拦蓄洪水,当溪洛渡水库水位上升至 573.1 m 后,金沙江下游梯级水库共同拦蓄洪水;当向家坝水库拦蓄至 380 m 后,按保枢纽安全方式进行调度。

原则上 9 月上旬开始蓄水,逐步蓄至正常蓄水位 380 m。非汛期水库根据发电、航运等兴利需求进行调度。最小下泄流量为 1 200 m³/s。

（5）三峡水库

三峡工程位于长江干流宜昌市境内,控制流域面积 100 万 km²。三峡工程采用"一级开发,一次建成,分期蓄水,连续移民"的建设方案。三峡工程已于 2003 年 6 月利用右岸围堰和左岸大坝挡水,按 135 m 水位通航发电(围堰发电期);2006 年汛后,水库蓄水至 156 m,进入初期运行期;2009 年工程完建,在移民迁移完成且经过水库泥沙观测、论证后,可按最终规模正常蓄水位 175 m 运行。

对荆江河段进行防洪补偿的调度方式,主要适用于长江上游发生大洪水的情况。汛期在实施防洪调度时,如三峡水库水位低于 171 m,则按沙市站水位不高于 44.5 m 控制水库下泄流量;当三峡水库水位在 171～175 m 时,控制枝城站流量不超过 80 000 m³/s,在配合采取分蓄洪措施条件下控制沙市站水位不高于 45 m;三峡水库水位达 175 m 后,按保枢纽安全方式进行调度。

兼顾对城陵矶地区进行防洪补偿的调度方式,主要适用于长江上游洪水不大、三峡水库尚不需为荆江河段防洪大量拦蓄洪水,而城陵矶站水位将超过堤防设计水位,需要三峡水库拦蓄洪水以减轻该地区分蓄洪压力的情况。汛期需要三峡水库为城陵矶地区拦蓄洪水,且库水位不高于 155 m 时,按控制城陵矶站水位 34.4 m 进行补偿调节。当库水位高于 155 m 之后,一般情况下不再对城陵矶地区进行防洪补偿调度,转为对荆江河段进行防洪补偿调度;如城陵矶附近地区防汛形势依然严峻,视实时雨情水情工情和来水预报情况,可在保证荆江地区和库区防洪安全的前提下,加强长江上游水库群与三峡水库联合调度,进一步减轻城陵矶附近地区防洪压力,为城陵矶防洪补偿调度水位原则上不超过 158 m。

减轻中游防汛压力的中小洪水调度方式。当预报未来 3 天荆江河段沙市站水位将超过 42.5 m 时,三峡水库可以相机拦洪削峰,控制沙市站水位不超 43 m,减轻荆江河段防洪压力,调洪最高水位一般按不超过 148 m 控制;当上游及洞庭湖水系处于退水过程,且预报未来 5 天无中等强度以上降雨过程时,调洪最高水位可进一步提高至 150 m。当预报未来 5 天城陵矶站水位将超过 32.5 m 且预报未来 5 天三峡水库入库流量不超过 55 000 m³/s 时,三峡水库可相机拦洪削峰,减轻城陵矶地区防洪压力,调洪最高水位一般按不超过 148 m 控制。实施减轻中游防汛压力的中小洪水调度期间,若不满足上述条件或预报未来 5 天三峡水库入库流量将达到 55 000 m³/s 时,应适时加大三峡水库出库流量,尽快将库水位降至防洪限制水位。

6 月 10 日至 9 月 3 日的防洪限制水位为 145 m。三峡水库汛期水位按防洪限制水位 145 m 控制运行,实时调度时库水位可在防洪限制水位上下一定范围内变动。

考虑泄水设施启闭时效、水情预报误差和电站日调节需要,实时调度中库水位可在防洪限制水位以下 0.1 m 至防洪限制水位以上 1.0 m 范围内变动。

考虑未来 1～3 天水文气象预报,经水利部长江水利委员会同意,在保证防洪安全的前提下,6 月 11 日至 8 月 20 日期间,库水位可在 144.9 m 到 148 m 之间分级浮动运行;当预报上游或者长江中游河段将发生洪水时,应及时、有效地采取预泄措施,将库水位降低至防洪限制水位。8 月 21 日至 9 月 10 日,当预报三峡水库入库流量不超过 55 000 m³/s,且沙市站、城陵矶站水位分别低于 40.3 m、30.4 m,库水位可适当上浮,一般情况下不超过 150 m;结合防洪抗旱形势需要,经水利部和水利部长江水利委员会同意,9 月 1 日可逐渐抬升水位,9 月 10 日可控制在 150～155 m。

蓄水时间不早于 9 月 10 日。一般情况下,9 月底控制水位 162 m,视来水情况可调整至 165 m,10 月底可蓄至 175 m。三峡水库 9 月蓄水期间下泄流量一般不小于 10 000 m³/s;10 月下泄流量一般不小于 8 000 m³/s;11 月至 12 月下泄流量按葛洲坝下游庙嘴水位不低于 39 m 和三峡电站保证出力对应的流量控制。

2.4.2 城陵矶附近蓄滞洪区

2.4.2.1 概况

城陵矶附近蓄滞洪工程是长江中游整体防洪规划的一个重要组成部分,洞庭湖蓄滞洪区与湖北省的洪湖蓄滞洪区一起共同蓄纳长江中游城陵矶地区的超额洪水，是保障荆江大堤、武汉市及洞庭湖区的城市和重点堤垸防洪安全的一个重要措施。

国务院以国函〔2012〕220号批复的《长江流域综合规划（2012—2030年）》规定，根据长江中下游平原区的政治经济地位及20世纪及以前曾经出现过的洪水及洪灾情况，长江中下游总体防洪标准为防御新中国成立以来发生的最大洪水，即1954年洪水，在发生类似1954年洪水时，保证重点保护地区的防洪安全。根据荆江河段的重要性及洪灾严重程度，确定荆江河段的防洪标准为100年一遇，即以防御枝城100年一遇洪峰流量为目标，同时对遭遇类似1870年洪水应有可靠的措施保证荆江两岸干堤不发生自然漫溃，防止发生毁灭性灾害。

根据《长江流域综合利用规划简要报告》，遇1954年洪水，在理想运用情况下，长江中游地区共需分蓄洪约500亿 m^3，其中城陵矶附近320亿 m^3（洞庭湖、洪湖各160亿 m^3）。而根据《国务院批转水利部〈关于加强长江近期防洪建设若干意见〉的通知》（国发〔1999〕12号），三峡水库建成后，由于三峡水库的调蓄以及考虑平垸行洪、退田还湖的作用，长江中下游地区遇1954年洪水，分洪量可减少为320亿 m^3，其中城陵矶附近210亿 m^3，湖南、湖北各承担一半，即各为105亿 m^3。

2.4.2.2 历史情况

从明代开始，洞庭湖区洲滩的围垦已经有了一定规模，湖区围田之盛，导致湖区面积缩小，湖之北部大约有100多处围田，每处三五百亩或千亩不等，皆为"化弃地为膏腴"之田。清初，清政府出台了一系列鼓励垦荒的政策，湖区由于垸田的发展，岳阳、常德、澧州等相继成为重要的稻米产区和粮米的贸易中心。因此，清代是湖南粮食生产大发展的时期，也是湖区垸田大规模开发、垸田经济兴旺的时期。

民国时期国家动荡，湖区农业发展缓慢，但围湖造田态势不减。20世纪30—50年代围湖造田活动依然盛行，湖泊面积大幅度缩小，洞庭湖主体为大堤所围限，另外还有大量大大小小的民垸也被大堤所围限。民国时期湖区堤垸管理较为混乱。湖区多次遭受严重水灾，溃垸严重，1931年以后开始并垸合修，加上有些堤垸已经废田还湖，1942年以后堤垸数量急剧减少。当时湖区有堤垸613个，垸田面积406.6万亩。1948年又增加到650余处，这个数据仅限于湖区11县，不包括盗挽堤垸，经过1949年对湖区和"四水"尾闾14个县的全面调查，确定共有堤垸993个，垸田593.5万亩。天灾人祸对湖区人民生存造成了相当大的压力，直至新中国成立后，湖区农田水利事业才得以重新发展。

新中国成立以后的围湖造田，是在新的历史条件下和新的社会经济条件下逐步发展起来的，但也形成了系统的防洪体系。20世纪40年代末至50年代末。政府针对洪水和涝渍问题，采取了并垸联堤、加高培修堤防、设闸控制和水利灭螺等一系列措施。1949年长江发生较大洪水，江汉湖区干堤、支堤、垸堤大量溃决，湖区993个堤垸溃决441个。为了迅速恢复生产，汛后人民政府及时组织堵口复堤，以当年最高洪水位为标准，全面加高加固堤防。

1952年实施了荆江分洪工程；1954年长江发生特大洪水，长江中下游平原区进行了更大规模的堤防和蓄洪建设工程。根据荆江分蓄洪要求，即遇1954年型特大洪水，长江中游区需分蓄洪共约442亿 m^3，其中洞庭湖区160亿 m^3 的防洪规划，湖南省洞庭湖水利工程管理局和湖南省水利勘测设计院提交了洞庭湖一期治理规划(1984年)和洞庭湖治理二期工程(1993年)，为洞庭湖较为重大的治理工程。省政府确立"合修大圈，堵支并流"的治理思想，修复较大工程以及对小堤垸进行合修并垸，通过几次大的调整，1955年堤垸减少为292个，后又采取耕地扩大、农场修建等措施，截至1979年，湖区堤垸数为278个。华容县集中6万劳动大军对月牙湖先围后垦，筑起围湖大堤20.8 km，此次为洞庭湖区最后一次"围湖造田"。随着国家农业政策的成功和科学技术的发展，农产品供给达到平衡，为了减轻湖区群众长期的抗洪排涝负担，1980年5月，水利部召开长江下游座谈会，停止围湖造田，至此湖区堤垸数目未再发生大的变化。

1998年特大洪水后，蓄滞洪区围堤的长江干堤部分进行了加高加固达标建设，洞庭湖的围堤湖垸、澧南垸、西官垸进行了移民建镇和分洪闸建设。国务院以国发〔1999〕12号文要求在城陵矶附近尽快集中力量建设蓄滞洪水约100亿 m^3 的蓄滞洪区，按照湖南、湖北对等的原则，湖南省建设钱粮湖垸、共双茶垸、大通湖东垸等3处蓄滞洪区，湖北省建设洪湖东分块蓄滞洪区。钱粮湖垸、共双茶垸、大通湖东垸围堤加固工程、分洪闸工程以及安全建设工程目前已基本完成，洪湖东分块蓄滞洪区围堤加固工程、进洪闸工程分别于2016年、2017年先后开工建设。围堤湖垸、西官垸、澧南垸、民主垸、城西垸、九垸、屈原垸、建新垸、安澧垸、安昌垸、六角山垸、安化垸、南顶垸、和康垸、南汉垸、义合垸、北湖垸、集成安合垸、君山垸19处蓄滞洪区围堤已建设完成。

2.4.2.3 规划情况

《长江流域综合规划(2012—2030)》中，根据对长江中下游防洪方案的研究，为防御1954年洪水，规划安排了42处蓄滞洪区，其中城陵矶附近包括洞庭湖地区内规划的24个蓄滞洪区和洪湖的3个蓄洪区(表2-9和图2-2)。

表 2-9　城陵矶附近 27 个蓄滞洪区基本情况表

序号	蓄滞洪区名称	分类	蓄洪水位(m)	面积(km²)	有效蓄洪容积(亿 m³)	一线堤长(km)
1	钱粮湖垸	重要	34.82	465.18	23.78	149.58
2	共双茶垸	重要	35.37	269.55	15.04	121.74
3	大通湖东垸	重要	35.39	215.18	11.67	43.36
4	澧南垸	重要	44.61	33.58	2.21	24.58
5	围堤湖垸	重要	38.00	33.9	2.22	15.13
6	民主垸	重要	35.25	210.28	11.96	81.23
7	城西垸	重要	35.41	109.86	7.92	51.76
8	西官垸	重要	40.50	74	4.76	58.42
9	建设垸	重要	34.61	100.65	3.54	18.28
10	九垸	一般	41.38	47.67	3.82	23.24
11	屈原垸	一般	34.83	207.85	12.45	44.84
12	建新垸	一般	34.61	45.72	1.56	18.81
13	江南陆城垸	一般	33.50	188.05	10.48	46.23
14	六角山垸	保留	36.00	18.36	0.61	2.9
15	安澧垸	保留	39.90	136.48	9.42	69.66
16	安昌垸	保留	38.85	117.91	7.23	84.25
17	安化垸	保留	38.12	87.32	4.72	42.50
18	南顶垸	保留	37.30	45.94	2.2	40.24
19	和康垸	保留	37.40	96.1	6.16	46.4
20	南汉垸	保留	37.40	97.56	6.15	67.36
21	义合垸	保留	35.41	14.99	0.79	8.83
22	北湖垸	保留	35.41	35.99	1.91	12.09
23	集成安合垸	保留	36.69	130.77	6.26	54.28
24	君山垸	保留	35.00	90.32	4.69	35.55
25	洪湖东分块	重要	32.50	873.7	59.7	
26	洪湖中分块	一般	32.50	1 053.09	67.23	
27	洪湖西分块	保留	32.50	858.19	49.75	

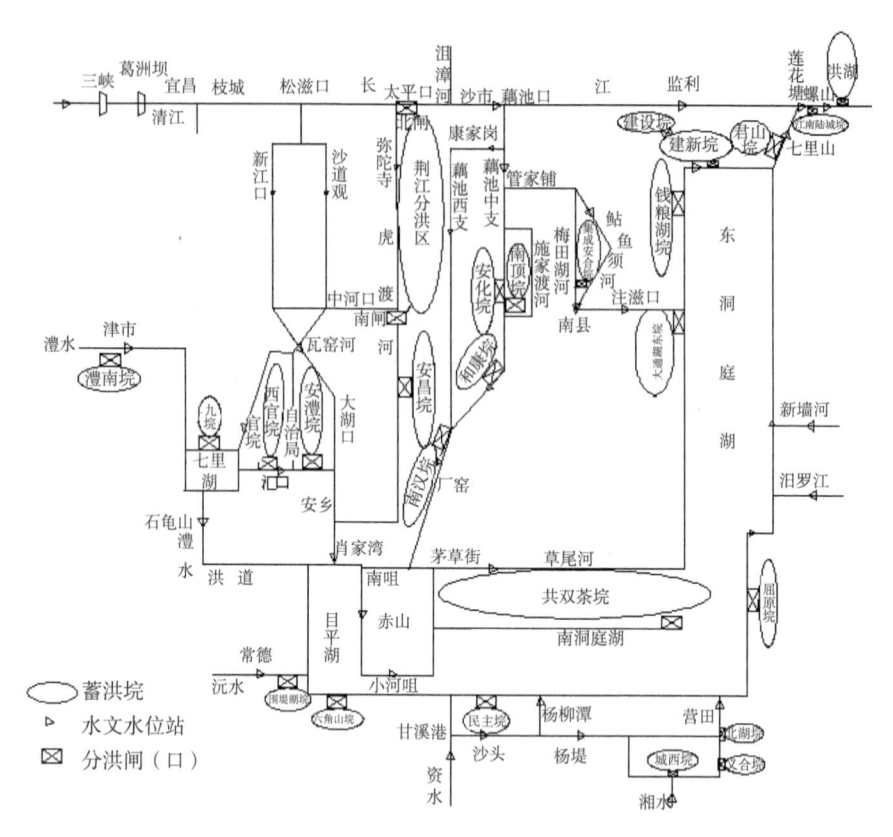

图 2-2　蓄洪区布局示意图

洞庭湖区 24 个蓄滞洪区蓄洪面积 2 873.21 km², 有效蓄洪总容量 161.55 亿 m³, 蓄洪垸堤防总长 1 161.26 km, 堤防均已达标; 洞庭湖蓄洪区分属 18 个县、涉及 100 个乡、1 285 个村、165.8 万人, 耕地 239.6 万亩。重要蓄滞洪区为使用概率较大的蓄滞洪区, 2020 年前城陵矶附近这类蓄滞洪区有 10 处, 分别为: 城陵矶附近规划分蓄 100 亿 m³ 超额洪量的蓄滞洪区 (即洞庭湖区的钱粮湖垸、共双茶垸、大通湖东垸 3 个蓄滞洪区和洪湖东分块) 和洞庭湖区的围堤湖垸、民主垸、城西垸、澧南垸、西官垸、建设垸 6 个蓄滞洪区。

一般蓄滞洪区是指为防御 1954 年洪水, 除重要蓄滞洪区外, 还需启用的蓄滞洪区。2020 年前城陵矶附近这类蓄滞洪区有 5 处, 分别为: 洪湖中分块和洞庭湖区的屈原垸、九垸、江南陆城垸、建新垸蓄滞洪区。

蓄滞洪保留区是指为防御超标准洪水或特大洪水需要使用的蓄滞洪区。2020 年前城陵矶附近这类蓄滞洪区有 12 处, 分别为君山垸、集成安合垸、南汉垸、安澧垸、安昌垸、北湖垸、义合垸、安化垸、和康垸、南顶垸、六角山垸 11 个蓄滞洪区及洪湖西分块。

2020年以后,根据长江上游干支流控制性水库建设进程、上游控制性水库与三峡水库联合调度情况以及中下游河道冲刷和江湖关系演变的情况,经分析研究,拟将洞庭湖区的建设垸由重要蓄滞洪区调整为一般蓄滞洪区,九垸由一般蓄滞洪区调整为蓄滞洪保留区,取消洞庭湖区安化垸、和康垸、南顶垸及六角山垸这4个蓄滞洪区。

2.4.2.4 运用情况

20世纪80年代以来蓄滞洪区运用情况如下:1995年围堤湖破垸蓄洪;1996年围堤湖再次破垸蓄洪,共双茶、钱粮湖、大通湖东三垸自然溃口蓄洪;1998年澧南、西官二垸自然溃口蓄洪;1999年民主垸自然溃口蓄洪;2003年澧南垸破堤再次蓄洪。

(1) 澧南垸:1998年7月23日,白芷棚、汪家洲和刘家祠堂三处自然溃口,总长712 m,拦蓄水量2.72亿 m³,死49人,倒房5 148间,损失粮食1 084万kg;2003年7月10日0时接蓄洪命令,1时30分朱家渡堤段实施爆破蓄洪,破口长310 m(因分洪闸在建,不能使用),蓄洪5小时后,澧县县城兰江闸站水位降低1.02 m,效果显著,因新建了乔家河、张家滩两个集镇,境内居民于2001年底全部迁出,故仅农业和基础设施受损失,共计转移人口2.46万人,蓄洪总量2.7亿 m³。

(2) 西官垸:1980年鸟儿洲堤段先管涌后溃垸,死2人,倒房1.119万间,损失粮食415万kg;1998年7月24日,学堤拐段溃口,长度390 m,最大冲深16.5 m,拦蓄水量5.584亿 m³,死7人,倒房8.181 6万间,损失粮食750万kg。

(3) 围堤湖垸:20世纪80年代以来遭受了数次洪水的侵袭,尤其是1995、1996年两次损失惨重,1995年7月3日凌晨3时破堤,破口长833 m(上口长458 m,下口长375 m),拦蓄水量2.59亿 m³,倒房1 200间,损失粮食22万kg;1996年7月19日水漫堤顶,零时33分再次破垸,破口长960 m(上口长530 m,下口长430 m),拦蓄水量2.93亿 m³,倒房1 500间,损失粮食22万kg。

(4) 共双茶垸:1996年7月22日12时,新华轮窑处溃决,长510 m,最大冲深3.5 m,24日出现最高水位,垸内两道间堤失守,共华、双华、茶盘洲全部被淹,拦蓄水量17.02亿 m³,倒房2.441万间,损失粮食49 776万kg。

(5) 民主垸:1999年7月23日甘溪港河中洲堤段先管涌,后塌陷溃堤,溃口桩号K14+870~K15+118,长248 m,冲深12~18 m,因有间堤,故只造成张家塞乡和苊湖口镇受灾,死8人,倒房2.27万间,损失粮食7 363万kg。

(6) 钱粮湖垸:1996年7月19日,团洲垸溃决,死14人,倒房26 364间,损失棉花9万担;同次,钱粮湖农场溃决,死17人,倒房38 270间,损失粮食3 980万kg。

(7) 大通湖东垸:1996年7月21日溃决,死24人,倒房36 852间。

2.4.2.5 调度规程

城陵矶附近超额洪量安排的总原则是由湘鄂两省共同分担。洞庭湖区蓄洪垸和洪湖蓄滞洪区互为辅助,以保证城陵矶附近的防洪安全。依据《长江防御洪水方案》,荆江河段调度运用方案如下。

(1) 发生设计标准以内洪水时。当三峡水库对城陵矶地区的防洪补偿调度库容用完后,预报城陵矶水位仍将达到34.40 m并继续上涨,视实时水情工情,相机运用重要蓄滞洪区、一般蓄滞洪区分洪,控制城陵矶水位不高于34.90 m。洞庭湖"四水"发生洪水时,充分发挥各支流水库的拦洪作用,减轻下游防洪压力。洞庭湖"四水"尾闾控制站水位超过其控制水位,危及重点垸和城市安全,可先期运用四水尾闾相应蓄滞洪区。

(2) 发生设计标准以上洪水时。荆江河段发生100年一遇以上、1 000年一遇以下洪水时,充分利用三峡等水库联合拦蓄洪水,控制枝城最大流量不超过80 000 m³/s。视实时水情工情,依次运用荆江分洪区、涴市扩大区、虎西备蓄区及人民大垸蓄滞洪区分蓄洪水,控制沙市站水位不超过45.00 m,保证荆江两岸干堤防洪安全,防止发生毁灭性灾害。

发生1 000年一遇以上洪水,视需要爆破人民大垸中洲子江堤吐洪入江,进一步运用监利河段主泓南侧青泥洲、北侧新洲垸等措施扩大行洪;若来水继续增大,爆破洪湖西分块蓄滞洪区上车湾进洪口门,利用洪湖西分块蓄滞洪区分蓄洪水。

2.4.3 控制性水闸

三大垸(钱粮湖垸、共双茶垸、大通湖东垸)、三小垸(澧南垸、西官垸、围堤湖垸)均已建设分洪闸。其中三大垸分洪闸启用条件尚未出台。

(1) 钱粮湖垸分洪闸

钱粮湖蓄洪垸为洞庭湖区近期重点建设的蓄洪垸之一,位于东洞庭湖区西岸岳阳市,北抵墨山,南临藕池河,西靠南山和华容护城大圈,承担蓄洪任务22.2亿m³。全垸一线围堤总长146.387 km,保护面积454.06 km²,其中耕地面积2.68万hm²(40.26万亩),2008年垸内人口23.44万人。

钱粮湖垸分洪闸(二门闸,图2-3)位于湖南省岳阳市钱粮湖镇钱粮湖垸湖堤桩号K3+900至K4+900之间,分洪设计水位33.06 m,设计分洪流量

4 180 m³/s。钱粮湖垸分洪闸闸室单孔净宽 12.0 m,共 28 孔,闸宽 403.0 m,闸顶高程 35.60 m,闸室堰顶高程 26.5 m,闸门为弧形钢闸门,两孔一联结构形式。闸室长 23.5 m,闸室上游设防冲槽和混凝土防渗铺盖,防冲槽深 2.0 m,防渗铺盖长 26.0 m。闸室下游设下挖式消力池,长 32.60 m,深 1.4 m,池后接海漫,长 50.0 m,海漫末端设防冲槽,深 2.0 m。

图 2-3 钱粮湖分洪闸现场图

(2) 共双茶垸分洪闸

共双茶垸位于沅江市东南方向,是沅江市三大堤垸之一,地处洞庭湖腹地,四面环水,南临南洞庭,东临东洞庭,北靠草尾河,西靠蒿竹河。下辖 3 个乡镇、37 个行政村、4 个社区,总人口 16 万人,总面积 41.98 万亩,耕地面积 28.8 万亩,一线防洪大堤 128 km。

共双茶垸分洪闸(章鱼口,图 2-4)位于共双茶垸湖堤桩号 K0+000 至 K1+000 之间,分洪设计水位 33.60 m,设计分洪流量 3 630 m³/s。共双茶垸分洪闸闸室单孔净宽 12.0 m,共 24 孔,闸宽 350.0 m。闸室长 23.5 m,闸室上游设防冲槽和混凝土防渗铺盖,防冲槽深 2.0 m,防渗铺盖长 26.0 m。闸室下游设下挖式消力池,池深 1.2 m,长 28.80 m,池后接海漫,长 47.0 m,海漫末端设防冲槽,深 2.0 m。

(3) 大通湖东垸分洪闸

大通湖东垸分洪闸(新沟闸,图 2-5)位于大通湖东垸湖堤桩号 K176+600 至 K180+160 之间,分洪设计水位 33.57 m,设计分洪流量 2 190 m³/s。大通湖东垸分洪闸均采用开敞式平底板两孔一联的结构形式,闸室单孔净宽

图 2-4 共双茶垸分洪闸现场图

12.0 m,共 14 孔,闸宽 212.5 m。闸室长 23.5 m,闸室上游设防冲槽和混凝土防渗铺盖,防冲槽深 2.0 m,防渗铺盖长 26.0 m。闸室下游设综合式消力池,池深 1.2 m,长 29.80 m,池后接海漫,长 46.0 m,海漫末端设防冲槽,深 2.0 m。

图 2-5 大通湖东垸分洪闸现场图

(4) 澧南垸分洪闸

澧南垸分洪闸位于澧水黄沙湾堤段,2004 年 6 月竣工并投入使用,属大型 Ⅱ 级水闸工程。澧南垸设计最大分洪流量 2 380 m³/s,设计分洪水位 45.67 m (刘家河),分洪设计容量 2 亿 m³,设计分洪历时 24 h。分洪闸全长 165 m,闸室总宽度 113 m,闸底板高程 38.67 m,为开敞式宽顶堰,闸坝 9 孔,孔口尺寸为 10 m×8.04 m,弧形钢闸门尺寸为 10 m×8.5 m,采用液压启闭机操作,以启用分洪闸分洪,退洪仍用此闸及垸内其他排水闸。

澧南垸 2003 年主动蓄洪,有效削减了澧水洪峰,确保了松澧大圈及澧水下游各堤垸的安全,是长江流域由控制洪水向管理洪水的转变,也是澧南垸第一次主动蓄洪。澧南分洪闸设计分洪水位 45.67 m,澧南垸保证水位 46.07 m。当预报澧水石门站洪峰超过 17 000 m³/s、兰江闸水位达到 46.10 m 时,应及时开启分洪闸实行分蓄洪。

(5) 西官垸分洪闸

西官垸分洪闸(图 2-6)位于澧水与松滋中支、西支汇合的濠口,地处防洪桩号 K38+351 处。于 2005 年 11 月动工,2007 年 11 月竣工。

图 2-6　西官垸分洪闸现场图

西官垸分洪闸为大(2)型水利工程。主要承担西洞庭湖 4.44 亿 m³ 超额洪水的蓄洪任务。分洪闸设计为 6 孔。孔口尺寸 10 m×8 m,闸室总宽度 72 m,闸底板长 28 m,底板高程 34.17 m(吴淞)。历史最高水位 42.78 m,设计分洪水位 41.00 m,设计分洪流量 1 500 m³/s,设计分洪历时 72 h,闸门为弧形钢闸门。启用方式为卷扬式启闭。

西官垸分洪闸启用条件及程序:当澧水出现 1998 年、2003 年型洪水,或长江洪水与澧水洪水遭遇,津市水位达到或超过 44.00 m、或安乡水位达到或超过 39.5 m、石龟山水位达到或超过 41.00 m,且澧南垸、七里湖垸、新洲下垸已先期使用,松澧大圈危急时,向省、市防汛指挥部报告并批准后,开启西官垸分洪闸蓄洪。

(6) 围堤湖垸分洪闸

围堤湖垸分洪闸位于湖南省汉寿县境内沅水尾闾南岸,最大分洪流量 3 190 m³/s,属大(2)型水闸。分洪闸全长 175 m,口门宽度 447 m。闸孔总净宽 140 m,单孔净宽 10 m。

第三章
洞庭湖区洪水演进及分蓄洪模型

3.1 经典算法

2003 年,张有兴等[66]在螺山、汉口、湖口水位流量关系中引入起涨水位,得到了更好的模拟结果,其基本依据是圣维南方程组:

$$\frac{\partial A}{\partial t} + \frac{\partial Q}{\partial x} = 0 \tag{3-1}$$

$$\frac{\partial y}{\partial x} = \frac{1}{g}\frac{\partial u}{\partial t} + \frac{u}{g}\frac{\partial u}{\partial x} + \frac{Q^2}{K^2} \tag{3-2}$$

式中:A 是过水断面面积(m^2);t 是时间(s);Q 是流量(m^3/s);x 是沿河长度(m);y 是水位(m);g 是重力加速度(m/s^2);u 是流速(m/s);K 是流量模数。

全解圣维南方程组需要较高精度的基本资料。实践中,可以采用水文学的经验槽蓄曲线方法,即在一定条件下,将连续方程(3-1)简化为河段水量平衡方程,将动力方程(3-2)简化为槽蓄方程,得到如下方程式:

$$I\mathrm{d}t - Q\mathrm{d}t = \mathrm{d}W \tag{3-3}$$

$$W = f(Q, I) \tag{3-4}$$

$$Q = f(z) \tag{3-5}$$

式中:I、Q、W 分别代表河段的入流量(m^3/s)、出流量(m^3/s)和槽蓄量(m^3)。

演算时采用河段槽蓄和以水位日涨率、下游顶托、起涨水位为参数的水位流量关系曲线,将式(3-3)改写为

$$\frac{I_1 + I_2}{2}\Delta t - \frac{Q_1 + Q_2}{2}\Delta t = W_2 - W_1 \tag{3-6}$$

式中:I_1、I_2 是时段始末的入流量(m^3/s);Q_1、Q_2 是时段始末的出流量(m^3/s);Δt 是时间(d);W_1、W_2 是时段始末的槽蓄量(m^3)。

具体计算时将公式(3-6)转化为

$$I_1 + I_2 - Q_1 + \frac{2W_1}{\Delta t} = Q_2 + \frac{2W_2}{\Delta t} \tag{3-7}$$

根据时段始末的 I_1、I_2 和初始水位 H_1,调用有关演算曲线计算:

$$I_1 + I_2 - Q_1 + \frac{2W_1}{\Delta t} = H_1 \tag{3-8}$$

然后假定时段末水位 H_2，调用有关演算曲线计算：

$$Q_2 + \frac{2W_2}{\Delta t} = H_2 \qquad (3\text{-}9)$$

若

$$|H_2 - H_1| < \varepsilon \quad (\varepsilon \text{ 是允许误差限}) \qquad (3\text{-}10)$$

则认为 Q_2 和 H_2 是所求的时段末值，否则采用二分法进行迭代计算。

3.2 模型概况

3.2.1 计算范围

分蓄洪模型计算范围为长江中游枝城至螺山段，长 347.2 km，水面面积 4 134 km²。长江中游干流河段比降平缓，干支流汇入点分散，江湖串通，互相顶托，水系繁复，江湖关系复杂，主要水系概括如下：

长江南岸有松滋河、虎渡河、藕池河、调弦河（于 1958 年冬建闸封堵）分泄长江洪水入洞庭湖，洞庭湖除汇有长江分泄的洪水外，还蓄纳湘、资、沅、澧四水，经湖泊调蓄后于城陵矶汇入长江，江湖洪水在城陵矶附近相互顶托（详见图 3-1）。

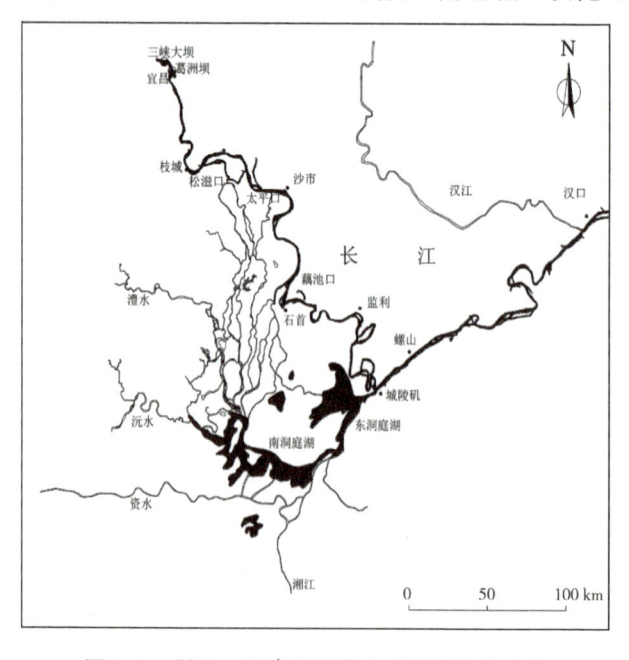

图 3-1　荆江—洞庭湖河段水系及测站分布图

3.2.2 空间地形数据合成

地形数据包括三个部分：DEM 数据、部分实测断面数据和水底地形数据。

DEM 数据是基础数据，分辨率为 90 m，整型值。来源于中国科学院计算机网络信息中心国际科学数据镜像网站；数据源是 SRTM(Shuttle Radar Topography Mission)，由美国航空航天局(NASA)和国防部国家测绘局(NIMA)[现为美国国家地理空间情报局(NGA)]联合测量，此数据产品为最新的 V4.1 版本。

实测断面数据比较少，包括：松滋口 423 个断面(1995 年)、洞庭湖河湖疏浚工程(城螺段)21 个断面数据(2003 年)。DEM 数据中，水底以下部分的数据常缺失、多以水面线高程来代替；实测断面数据中，由于堤防所在的位置比较高，影响了单元地形的数值，所以舍弃断面数据中水面以上的数据，对水面线以下部分的断面数据栅格化之后，修改对应的单元高程。

DEM 的湖底大多以一个统一的高程数据来代替，对于上一步合成后仍然缺乏的水底地形数据，采用两岸坡度按抛物线延伸、最深处控制在 30 m 的方法大致估算。

3.2.3 模型简化

该模型将宜昌至螺山河段和整个洞庭湖视为一个大湖系统，入流为上边界各来水与湖区径流之和，即干流枝城、洞庭湖"四水"控制站以及区间来水量合成，出流为螺山断面的流量。根据水量平衡原理，将入流、出流及蓄水量的变化组成湖泊水量平衡体系，应用容积曲线进行调洪演算，得到螺山站的水位过程。模型假定蓄水量与出流量均为水位的函数，在进行调洪演算之前，首先要预测螺山站预见期的水位流量关系。

(1) 螺山站水位流量关系

大湖演算模型将螺山站复杂的绳套水位流量关系概化为一组单值化簇线，具体预报时，根据当时的实测流量点据选用相应的单值化水位流量关系线(作为水位流量关系的未来走向)，配合库容曲线组合成七条演算工作曲线进行调洪演算(图 3-2)。

洞庭湖区的水底地形、螺山站的断面等年际变化较大，上述七条曲线需要定期修编。每次修编对实测资料要求较高，需大量人工处理工作，难以进行自动化作业，因此尝试简化该模型：

① 尝试用简单公式替换"七条人工构建的演算工作曲线"；
② 利用参数自动优选技术，反推出简化模型的相关参数；
③ 利用实测资料检验简化模型的表现，如果模拟效果和原版模型相当，则

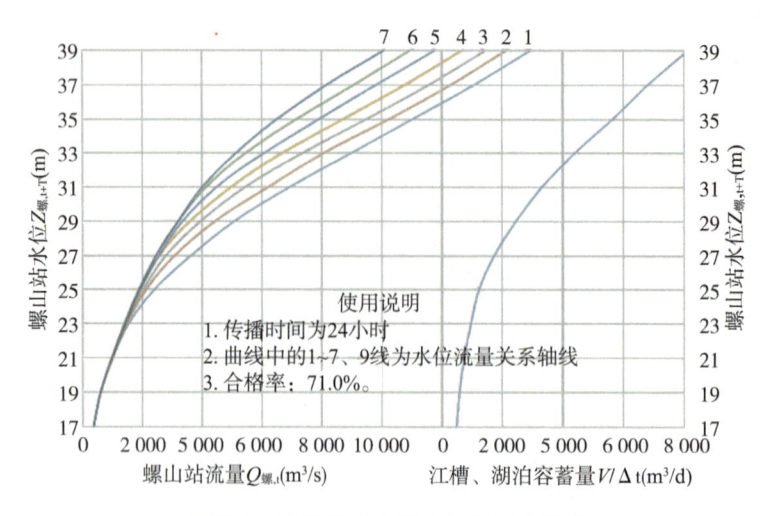

图 3-2　经典模型中螺山站分析成果图

选用简化版的模型;如果差距明显,则选用改进版的模型。改进版模型是尝试用复杂公式替换"七条人工构建的演算工作曲线"所得的模型。

(2) 螺山站高水展延

针对高洪水水位下螺山站高水展延情况,模型计算出某一天(假设为7月1日)的流量,先根据6月30日及前2天的流量计算趋势,区分涨水还是落水;若为涨水,则在6月30日之前找一个最近的涨水过程,拟合出二次多项式,根据计算流量插值出计算水位;若为落水,则在6月30日之前找一个最近的落水过程,拟合出二次多项式,根据计算流量插值出计算水位;若无法区分涨落水,则用上述方法分别计算,取水位的平均值。

当计算流量在历史数据的实测范围内时(尤其是在低水段时),运用大湖模型计算出流量,利用实测数据的 Q-Z 关系换算出水位。当为高水或 Q-Z 幂指数关系 $R^2<0.99$ 时,模型会自动切换到高水展延情景中分涨落插值计算。

(3) 城陵矶与螺山水位拟合原理

区间的计算方案内部包含两个串联的子方案:一个是"三口—四水—城陵矶区间",向下游串联"枝城—三口—城陵矶—螺山区间"。计算时次第输出城陵矶和螺山的水位流量。大区间参数率定时以螺山的水位流量为优选目标,城陵矶子区间的参数组合在1954年、1996年和2006年率定结果中找历史最近的方案取值。

3.2.4　利用线性水库简化

河/湖段上下断面之间的水量平衡方程即式(3-6)重写如下:

$$\frac{I_j+I_{j+1}}{2}\Delta t - \frac{Q_j+Q_{j+1}}{2}\Delta t = S_{j+1} - S_j \tag{3-11}$$

式中:j 和 $j+1$ 表示相邻的前后时段;S 表示槽蓄量(因为水文模型中习惯用 W 代表土壤含水量,所以槽蓄量用 S 表示)。

大湖演算公式的假定:蓄水量与出流呈线性关系,并通过蓄水量和出流对水位 Z 的两个函数来表达。可以跳过中间变量 Z,直接用线性水库来描述出流量和槽蓄量的关系,即

$$Q_{j+1}\Delta t = S_{j+1} k \tag{3-12}$$

式中:k 是出流系数,$k \in (0,1]$,需要根据实测资料分析或参数优选确定。

将公式(3-12)中的 S_{j+1} 带入公式(3-11)后整理得到:

$$\left(\frac{2}{k}+1\right)Q_{j+1} = \frac{2S_j}{\Delta t} + I_j + I_{j+1} - Q_j \tag{3-13}$$

式中,除了 Q_{j+1} 以外,全部是已知量,可以直接求解。

对于初始出流量 Q_0,可以直接等于 I_0,这意味着模型计算时要从一个流量平稳的低水段开始,这也符合水文计算的习惯。

3.2.5 利用非线性水库简化

在流域系统中,任意时刻的蓄水量 S 和出流量 Q 之间最常见的关系是

$$(Q_{j+1}\Delta t)^m = S_{j+1} k \tag{3-14}$$

式中:k 是出流系数,$k \in (0,1]$。 如果 $m=1$,系统就是线性的。对于河道来说,m 的范围通常是 $0.6 \sim 1.0$。

将公式(3-14)中的 S_{j+1} 带入公式(3-11)后整理得到:

$$\frac{2(Q_{j+1}\Delta t)^m}{k\Delta t} + Q_{j+1} = 2\frac{S_j}{\Delta t} + I_j + I_{j+1} - Q_j \tag{3-15}$$

式中变量除了 Q_{j+1} 以外,全部是已知量。非实时预报条件下,$Q \in (0, I_{\max}]$,可以用二分法求解;实时预报时,Q 的上限取历史极值。

对于初始出流量 Q_0,可以直接等于 I_0,这意味着模型计算时要从一个流量平稳的低水段开始,这也符合水文计算的习惯。

3.2.6 三口分洪计算

受下荆江 3 次裁弯和洞庭湖区淤积等影响,1955—1989 年荆江三口分流分

沙比均呈递减趋势;受长江上游干支流水库建设和水土保持工程陆续实施的影响,1990—2002年进入荆江河段的沙量呈递减趋势,相应的三口分沙量也呈递减趋势,但三口分流量无明显变化;2003年三峡工程蓄水后,荆江三口分流量除2006年和2011年特枯年减少幅度较大之外,其他年份三口分流量略有减少或基本不变,未出现趋势性的变化;通过对60多年不同阶段枝城站流量在30 000 m³/s以上情况的分析,荆江三口分流量与枝城站流量呈正相关关系。2020年汛期,枝城站流量增至38 000 m³/s以上时,三口分流比基本在20%以上。在洪峰过程中,即使枝城站流量出现明显骤减的情况,但此时三口分流比的数值仍明显大于非洪峰过程的数值。例如,在洪峰过程中的7月13日,枝城站流量为20 500 m³/s时,三口分流比高达20.7%,而在非洪峰过程中的6月19日,枝城站流量为20 900 m³/s时,三口分流比仅为14.6%。

基于上述数据,简化枝城-三口分流关系曲线(如图3-3所示),并根据枝城站流量计算得松滋口、太平口、藕池口流量。

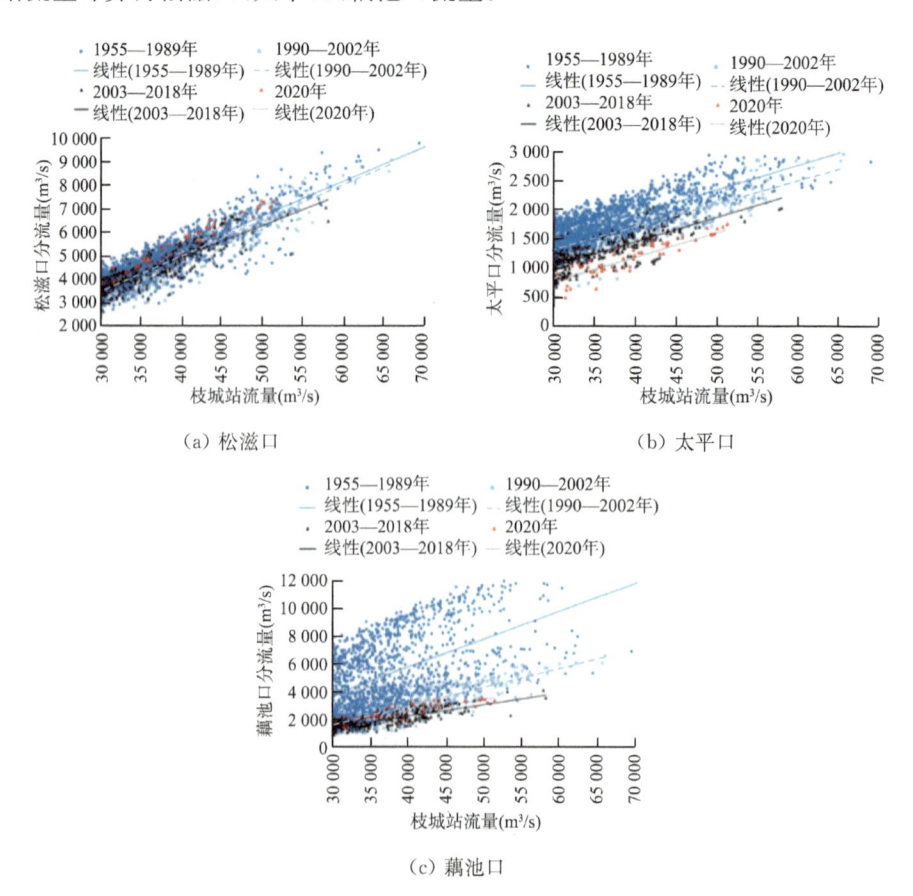

(a) 松滋口

(b) 太平口

(c) 藕池口

图3-3 荆江三口各口门分流量与枝城站流量相关关系变化(枝城站流量30 000 m³/s以上)

3.3 参数自动优选

参数优选问题一直是国内外水文学家共同关注的难题,针对大湖模型的参数自动优选,他们提出了自适应随机搜索算法(Adaptive Random Search Algorithm)、粒子群优化算法(Particle Swarm Optimization Algorithm)、模拟退火算法(Simulated Annealing Algorithm)、遗传算法(Genetic Algorithm)、蚁群优化算法(Ant Colony System)以及单纯多边形进化算法(Shuffle Complex Evolution Algorithm,简称 SCE-UA 算法)等众多算法,在这些算法中 SCE-UA 算法最常运用于水文模拟中进行模型参数的率定,应用范围比较广泛。

本研究中也选用 SCE-UA 算法。20 世纪 90 年代美国 Duan 等提出了 SCE-UA 算法,它是一种能够有效解决非线性约束最优化问题的算法。SCE-UA 算法起初用于研究概念性降雨-径流关系模拟过程中参数的优化问题,主要是依据参数的多极值、非线性、区间约束,以及缺乏具体函数表达式等特点进行优化的。该算法结合了现有算法中的一些优点,可以求得全局最优解。目前该算法在概念式、半分布式以及分布式水文模型中都得到了较为广泛的应用。

利用复合形搜索方法来研究自然的生物竞争进化,是 SCE-UA 算法的基本原理。SCE-UA 算法的重点在于复合形进化算法(CCE),当运用复合形进化算法计算时,每一个复合形的顶点都是下一个子复合形的潜在父辈,并且都有可能会参与到产生下一代群体的计算过程中。在构建子复合形的过程中,由于随机方式的应用,系统将会在可行域内进行更为彻底的搜寻。具体步骤如图 3-4 所示。

(1) 算法初始化。假设有一个 n 维问题需要优化,一共有 $p(p \geqslant 1)$ 个复合形参与 CCE 进化,其中,每个复合形所包含的顶点数目记为 $m(m \geqslant n+1)$,则样本点数目为 $s = p \times m$。

(2) 样本点产生。在可行域内通过随机方法生成 s 个样本点 $X_1, \cdots, X_s$,分别计算每个样本点的函数值 $f_i = f(X_i), i = 1, 2, \cdots, s$。

(3) 样本点排序。按照函数值的升序方式对 s 个样本点 (X_i, f_i) 进行排列,仍记为 (X_i, f_i),其中 $f_1 \leqslant \cdots \leqslant f_s$,记为 $D = \{(X_i, f_i), i = 1, 2, \cdots, s\}$。

(4) 复合形划分。将 D 划分为 p 个复合形 $A^1, \cdots, A^p$,其中每个复合形包含 m 个顶点,其中 $A^k = \{(X_j^k, f_j^k) | X_j^k = X_{j+(k-1)m}, f_j^k = f_{j+(k-1)m}, j = 1, \cdots, m; k = 1, \cdots, p\}$。

(5) 复合形进化。按照上述的复合形算法(CCE)对每个复合形进化处理。

(6) 复合形混合。进化以后的新点集是由每个复合形的所有顶点 m 构成

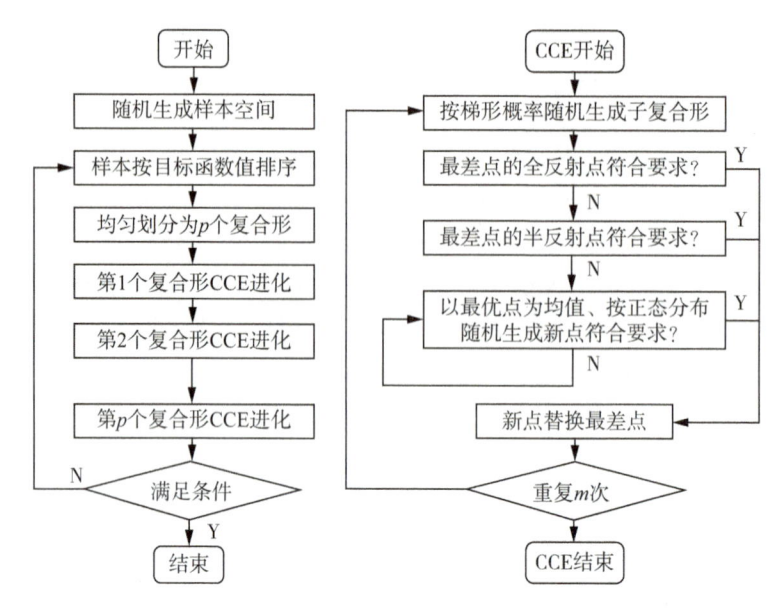

图 3-4　SCE-UA 算法流程图

的,再按照步骤(3)中的方法对新的集合进行升序排列,重复 CCE 算法,再将新生成的点集记为 D。

(7) 收敛性判断。若满足收敛性条件,则停止;若不满足,则返回到第(4)步。

(8) 为了避免死循环状况的发生,当出现下列条件之一时即停止计算:

a. 经过多次循环之后目标函数依旧无法提高至指定的精度,可以认为目前参数取值对应的点已经达到可行域的平坦面;

b. 在进行连续若干次循环之后模拟的精度仍未提高,且参数取值无法显著改变,可以认为目标函数已经搜索到全局最优值;

c. 设置一个循环次数上限,当达到上限时,停止循环。

3.4　子区间产汇流算法

CREST(Coupled Routing and Excess Storage)分布式水文模型,旨在利用逐单元汇流实现水循环变量的时空间模拟和分布式输出。模型由在线的卫星降雨产品驱动,通过与土壤、植被相关的蒸散发、下渗和汇流计算得到逐单元洪灾预警。当空间分辨率较低时(如 30 s 或更低),模型中的逐单元汇流模块通过三重反馈影响产流计算,进而得到更精确的土壤含水量、单元自由水等模拟结果;当空间分辨率较高时(如 150 s 或更高的中大尺度),模型利用蓄水容量曲线、线性水库出流等功能描述次网格不均匀性对产汇流的影响。

CREST 模型借助 DEM 将流域划分为众多规则单元,每个单元上利用蓄水容量曲线计算降雨产流、利用土壤稳定下渗率划分快速和慢速径流,其主要架构如图 3-5 所示。

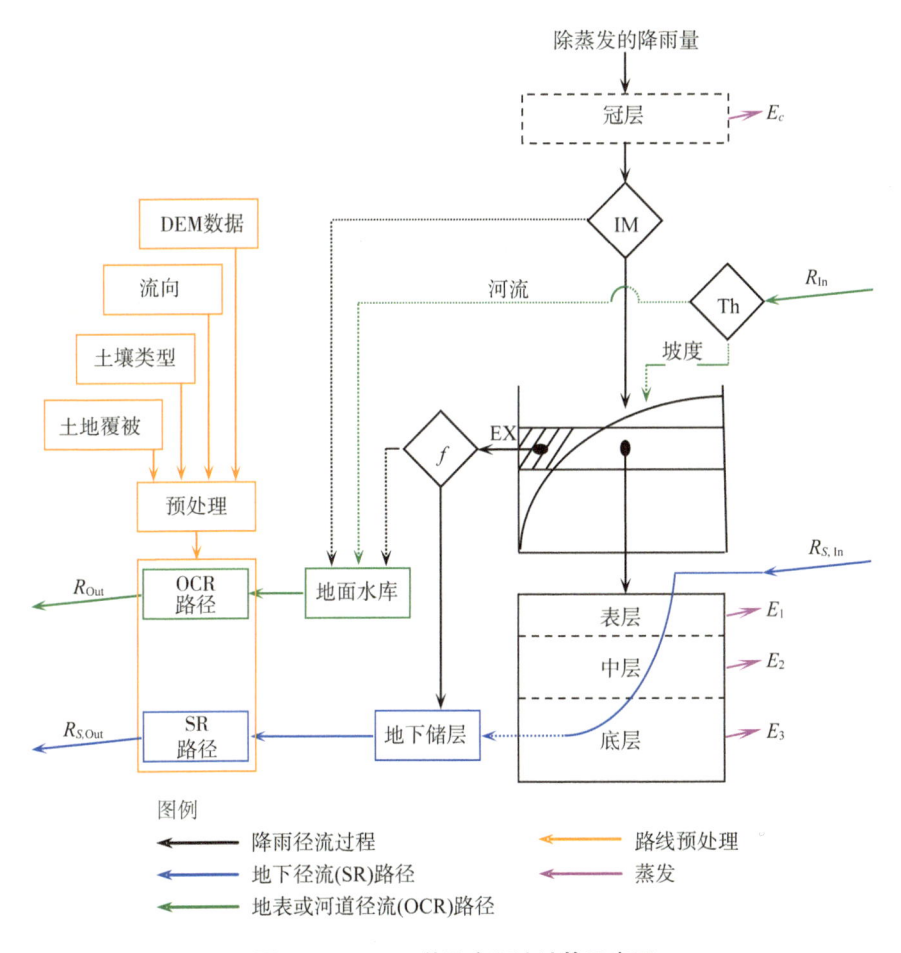

图 3-5 CREST 单元产汇流计算示意图

(R_{In} 是来自上游单元的快速径流;R_{Out} 是离开本单元的快速径流;$R_{S,In}$ 是来自上游单元的慢速径流;$R_{S,Out}$ 是离开本单元的慢速径流;IM 是不透水比例;Th 是坡面/河道阈值;f 是土壤稳定下渗率;EX 是单元蓄满产流;E_c、E_1、E_2 和 E_3 是冠层和三个土壤层的蒸发)

很多模型在河道汇流中考虑了逐单元计算,即按照线性叠加原则将上游单元的产流过程叠加到相邻下游单元的径流过程中,CREST 模型中除了河道单元外,坡面单元也进行逐单元汇流计算,即通过一个两层平面架构考虑上游来水对当前单元的产汇流过程的影响后,叠加当前单元的计算结果向下游输出,据此将所有流域单元当作相互影响的一个整体来考虑,每个单元都有一个合理的模拟径流结果。

3.4.1 汇流时间

网格间的汇流时间用下式计算:

$$t_j = \frac{l_j}{v_j} = \frac{l_j}{K_v S_j^{\frac{1}{2}}} \tag{3-16}$$

式中:t_j 是水流从第 j 个网格流到其下游网格需要的时间(s);l_j 是第 j 个网格中心到其下游网格中心的距离(m);v_j 是水流从第 j 个网格流到其下游网格的平均速度(m/s);S_j 是第 j 个网格流到其下游网格的平均坡度(%);K_v 是流速调节系数,用来考虑糙率、水力半径等因素对流速的影响。对于分辨率为 30 s 的网格来说,集水阈值 30 以上的单元可以当作河道单元来处理。

上述公式适用于三种不同的情况:
(1) 快速径流的 K_v 主要由土地覆被决定;
(2) 慢速径流的 K_v 主要由土壤的侧向饱和水力传导度决定;
(3) 河道径流的 K_v 主要由糙率和水力半径决定。

K_v 是一个物理意义很强的参数,可以由实测值预设,也可以在参数率定过程中反推。

3.4.2 径流量在时段上的划分

当给定的时间段 dT 较大时,第 j 个单元的径流可能沿着最陡坡度穿过若干下游单元,此时有

$$\sum_{i=0}^{n} t_{j+i} \leqslant \mathrm{d}T < \sum_{i=0}^{n+1} t_{i+i} \tag{3-17}$$

式中:t_{j+i} 是 $j+i$ 个单元的水流到达其下游单元需要的时间(t);n 是计数标志,特殊情况下可能为零。

这意味第 j 个单元的径流经过 dT 时段后,会移动到其下游的第 $j+n$ 和 $j+n+1$ 两个单元之间,在时段末的瞬时,第 j 个单元的径流叠加到第 $j+n$ 单元的水量为:

$$1 - \frac{\mathrm{d}T - \sum_{i=0}^{n} t_{j+i}}{t_{j+n}} \tag{3-18}$$

第 j 个单元剩余的径流叠加到 $j+n+1$ 单元上。对于任意一个下游单元，单元水量平衡可以按照下式考虑：

$$\frac{\mathrm{d}S(t)}{\mathrm{d}t}=I(t)-E(t)+\sum R_{\mathrm{In}}(t)-R_{\mathrm{Out}}(t)+\sum R_{S,\mathrm{In}}(t)-R_{S,\mathrm{Out}}(t) \tag{3-19}$$

式中：$S(t)$ 是单元总水量（m^3），包括地表自由水、土壤重力水和沟渠河道水；$I(t)$ 和 $E(t)$ 是单元下渗量（m^3）和蒸发量（m^3）；R_{In} 是来自上游单元的快速（地表或河道）径流量（m^3）；R_{Out} 是流向下游单元的快速（地表或河道）径流量（m^3）；$R_{S,\mathrm{In}}$ 是来自上游单元的慢速径流量（m^3）；$R_{S,\mathrm{Out}}$ 是流向下游单元的慢速径流量（m^3）。

CREST 单元水量平衡关系如图 3-6 所示。

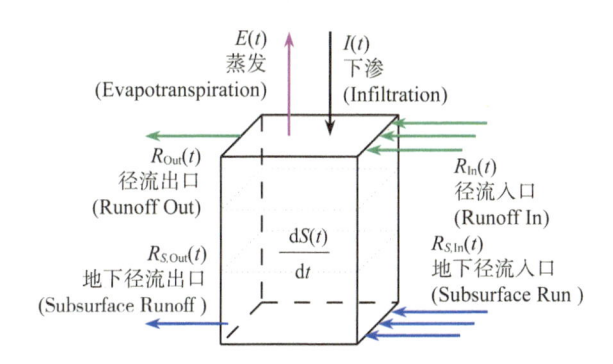

图 3-6　CREST 单元水量平衡示意图

3.4.3　蒸发

模型中的冠层和土壤均需要考虑蒸发，土壤蒸发量还需要考虑土壤的供水能力。当输入数据只有降水时，模型会尝试自动获取同时段的蒸发能力数据。

当蒸发能力大于降水时，冠层截留水量最先参与蒸发，之后才是土壤失水。土壤含水量对蒸发的影响用下式计算：

$$C_E = \left(\frac{\mathrm{PET}-P-E_{\mathrm{canopy}}-\mathrm{PWP}}{\mathrm{SAT}-\mathrm{PWP}}\right)^{\frac{1}{2}} \tag{3-20}$$

式中：E_{canopy} 是冠层截留部分的失水量（mm）；SAT 是土壤饱和含水量（mm）；PET 是大气的蒸发能力（mm）；PWP 是土壤的凋萎含水量（mm）。

PET 数据可以是实测蒸发皿数值（需要进行蒸发皿校正和水陆面校正），也可以根据气象数据选用相关公式，如 Priestley-Taylor 公式或 Hargreaves 公式。

3.4.4 产流

两层汇流架构中的每一个单元都有独立的降雨产流结构。鉴于概念性降雨产流计算的适应性更好，CREST 选择蓄满产流理论计算降雨产流。对于每一个单元，首先计算净雨：

$$P_{\text{Net}} = P - \text{PET} \tag{3-21}$$

式中：P_{Net} 是净雨量(mm)；P 是降雨量(mm)；PET 是潜在蒸散发能力(mm)。

净雨量 P_{Net} 首先消耗于冠层截留，按照 Dickinson 的公式计算：

$$\begin{aligned} \text{CI} &= K \cdot d \cdot \text{LAI} \\ P_{\text{Soil}} &= P_{\text{Net}} - \text{CI} \end{aligned} \tag{3-22}$$

式中：CI 是冠层截留能力(mm)；K 是流量模数；d 是郁闭度；LAI 是叶面积指数；P_{Soil} 是降落到土壤表层的雨水量(mm)。

产流量计算采用新安江模型，模型假定土壤孔隙被填满后单元才有自由水产生，其水量为

$$W'_{mm} = W_m \left(\frac{1+B}{1-\text{IM}} \right), \ A = W'_{mm} \left[1 - (1 - W/W_m)^{\frac{1}{1+B}} \right]$$

当 $P_{\text{Soil}} + A \geqslant W'_{mm}$ 时，$\text{EX} = P_{\text{Soil}} - (W_m - W)$

当 $P_{\text{Soil}} + A < W'_{mm}$ 时，$\text{EX} = P_{\text{Soil}} - W_m + W + W_m \left[1 - \frac{P_{\text{Soil}} + A}{W'_{mm}} \right]^{1+B}$

$$\tag{3-23}$$

式中：W_m 是单元上层土壤的总蓄水能力(m^3)；EX 是蓄满产流量(m^3)；B 是蓄水容量曲线指数；W'_{mm} 是单元最大蓄水容量(m^3)；W 是蓄水容量曲线上某点的值(m^3)；A 是曲线上与 W 值对应的坐标。

产流量通过土壤透水率 f 分为快速和慢速径流：

$$\begin{aligned} &\text{当 } P_{\text{Soil}} > f \text{ 时，} \text{EX}_S = f \times \frac{\text{EX}}{P_{\text{Soil}}}, \text{EX}_O = \text{EX} - \text{EX}_S \\ &\text{当 } P_{\text{Soil}} \leqslant f \text{ 时，} \text{EX}_S = \text{EX}, \text{EX}_O = 0 \end{aligned} \tag{3-24}$$

式中：f 是单元平均的土壤透水率(mm/h)；EX_S 是慢速径流(m^3)；EX_O 是快速径流(m^3)。

3.4.5 产汇流耦合

每个时间段，蓄满产流量出现后就先存储到快速和慢速两个虚拟水库中，水

库采用线性出流：

$$O = K \cdot S \tag{3-25}$$

式中：S 是虚拟水库蓄水量（m^3）；O 是出流量（m^3）；K 是出流速率系数。

关于 K 系数，Vörösmarty 等研究了平原网格的取值，Liston 等研究了地下水的取值，Coe 研究了湖泊和湿地的取值，Hagemann 和 Dümenil 研究了线性水库的串联效果。

CREST 模型中虚拟水库可以用实际的水库调度模块代替，另外，当单元集水面积超过给定阈值时，快速径流升级为河道水流。对于任意单元来说，其产流计算还受到以下因素的影响。

（1）来自上游若干单元的快速径流，会和当前单元的净雨量叠加参与产流计算：

$$P_{Soil} = P_{Soil} + \sum R_{O,In}(t) \tag{3-26}$$

式中：P_{Soil} 是地面净雨量（m^3）；$R_{O,In}$ 是上游单元的快速径流量（m^3）。

（2）来自上游若干单元的慢速径流，会增加当前单元的土壤含水量：

$$I(t) = I(t) + \sum R_{S,In}(t) \tag{3-27}$$

式中：$I(t)$ 是当前单元的降雨下渗水量（m^3）；$R_{S,In}$ 是上游单元的慢速径流量（m^3）。

（3）如果当前单元是河道单元，因为河道部分的蒸发是水域蒸发，所以单元总的蒸发计算改为

$$C_E = \left(\frac{PET - P - E_{canopy} - PWP - C_w \cdot PET}{SAT - PWP} \right)^{\frac{1}{2}} \tag{3-28}$$

式中：PET 是潜在蒸散发能力（mm）；P 是可能的降水（计算蒸发时降水比 PET 小于或等于零）（mm）；PWP 是土壤的凋萎含水量（mm）；E_{canopy} 是冠层蒸发量（mm）；SAT 是土壤饱和含水量（mm）；C_w 是单元水域面积比率（%）。

上述从汇流到产流的三重反馈机制，是 CREST 与其他分布式模型最重要的差别。这一产汇流耦合模拟，可以详细地描述蓄满面积在空间上的变化。

3.4.6 参数

具有物理机制的参数，可以直接通过实测数据确定，见表 3-1。但是因为实测资料的偏差，以及实验室数据应用到生产实践可能出现的误差，确定出的这些参数值需要谨慎使用。

其他一些概念性参数（见表 3-2），需要借助实测数据做参数率定。其中的

8个参数属于敏感参数,其他不敏感参数则有助于提高模拟细节。

表 3-1 有可能直接确定的参数

参数	意义	确定思路
K_v	流速系数	糙率、水力半径、植被等
SAT	饱和含水量	单元取样和测试
PWP	凋萎含水量	
B	蓄水容量曲线指数	单元多点取样和统计
f	稳定下渗率	单元取样分析
C_w	水域面积比率	遥感数据分析

表 3-2 需要实测数据率定的参数

分组	默认值	单位	名称	敏感
汇流	100	—	基础速度调整系数	高
	30	%	基流流速占基础速度的百分比	中
	1	—	水库流量系数	中
	1.5	—	河槽加速系数	低
	30	—	地表至河流阈值	中
	0.5	—	速度指数	低
	1	m	DEM 之间最小间隙	低
初值	50	%	表层土壤初始水分	中
	50	%	中层土壤初始水分	中
	50	%	底层土壤初始水分	中
产流	1	—	PET 数据源校正系数	高
	75	mm	表层土壤含水量	高
	100	mm	中层土壤含水量	高
	300	mm	底层土壤含水量	高
	0.2	—	张力水容量分布	高
	0	—	防渗面积比	高
	2	mm/step	渗透速率	高
	2	mS/cm	接近饱和电导率	高

对于小流域来说,参数率定相对比较容易;但对于大流域来说,如全球 0.25 度分布式模拟时涉及 3 000 多个流域,工作量相当大。CREST 模型推荐如下解决方案:

(1) 分批次率定参数,滚动提高模拟效果;

(2）采用自动参数优选算法，模型内嵌了一个叫作变域递减随机参数搜索（Adaptive Random Search，ARS）的示范方法可供测试，但它是一个局部参数优选算法，而且没有针对计算速度做相关优化。

3.4.7 输出

水文模型习惯上仅模拟流域出口的流量过程线，因为 CREST 模型的每个单元都可以输出相对合理的模拟结果，所以 CREST 可以输出很多空间变量供后继分析，见表 3-3。每个变量都是一组时序二维矩阵。

表 3-3 模型输出

标志	意义	单位
Rain	插值降水量	mm
PET	插值潜在蒸发量	mm
Ea	实际蒸发量	mm
WU	表层土壤含水率	%
WL	中层土壤含水率	%
WD	底层土壤含水率	%
ExcSur	地表超渗雨量	mm
ExcBas	地下超渗雨量	mm
StoSur	水库自由水	mm
Stobas	地下自由水	mm
Q	流量	m³/s
Qlevel	重现期流量水平	a

3.5 分蓄洪算法

3.5.1 分洪口空间布置

根据湖南省人民政府《印发〈湖南省洞庭湖区非常洪水度汛方案〉和〈湖南省洞庭湖区堤垸抗洪保证水位的通知〉》（湘政发〔1991〕29号）和已批复的洞庭湖区钱粮湖垸、共双茶垸、大通湖东垸三垸蓄洪工程分洪闸工程有关设计报告，确定蓄洪垸分洪口门位置如表 3-4 所示。

表 3-4　蓄滞洪区分洪口门基本情况表

序号	垸名	所属县(市、区)	分洪口位置 分洪口地点	大堤起桩号	大堤止桩号	口门宽度(m)
1	钱粮湖	华容县、君山区	二门闸	K3+900	K4+900	1 000
2	共双茶	沅江市	章鱼口	K0+000	K1+000	1 000
3	大通湖东	南县、华容县	新沟闸	K179+160	K180+160	1 000
4	民主	资阳区、沅江市	陈婆洲	K21+245	K21+705	460
			大潭口	K65+745	K66+205	460
5	围堤湖	汉寿县	白鸽洲分洪闸	K2+100	K2+275	175
6	西官	澧县	濠口分洪闸	K41+000	K41+210	210
7	港南	澧县	黄沙湾分洪闸	K5+600	K5+727	127
8	城西	湘阴县	濠河口沙湾	K2+500	K2+650	150
			斗米咀	K21+300	K21+450	150
9	建设	君山区	建新垸侧			
10	屈原	汨罗市、湘阴县	凤凰咀	K3+100	K3+350	250
11	江南陆城	临湘市、云溪区	周家墩	K18+500	K18+750	250
			鸭栏闸下	K24+800	K25+070	270
			北堤拐	K52+082	K52+192	110
12	九垸	澧县	张市窑	K12+510	K12+710	200
13	建新	君山区	湖堤黄安湖	K7+500	K7+850	350

3.5.2　分洪口门外河水位时间序列

分段串联大湖模型系统只能模拟出有限的几个关键节点处的水位时间序列。分洪计算时需要各个口门处的水位作为分洪流量估算的依据。考虑到分洪流量在全部水量中的占比较少,计算流程设计如下:

(1) 不考虑分洪情况下,计算出关键节点处的水位时间序列;

(2) 依据图 3-7,根据分洪口门最近的两个关键节点,线性插值出分洪口门处的水位时间序列,以 1998 年 7 月 23 日为例,插值出的洞庭湖各点水位如图 3-8 所示;

(3) 考虑了分洪口门的最大进洪流量和堤垸的最大蓄量,忽略口门分洪导致的外河水位降低;

(4) 根据分洪口门所处大湖模型的分段、在分段入流时间序列中扣除分洪流量;

(5) 重新计算考虑了分洪情况下关键节点处的水位时间序列。

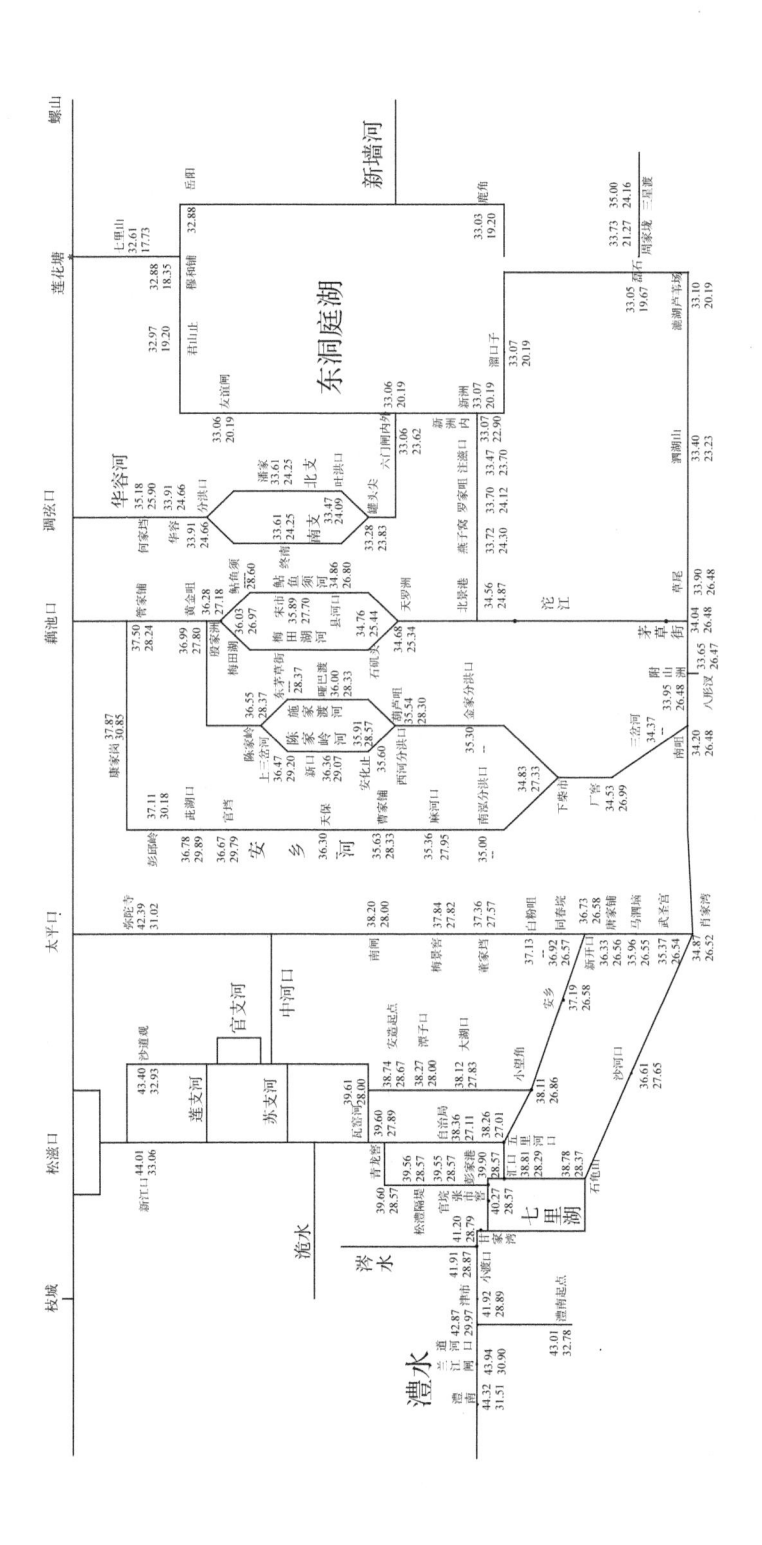

第三章 洞庭湖区洪水演进及分蓄洪模型

图 3-7 洞庭湖区控制水位分布图

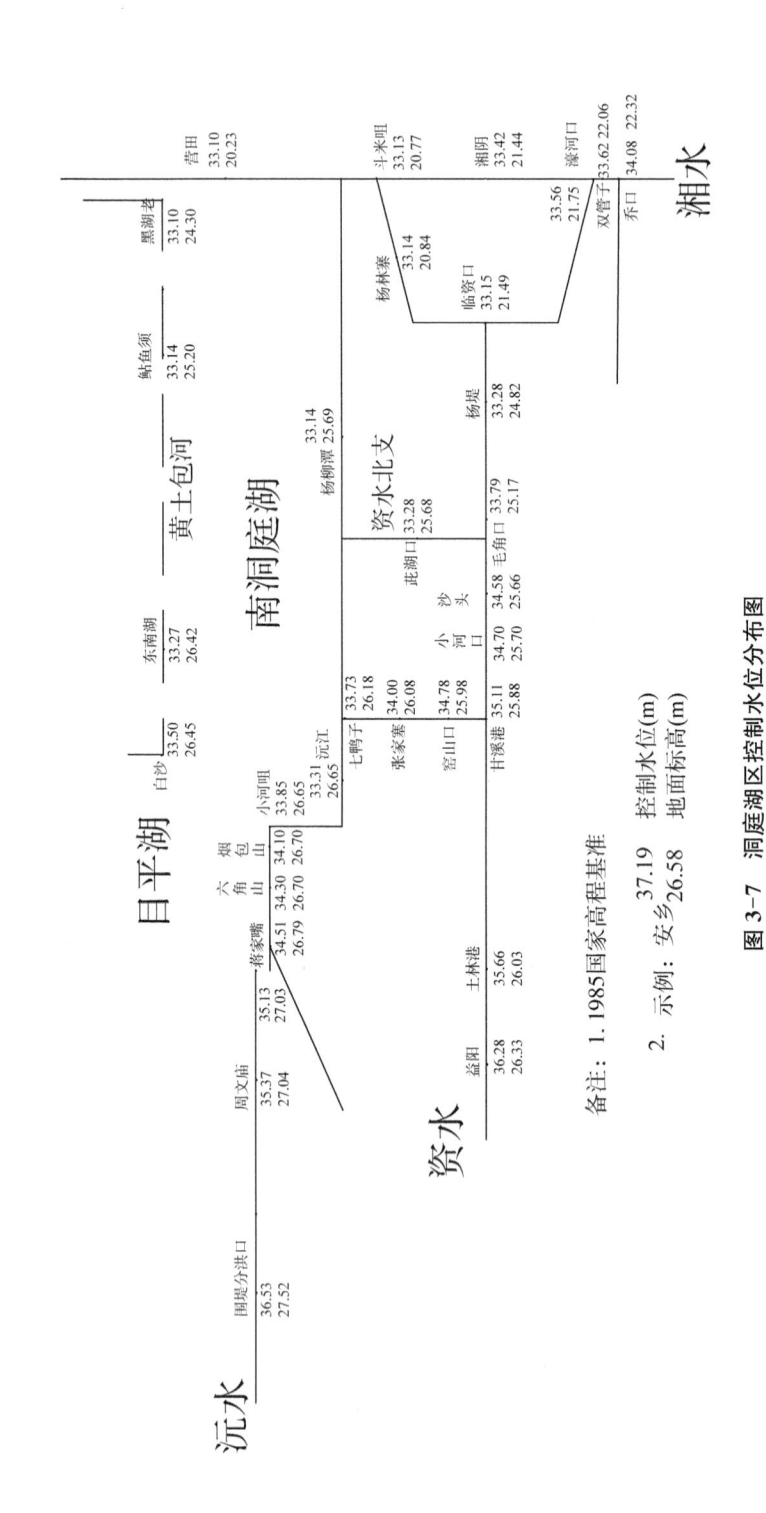

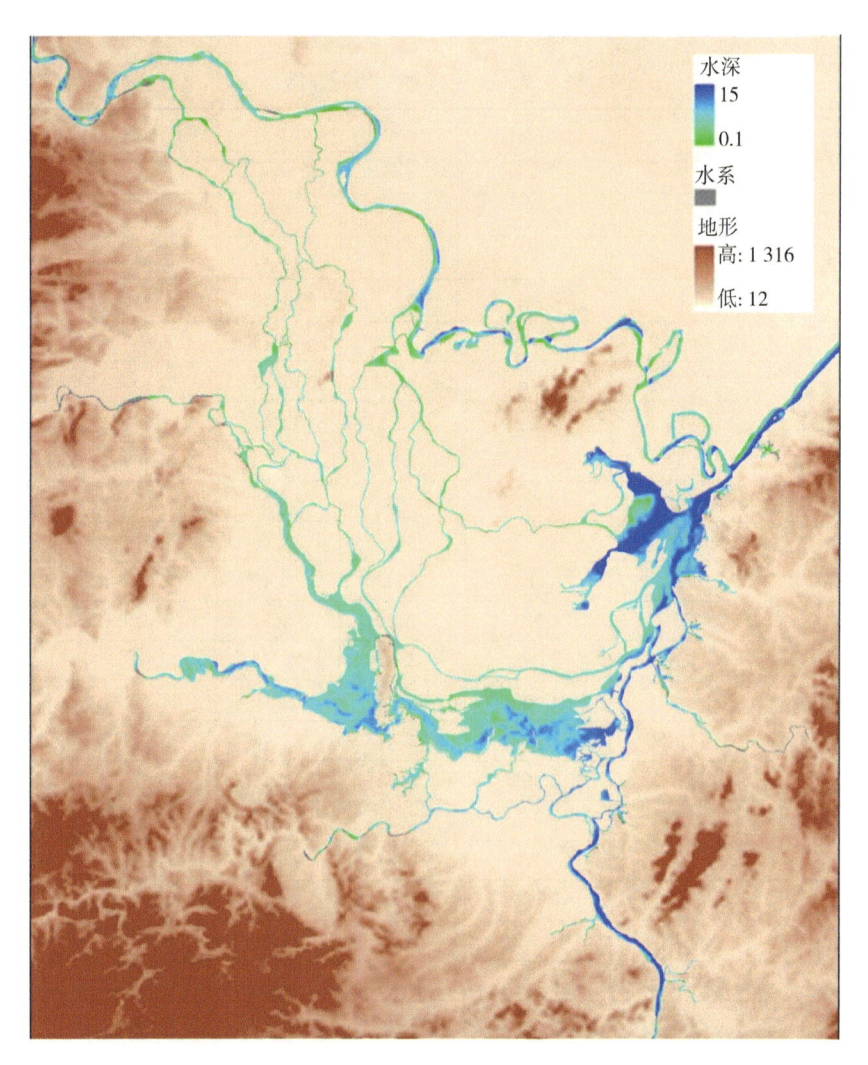

图 3-8　1998 年 7 月 23 日湖区各点推算的水位(以地形加水深表示)

3.5.3　蓄洪量和进洪流量

闸门过流量要根据具体闸门工程和水力学参数进行计算,包括堰流类型判定、堰流及闸孔出流判定、自由出流及淹没出流判定、平板及弧形闸门流量系数计算等复杂过程。当前系统中缺乏各个闸门的过流计算参数,计算流程设计如下:

(1) 收集了各垸蓄洪量和进洪流量数据,见表 3-5。
(2) 根据地形数据,按照蓄洪水位填充的算法校验了设计蓄洪量(见表 3-5),

结果表明:实测地形可信度较高,当前蓄洪量略小于设计值。

表 3-5　各垸分蓄洪特征数据

湖名	垸名	进洪流量 (m³/s)	蓄洪水位(m) 冻结基面	蓄洪水位(m) 黄海高程	蓄洪量(亿 m³) 设计	蓄洪量(亿 m³) 校验
西洞庭湖	澧南	2 380	44.61	42.34	2.00	2.09
西洞庭湖	九垸	2 924	41.38	39.11	3.79	3.95
西洞庭湖	西官	1 713	40.50	38.38	4.44	4.87
西洞庭湖	安澧	3 549	39.90	37.78	9.20	8.88
西洞庭湖	安昌	2 339	38.85	36.73	7.10	7.39
西洞庭湖	南汉	5 448	37.40	35.47	5.66	5.01
西洞庭湖	围堤湖	2 740	38.00	36.03	2.37	2.23
西洞庭湖	六角山	683	36.00	33.93	0.55	0.38
南洞庭湖	安化	1 738	38.12	36.19	4.51	3.92
南洞庭湖	和康	4 000	37.40	35.47	6.20	5.87
南洞庭湖	南顶	1 700	37.30	35.37	2.57	1.69
南洞庭湖	共双茶	7 200	35.37	33.57	18.51	13.24
南洞庭湖	民主	4 000	35.25	32.98	11.21	0.75
南洞庭湖	义合金鸡	347	35.41	33.08	1.21	12.15
南洞庭湖	城西	3 000	35.41	33.14	7.61	8.00
南洞庭湖	北湖	1 000	35.41	33.14	2.59	2.48
南洞庭湖	屈原	4 557	34.83	32.56	11.96	14.15
东洞庭湖	集成安合	2 635	36.69	34.67	6.83	5.42
东洞庭湖	钱粮湖	10 050	34.82	32.80	22.20	4.91
东洞庭湖	大通湖东	6 779	35.39	33.37	11.20	3.48
东洞庭湖	建设	2 210	34.40	32.38	4.94	9.67
东洞庭湖	建新	756	34.61	32.59	1.96	17.97
东洞庭湖	君山	1 851	34.40	32.38	4.80	2.79
长江	江南陆城	6 985	33.50	31.48	10.41	3.12
总计		80 584			163.82	144.41

(3) 根据历史实测分洪记录(见表 3-6 至表 3-9),简单校验了进洪流量值,结果表明:内外河水位差对进洪流量的影响较大;对于避险逃生等时间敏感的研究来说,需要精确描述进洪流量过程的时间变化,以得到精确的淹没区时间变化范围。本项目仅研究分洪对防洪的宏观效应,所以整个分洪期间采用固定的设计进洪流量值计算,直到垸垸蓄满。

表 3-6　1996 年各垸开闸时间和蓄满时间一览表

垸名	开闸时间	到达第一次水位峰值 时间	蓄水量（亿 m³）	各垸蓄洪总量（亿 m³）	外河外湖最高水位（m）	闸号	时间	最大分洪流量 Q (m³/s)
共双茶垸	7-16 12:00	7-22 10:00	16.61	18.51	32.79	闸 1	7-19 4:00	3 244
					32.47	闸 2	7-17 12:00	4 076
					32.41	闸 3	7-19 9:00	6 344
大通湖四垸	7-20 6:00	7-24 3:00	17.00	19.85	32.33	闸 4	7-21 9:00	8 683
钱粮湖垸	7-17 9:00	7-24 3:00	20.90	24.25	32.32	闸 5	7-17 11:00	10 077
					32.32	闸 6	7-17 11:00	9 266
建新垸	7-16 6:00	7-24 3:00	1.82	2.05	32.32	闸 7	7-16 6:00	15 292
洪湖	7-6 10:00	7-27 2:00	102.65	110.00	30.69	闸 8	7-6 10:00	10 303

表 3-7　1998 年各垸开闸时间和蓄满时间一览表

垸名	开闸时间	到达第一次水位峰值 时间	蓄水量（亿 m³）	各垸蓄洪总量（亿 m³）	外河外湖最高水位（m）	闸号	时间	最大分洪流量 Q (m³/s)
共双茶垸	7-5 7:00	7-26 11:00	17.95	18.51	32.40	闸 1	7-24 3:00	2 364
					33.18	闸 2	7-24 6:00	807
					33.09	闸 3	7-24 1:00	−1 932
大通湖四垸	7-24 7:00	7-27 12:00	18.61	19.85	32.96	闸 4	7-25 11:00	9 762
钱粮湖垸	7-5 8:00	7-7 11:00	24.25	24.25	32.95	闸 5	7-5 10:00	10 067
					32.95	闸 6	7-5 9:00	9 253

续表

垸名	开闸时间	到达第一次水位峰值 时间	蓄水量（亿 m³）	各垸蓄洪总量（亿 m³）	外河外湖最高水位（m）	闸号	时间	最大分洪流量 Q（m³/s）
建新垸	7-5 1:00	7-5 8:00	2.05	2.05	32.96	闸7	7-5 1:00	14 915
洪湖	6-30 5:00	7-28 2:00	110.00	110.00	31.31	闸8	6-30 5:00	10 251

表 3-8　1999 年各垸开闸时间和蓄满时间一览表

垸名	开闸时间	到达第一次水位峰值 时间	蓄水量（亿 m³）	各垸蓄洪总量（亿 m³）	外河外湖最高水位（m）	闸号	时间	最大分洪流量 Q（m³/s）
共双茶垸	7-1 5:00	7-5 1:00	15.20	18.51	33.69	闸1	7-4 6:00	3 018
					33.57	闸2	7-2 4:00	4 077
					33.50	闸3	7-3 11:00	8 045
大通湖四垸	7-19 12:00	7-23 9:00	16.64	19.85	33.36	闸4	7-19 13:00	8 304
钱粮湖垸	7-2 2:00	7-5 8:00	18.51	24.25	33.34	闸5	7-2 4:00	10 094
					33.33	闸6	7-2 4:00	9 284
建新垸	7-2 6:00	7-5 6:00	1.81	2.05	33.35	闸7	7-2 6:00	15 703
洪湖	7-1 8:00	7-25 2:00	106.39	110.00	31.55	闸8	7-1 8:00	10 290

表 3-9　2003 年各垸开闸时间和蓄满时间一览表

垸名	开闸时间	到达第一次水位峰值 时间	蓄水量（亿 m³）	各垸蓄洪总量（亿 m³）	外河外湖最高水位（m）	闸号	时间	最大分洪流量 Q（m³/s）
共双茶垸	7-1 11:00	7-15 8:00	13.69	18.51	31.95	闸1	7-12 1:00	2 661
					31.48	闸2	7-12 5:00	4 086
					31.42	闸3	未开闸	未开闸

续表

垸名	开闸时间	到达第一次水位峰值 时间	蓄水量（亿 m³）	各垸蓄洪总量（亿 m³）	外河外湖最高水位（m）	最大分洪流量 闸号	时间	Q (m³/s)
大通湖四垸	/	/	00.00	19.85	31.33	闸4	未开闸	未开闸
钱粮湖垸	7-12 3:00	7-14 6:00	16.38	24.25	31.33	闸5	7-12 3:00	10 053
					31.33	闸6	7-12 3:00	9 180
建新垸	7-11 6:00	7-12 5:00	1.38	2.05	31.33	闸7	7-11 6:00	13 322
洪湖	7-11 1:00	7-25 7:00	77.90	110.00	30.29	闸8	7-11 1:00	10 270

3.5.4 堤垸淹没区算法

洪水时空迁移、波动特性复杂，加之近年来极端性气候频发，水文情势多变，影响了洪水调度决策的科学性。开展洪水演进规律研究，对于蓄滞洪区的科学运用和防洪减灾具有重要的指导意义。

国内外洪水淹没分析方法经历了从根据历史洪灾调查资料勾画洪水范围，到采用水文学和水力学方法建立数学模型模拟洪水演进过程以获得丰富的洪水水力特征值的过程。二维水动力学模型应用于蓄滞洪区、堤防保护区等洪水风险分析始于20世纪末，结合当时的最新技术，中国水利水电科学研究院研发了基于二维不规则网格和有限体积法的二维水动力学模型软件。二维数学模型能够提供更加详细的水情信息，目前国内外越来越注重采用水力学方法进行数值模拟。

3.5.4.1 基本方程

河流平面二维水动力学模型基本方程为：

$$\begin{cases} \dfrac{\partial h}{\partial t}+\dfrac{\partial (hu)}{\partial x}+\dfrac{\partial (hv)}{\partial y}=0 \\ \dfrac{\partial (hu)}{\partial t}+\dfrac{\partial (h^2u+gh^2/2)}{\partial x}+\dfrac{\partial (huv)}{\partial y}=-gh\dfrac{\partial z_b}{\partial x}-g\dfrac{n^2u\sqrt{u^2+v^2}}{h^{4/3}} \\ \dfrac{\partial (hv)}{\partial t}+\dfrac{\partial (huv)}{\partial x}+\dfrac{\partial (h^2v+gh^2/2)}{\partial y}=-gh\dfrac{\partial z_b}{\partial y}-g\dfrac{n^2v\sqrt{u^2+v^2}}{h^{4/3}} \end{cases} \quad (3-29)$$

式中：h 为水深，g 为重力加速度，z_b 为河底高程，n 为糙率系数，x、y 为横向坐标和纵向坐标，u、v 为垂向平均流速的横向分量和纵向分量。

令 $q_u = h_u$、$q_v = h_v$，将上述方程写成矢量形式如下：

$$\begin{cases} \boldsymbol{U} = \begin{bmatrix} h \\ q_u \\ q_v \end{bmatrix} \quad \boldsymbol{F(U)} = \begin{bmatrix} q_u \\ q_u^2/h + gh^2/2 \\ q_u q_v/h \end{bmatrix} \\ \boldsymbol{G(U)} = \begin{bmatrix} q_v \\ q_u q_v/h \\ q_v^2/h + gh^2/2 \end{bmatrix} \boldsymbol{S} = \begin{bmatrix} 0 \\ gh(S_{0x} + S_{fx}) \\ gh(S_{0y} + S_{fy}) \end{bmatrix} \end{cases} \quad (3\text{-}30)$$

式中：$S_{0x} = -\dfrac{\partial z_b}{\partial x}$，$S_{0y} = -\dfrac{\partial z_b}{\partial y}$，$S_{fx} = -\dfrac{n^2 q_u \sqrt{q_u^2 + q_v^2}}{h^{10/3}}$，$S_{fy} = -\dfrac{n^2 q_v \sqrt{q_u^2 + q_v^2}}{h^{10/3}}$ 且 $\boldsymbol{U}_t + \boldsymbol{F(U)}_x + \boldsymbol{G(U)}_y = \boldsymbol{S}$。

定义雅可比矩阵 $\boldsymbol{A}_F$、$\boldsymbol{A}_G$：

$$\begin{cases} \boldsymbol{A}_F(\boldsymbol{U}) = \dfrac{\partial \boldsymbol{F}}{\partial \boldsymbol{U}} = \begin{bmatrix} 0 & 1 & 0 \\ a^2 - u^2 & 2u & 0 \\ -uv & v & u \end{bmatrix} \Rightarrow \boldsymbol{F(U)}_x = \dfrac{\partial \boldsymbol{F}}{\partial \boldsymbol{U}} \cdot \boldsymbol{U}_x = \boldsymbol{A}_F(\boldsymbol{U}) \cdot \boldsymbol{U}_x \\ \boldsymbol{A}_G(\boldsymbol{U}) = \dfrac{\partial \boldsymbol{G}}{\partial \boldsymbol{U}} = \begin{bmatrix} 0 & 0 & 1 \\ -uv & v & u \\ a^2 - v^2 & 0 & 2v \end{bmatrix} \Rightarrow \boldsymbol{G(U)}_y = \dfrac{\partial \boldsymbol{G}}{\partial \boldsymbol{U}} \cdot \boldsymbol{U}_y = \boldsymbol{A}_G(\boldsymbol{U}) \cdot \boldsymbol{U}_y \end{cases}$$

$$(3\text{-}31)$$

式中：$a = \sqrt{gh}$，为静水中的波速。

将式(3-31)写成非守恒形式即

$$\boldsymbol{U}_t + \boldsymbol{A}_F(\boldsymbol{U})\boldsymbol{U}_x + \boldsymbol{A}_G(\boldsymbol{U})\boldsymbol{U}_y = \boldsymbol{S} \quad (3\text{-}32)$$

分析其特征结构，计算特征值和相应的右特征向量分别为：

特征值

$$\begin{cases} s_{F_1} = u - a, \quad s_{F_2} = u, \quad s_{F_3} = u + a \\ s_{G_1} = v - a, \quad s_{G_2} = v, \quad s_{G_3} = v + a \end{cases} \quad (3\text{-}33)$$

特征向量

$$\begin{cases} \pmb{R}_F^1 = \begin{bmatrix} 1 \\ u-a \\ v \end{bmatrix} & \pmb{R}_F^2 = \begin{bmatrix} 0 \\ 0 \\ 1 \end{bmatrix} & \pmb{R}_F^3 = \begin{bmatrix} 1 \\ u+a \\ v \end{bmatrix} \\ \pmb{R}_G^1 = \begin{bmatrix} 1 \\ u \\ v-a \end{bmatrix} & \pmb{R}_G^2 = \begin{bmatrix} 0 \\ 1 \\ 0 \end{bmatrix} & \pmb{R}_G^3 = \begin{bmatrix} 1 \\ u \\ v+a \end{bmatrix} \end{cases} \quad (3-34)$$

通常情况下(即 $h \neq 0$ 时)雅可比矩阵 $\pmb{A}_F$、$\pmb{A}_G$ 的特征值 s_{F_1}、s_{F_2}、s_{F_3}、s_{G_1}、s_{G_2}、s_{G_3} 两两不相等,说明式(3-30)、式(3-32)为双曲型方程组。

3.5.4.2 模型的数值解

模型的数值解法包括有限差分法(FDM)、特征法(MOC)、有限元法(FEM)、有限体积法(FVM)等,FVM将计算域划分成若干规则或不规则形状的单元或控制体。在计算出通过每个控制体边界沿法向输入(出)的流量和动量通量后,对每个控制体分部进行水量和动量的平衡计算,便得到计算时段末各控制体平均水深和流速。因此,FVM 正是对于推导原始微分方程所用控制体的回归,与FDM 和 FEM 的数值逼近相比,其物理意义更直接明晰,其控制体示意如图 3-9 所示。

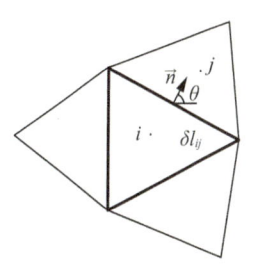

图 3-9 控制体示意图

在图 3-9 中的控制体上建立积分方程,并进行离散,可得控制体的离散形式:

$$\Delta U_i = -\frac{\Delta t}{\Delta V_i} \sum_{j=1}^{N} \delta l_{ij} H_{ji} \cdot n_{ij} + \Delta t S_i \quad (3-35)$$

式中:ΔV_i 为控制体 i 的体积,N 为控制体的界面数,$S_i = \frac{1}{\Delta V_i}\int_{V_i} S \mathrm{d}V$ 为源项 S 在控制体 i 上的平均值,δl_{ij} 为控制体 i、j 之间的界面长度。

3.5.4.3 定解条件

(1) 初始条件

二维模型给定各计算网格点上水位、流速初值:

$$\begin{aligned} h(x,y)|_{t=0} &= h_0(x,y) & u(x,y)|_{t=0} &= u_0(x,y) \\ v(x,y)|_{t=0} &= v_0(x,y) & s(x,y)|_{t=0} &= s_0(x,y) \end{aligned} \quad (3-36)$$

(2) 边界条件

固壁边界为

$$\frac{\partial u}{\partial n}=0 \tag{3-37}$$

开边界给定水位过程线：

$$H=H(t) \tag{3-38}$$

(3) 模型计算的条件设定

① 初始条件设定

网格产生以后，必须给各个计算单元赋予初始状态。初始条件可以是网格节点的初始水面高程或水深，或者方向上的初始流速。初始条件的设定有两种方式：一是根据问题的物理需求，如静水或均匀流假定；二是根据部分地点的观测数据，所缺空间分布由内插估计。常设初始流动为已达平衡态的恒定流，初始条件的误差随着时间会很快衰减。

② 边界条件设定

边界可分为两类：一是陆边界（闭边界），它是实际存在的，是水域与陆地或器壁的交界面；二是水边界（开边界），是人为规定的，是截取的一部分水体所形成的有界计算域。与初始条件相比，边界条件对数值计算的结果影响很大。边界处理的基本要求是：使计算问题在数学上适定，在物理上合理，尽量不影响内点数值解的精度和稳定性，内点与边界点的格式不一致和开边界对输入波的虚假反射都是误差扰动源。对于陆边界，一般使用无滑移条件来设定，即认为水深在边界的法向方向没有变化，而水流速度在边界的法向方向导数为零。

③ 动边界处理

动边界是水平计算域中有水区域与无水区域的界线。水陆边界的外移是由于内侧水位高于外侧地面，而内缩则由于内侧水位低于同侧地面。在边界附近，水深通常较小，同时边界处还存在法向流速，不同于一般的陆地边界。

④ 参数的选择

糙率是反映下垫面地表粗糙程度的参数，是水力模型中的重要参数。模型控制参数主要有演算时段控制参数和结果输出控制参数。演进时段控制参数包括起始计算时间、终止计算时间和计算时间步长。结果输出控制参数是结果文件输出的时间步长间隔数。

3.5.4.4 多堤垸组合分洪

洪湖东、西、中的分洪原理为：累加选中堤垸的进洪流量，参考 $Q_{螺山i}$ 和

$Q_{城陵矶}$的比值,在城陵矶流量中扣除,进而影响城陵矶附近的计算水位,最后影响计算出的理论分洪流量。

其他堤垸的分洪则是在"三口-四水-城陵矶区间"计算模块的大湖模型计算之前,也就是三口+四水+区间产汇流流量中扣除,经过大湖模型计算后,影响城陵矶附近的计算水位,进而影响后面计算出的理论分洪流量。

其他堤垸要逐个进行流量扣除计算。把堤垸的分洪过程概化为一个矩形流量过程,矩形的高是堤垸的分洪流量,矩形的面积是蓄洪总量;矩形流量在洪水过程线中扣减的时间起点采用试算法,以城陵矶附近水位削减值最大为目标函数试算得到。模型中每个堤垸分洪开闸过程不一定相同。

分洪模拟在1996年6月1日的模拟基础上进行,当模拟至1996年6月20日时,打开各个分洪区的分洪口门,查看洪水涌入堤垸的时间过程。模拟出的洪峰演进参见图3-10,模拟结果表明:分洪口门的方案设置有效。

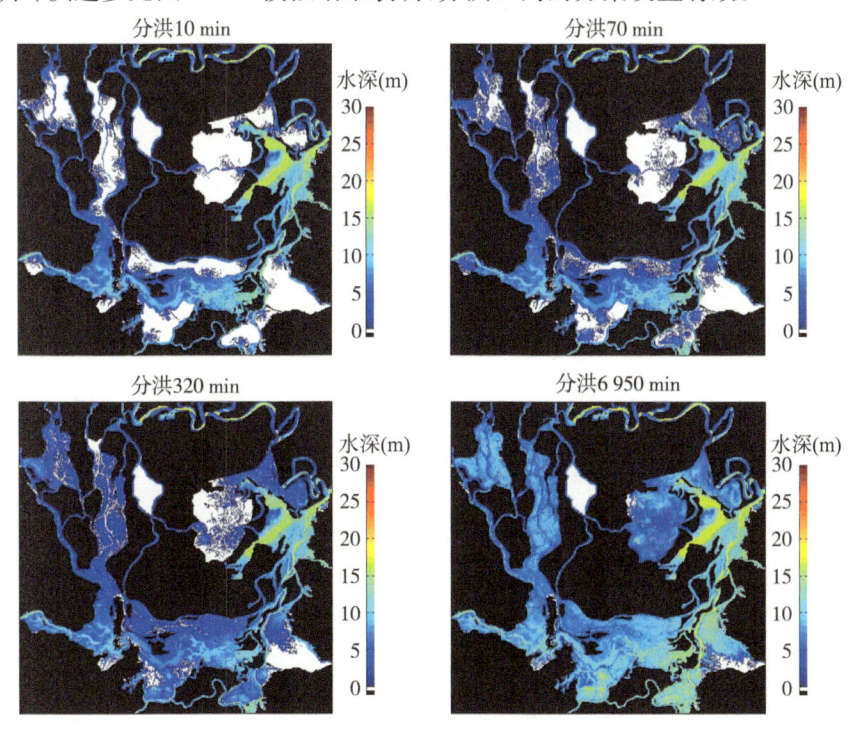

图 3-10 多个堤垸淹没区估算示意图

3.5.4.5 分洪对螺山水位的定量影响试算

将1998年的实测水雨情数据输入模型:以枝城、石门、桃源、桃江和湘潭的实测流量数据作为支流来水,利用螺山子区间的近20个雨量站实测数据驱动产汇流模型并计算出区间入流,经大湖模型演算至区间出口——螺山,在 7 月 24 日零时打开三大垸(钱粮湖垸、大通湖东垸、共双茶垸)和三小垸(澧南垸、西官垸、围堤湖垸)的闸门进行分洪计算。模拟结果(图 3-11 和图 3-12)与实测数据相比:

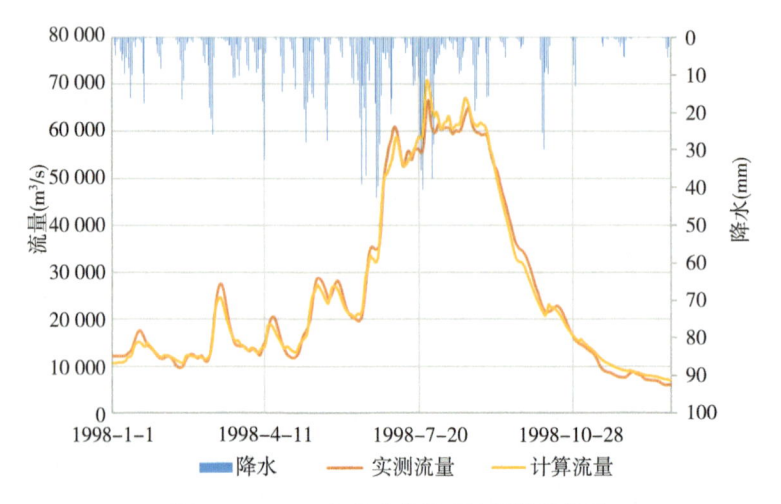

图 3-11　1998 年洪水分洪后流量模拟结果

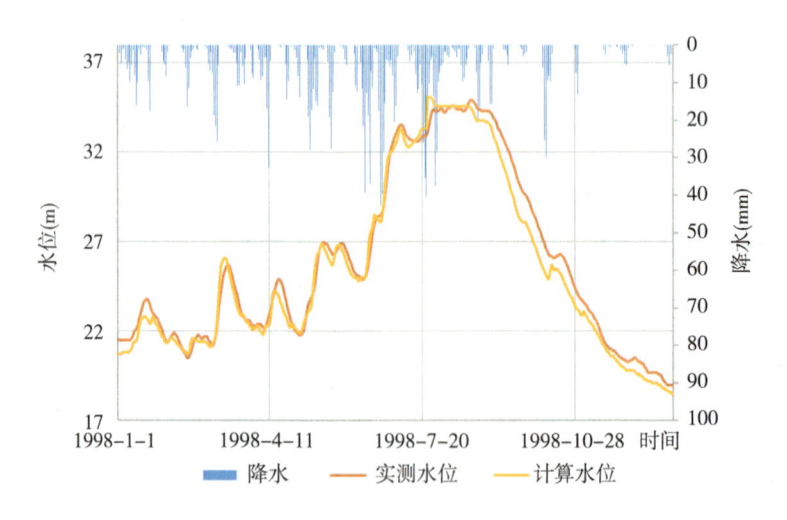

图 3-12　1998 年洪水分洪后水位模拟结果

(1) 实测最大流量 66 566 m³/s,计算最大流量 70 843 m³/s,模拟结果偏大 6.04%;实测最大水位 34.9 m,计算最大水位 35.1 m,模拟结果偏大 0.2 m。

(2) 7 月 23 日至 9 月 1 日,6 个堤垸设计蓄洪量为 60.72 亿 m³,模型计算得到的分洪量为 39 亿 m³,这也是最大流量和最大水位模拟值均大于实测值的原因之一。

3.6 1954 年洪水演进模拟

3.6.1 洪水分析

3.6.1.1 1954 年洪水

1954 年长江特大暴雨不是一般持续 3~5 天的一场暴雨过程,而是在长达 4 个月里近 20 次暴雨过程组合的暴雨群降雨,长江干流自枝城至镇江均超过历史有记录最高水位。1954 年暴雨发展为三个阶段:汛期至 5 月底,5 月底至 8 月初,8 月初至汛期结束。绝大多数暴雨过程集中在 6 月中旬至 8 月初的梅雨期,又以 7 月份的暴雨最多,共出现 8 次,接近汛期暴雨的半数。因而习惯上将 1954 年长江汛期洪水称为梅雨期洪水。20 次暴雨过程持续时间最短的 2 天,最长的达 9 天,平均 4.5 天。暴雨中心移动方向主要为西北至东南和西南至东北两种,正南正北向或东西向的极少。从雨带分布来看,等雨量线基本为东北—西南走向,多雨中心主要有三个:第一个在赣东北的天目山区,中心雨量为 2 000 mm 以上;第二个在湘西北武陵山区,中心雨量为 1 900 mm 左右;第三个在川西峨眉山区,中心雨量为 1 400 mm。多雨中心轴线呈东西向分布在 28°N~30°N 之间。季节性雨带从 4 月初就提早北移进入长江,全流域普遍多雨,大范围内淫雨天气一直持续到 8 月中旬,随后长江上游又出现了一段秋雨天气。

从枝城至城陵矶,荆江两岸 6 月份的降雨量均在 300 mm 以上,沙市 424.4 mm、石首 579.9 mm、华容 765.2 mm、城陵矶 895.7 mm、螺山 1 047.4 mm,至 6 月中旬,荆江两岸大面积内涝。6 月份一日最大雨量(部分站)情况如下:安乡(6 月 25 日)169.3 mm、津市(6 月 24 日)176.6 mm、城陵矶(6 月 16 日)292.2 mm、藕池口(6 月 16 日)166.5 mm、石首(6 月 16 日)180.2 mm。

由于上游雨季较往年提前,宜昌连续四次发生较大洪水。7 月 7 日,最大流量 57 000 m³/s;7 月 21 日,最大流量 56 900 m³/s;8 月 7 日,最大流量 66 800 m³/s;8 月 29 日,最大流量 53 200 m³/s,持续 15 d 流量超过 50 000 m³/s。宜昌 8 月 7 日最高水位 55.73 m。7—8 月,宜昌来水总量 2 497 亿 m³,占城陵矶当年 7—8 月来水总量的 71.7%,30 d 洪量为 1 386 亿 m³,60 d 洪量为 2 448 亿 m³。

从 4 月初至 6 月中下旬,湖北、湖南、江西等地区降雨异常集中,洞庭、鄱阳两湖水系频频出现洪峰,湖区水位扶摇直上,四五月份即集满底水。加上五六月间上游的几次洪峰,助长了中下游水位的涨势,荆江以下各站于 5、6 月份先后达

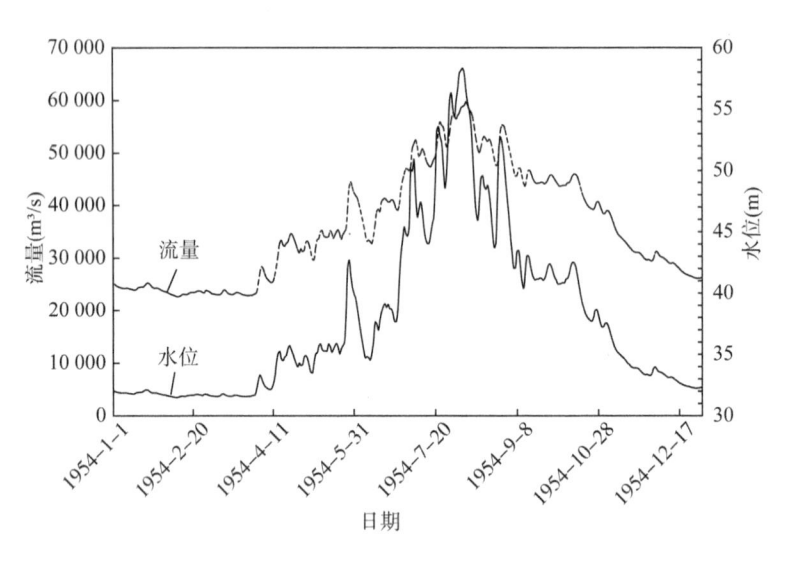

图 3-13 宜昌站汛期流量、水位趋势图

到或超过警戒水位。中游螺山站水位 4 月 1 日为 17.76 m，5 月底即涨达 29.22 m，涨幅 10 m 有余，7 月 1 日超过警戒水位(32.00 m)，于 8 月 7 日出现最高水位 33.16 m，创有记录以来的最大值。自 8 月下半月，长江流域降雨普遍减少，干流及各支流水位下落，至九十月间都先后退至警戒水位以下。

湘江流域：长沙站最高水位 37.81 m。湘潭站最高水位 40.73 m，出现在 6 月 30 日；最大流量 18 500 m³/s；最大 1 d 洪量 16.00 亿 m³(6 月 30 日)，最大 3 d 洪量 45.45 亿 m³(6 月 29 日—7 月 1 日)，最大 7 d 洪量 90.8 亿 m³(6 月 27 日—7 月 3 日)，最大 15 d 洪量 146.2 亿 m³(6 月 19 日—7 月 3 日)，最大 30 d 洪量 265.27 亿 m³(6 月 3 日—7 月 2 日)。

资江流域：桃江站最高水位 42.91 m，出现在 7 月 25 日；最大流量 9 930 m³/s，最大 1 d 洪量 8.58 亿 m³(7 月 25 日)，最大 3 d 洪量 21.00 亿 m³(6 月 28 日—6 月 30 日)，最大 7 d 洪量 40.5 亿 m³(6 月 26 日—7 月 2 日)，最大 15 d 洪量 72.5 亿 m³(6 月 18 日—7 月 2 日)，最大 30 d 洪量 102.05 亿 m³(6 月 17 日—7 月 16 日)。益阳站最高水位 37.81 m，出现在 6 月 29 日。

沅江流域：桃源站最高水位 44.39 m，出现在 7 月 30 日；最大流量 23 000 m³/s；最大 1 d 洪量 19.9 亿 m³(7 月 30 日)，最大 3 d 洪量 56.9 亿 m³(7 月 30 日—8 月 1 日)，最大 7 d 洪量 112 亿 m³(7 月 26 日—8 月 1 日)，最大 15 d 洪量 176 亿 m³(7 月 25 日—8 月 8 日)，最大 30 d 洪量 285 亿 m³(7 月 13 日—8 月 11 日)。常德站最高水位 40.39 m，出现在 7 月 31 日；最大流量 20 700 m³/s；最大 1 d 洪量 17.9 亿 m³(7 月 30 日)，最大 3 d 洪量 51.8 亿 m³

(7月30日—8月1日)，最大 7 d 洪量 106 亿 m³(7 月 26 日—8 月 1 日)，最大 15 d 洪量 170 亿 m³(7 月 25 日—8 月 8 日)，最大 30 d 洪量 277 亿 m³(7 月 13 日—8 月 11 日)。

澧水流域：三江口站最高水位 67.85 m，出现在 6 月 25 日。津市站最高水位 41.40 m，出现在 6 月 26 日。临澧站最高水位 50.38 m，出现在 6 月 25 日。

据洞庭湖水利工程管理处(现洞庭湖水利事务中心)的统计分析，当年 90 天(5 月 25 日—8 月 22 日)的入湖洪水总量达 3 050 亿 m³(其中，"四水"占 48.7%，四口占 42.5%，区间占 8.8%)；45 天(6 月 27 日—8 月 10 日)入湖洪水总量也达 1 807.3 亿 m³(其中，"四水"占 44.7%，四口占 47.2%，区间占 8.1%)。7 月底时，沅、资、澧三水同时出现高峰，导致湖区内水位升高；8 月上旬长江洪峰接踵而来，"南水""北水"碰头。8 月 7 日，宜昌出现最高水位，城陵矶也出现历史上的最高水位 34.55 m。

1954 年"四水"及长江组合入湖洪峰水量达 64 053 m³，为多年平均入湖洪峰水量 39 021 m³ 的 1.64 倍。从 5 月底至 8 月初洪水不断，一峰比一峰高，入湖水量大于 30 000 m³ 的达 62 天，比一般洪水年长得多。湘资沅澧四水洪水与长江洪水汇聚于洞庭湖，使岳阳城陵矶水位自 6 月 27 日至 9 月 10 日连续 76 天在警戒水位之上，径流量约 2 200 亿 m³，最大入湖日均水量达 70 500 m³，造成洞庭湖最大蓄水量达 516 亿 m³，天然湖泊调蓄 268 亿 m³，溃垸淹田蓄水 248 亿 m³，是历史上超额洪水最多、溃灾最重的一年。

3.6.1.2 1998 年洪水

1998 年是继 1954 年以来的又一次全流域性大洪水，长江中下游干流沙市至螺山、武穴至九江共计 359 km 的河段水位超过了历史最高水位。鄱阳湖水系"五河"、洞庭湖水系"四水"发生大洪水后，长江上中游干支流又相继发生了较大洪水，长江上游接连出现 8 次洪峰。

连续降雨条件下，洞庭湖区共发生 5 次大洪水，且洪水水位一峰高过一峰，超历史纪录。3 月上旬，汛前湘江流域普降大到暴雨，使干流水位猛涨，双牌、欧阳海、水府庙等大型水库多次开闸泄洪，老埠头至长沙各站于 3 月 7—10 日相继出现超警戒水位 2～6 m 的洪水，其中长沙站洪峰水位达 37.64 m，超过警戒水位 2.64 m。

6 月中下旬，湘、资、沅水和洞庭湖区降雨集中，暴雨、大暴雨持续不断，6 月 14 日资江桃江站出现 11 500 m³/s 的洪峰流量(表 3-10)，最高洪水位 43.98 m，超警戒水位 1.98 m。其中柘溪至桃江区间产生 8 500 m³/s 的流量。湘江长沙站于 6 月 27 日 21 时出现 39.18 m 的洪峰水位，超历史最高水位 0.25 m，超

1954 年最高洪水位 1.37 m。由于入湖水量的增加,洞庭湖水位逐渐升高,洞庭湖城陵矶水位已超过警戒水位。

7月上中旬,湘、资、沅、澧四水入湖流量虽有所减少,但沙市出现第一次洪峰水位 43.97 m,使洞庭湖城陵矶于 7 月 6 日 11 时出现第一次洪峰水位 34.52 m,超警戒水位 2.52 m,接近 1954 年洪水位。

7月20—26日,澧、沅水中下游连降大到暴雨,导致澧、沅水水位猛涨,澧水津市站于 7 月 24 日 8 时出现洪峰水位 45.01 m,超过 1954 年洪水位 3.95 m,超历史最高水位 1.0 m,与澧水洪水同步,沅水大暴雨使五强溪水库 24 日的最大入库流量达 34 000 m^3/s,最大下泄流量达 23 300 m^3/s。桃源站 24 日 8 时流量达 25 500 m^3/s(表3-10)。此时,长江又出现第三次洪峰,入湖水量迅速增加,洞庭湖城陵矶于 7 月 27 日 17 时出现第二次洪峰水位(35.48 m),超历史最高水位 0.17 m,超过 1954 年水位 0.93 m。

表 3-10　1998 年四水汛期洪水情况统计表

水系	站名	洪水历时	最大流量 (m^3/s)	出现日期 (月/日)
湘江	湘潭	5 月 22 日—7 月 4 日	15 600	6 月 27 日
资江	桃江	6 月 13 日—7 月 2 日	11 500	6 月 14 日
沅江	桃源	6 月 13 日—8 月 23 日	25 500	7 月 24 日
澧水	石门	7 月 21 日—8 月 21 日	19 900	7 月 23 日

注:1998 年 3 月份湘江出现第一次洪峰,表中所列为第二次洪峰。

7月30日,湘、资、沅水尾闾地区和洞庭湖区又降大雨,使洞庭湖刚刚回落的洪水再次上涨,西洞庭湖南咀站 31 日 11 时出现洪峰水位 36.92 m,超警戒水位 2.92 m。城陵矶站于 8 月 1 日 16 时又出现第三次洪峰水位(35.53 m),超过 1954 年洪水位 0.98 m。

8月份长江干流连续出现 5 次洪峰,宜昌站洪峰流量在 56 300~63 600 m^3/s。8 月 7 日宜昌出现第四次洪峰,沙市站洪峰水位达 44.95 m,受长江入湖水量和顶托影响,城陵矶站于 8 月 9 日 12 时出现第四次洪峰水位 35.57 m,超过 1954 年最高水位 1.02 m。8 月 16 日宜昌站出现最大一次洪峰流量 63 600 m^3/s,沙市站于 8 月 17 日 9 时出现最高洪水位 45.22 m,超过 1954 年洪水位 0.55 m,正好与澧、沅水洪水相遇,使城陵矶站于 20 日 16 时出现第五次大洪峰,水位达 35.94 m,超过 1954 年洪水位 1.39 m,超历年最高水位 0.63 m(1996 年),可见,洞庭湖五次大洪水,均受长江大洪水影响,且一次高于一次,居高不下,为历史所罕见。

3.6.2 计算范围

本次 1954 年洪水演进模拟区间以长江至洞庭湖整个江湖调蓄作用为基础，考虑长江干流、四水来流以及区间来流，螺山为出流。上边界取长江枝城站、湘江湘潭站、资江桃江站、沅江桃源站、澧水石门站，下边界是长江螺山水文站，其中区间产汇流面积为 62 919 km²。

根据水量平衡公式：

$$I \mathrm{d}t - Q \mathrm{d}t = \Delta V \tag{3-39}$$

$$\Delta V = W + W_e \tag{3-40}$$

$$W = f(Q, I) \tag{3-41}$$

式中：I、Q、W、W_e 分别代表河段的入流、出流、槽蓄量、超额洪量。其中，总入流为上边界支流来流与区间产流之和，出流由区间下边界模型计算得出，超额洪量为超过保证水位且不分洪所得到的洪水总量，槽蓄量约等于研究区域超过保证水位的江湖蓄洪总量。

输入不同区间 1954 年支流来水，以 1998 年所率定的参数，利用共 80 个雨量站实测降水数据驱动产汇流模型并计算出区间入流，经大湖模型演算至区间出口，结果如图 3-14 所示。

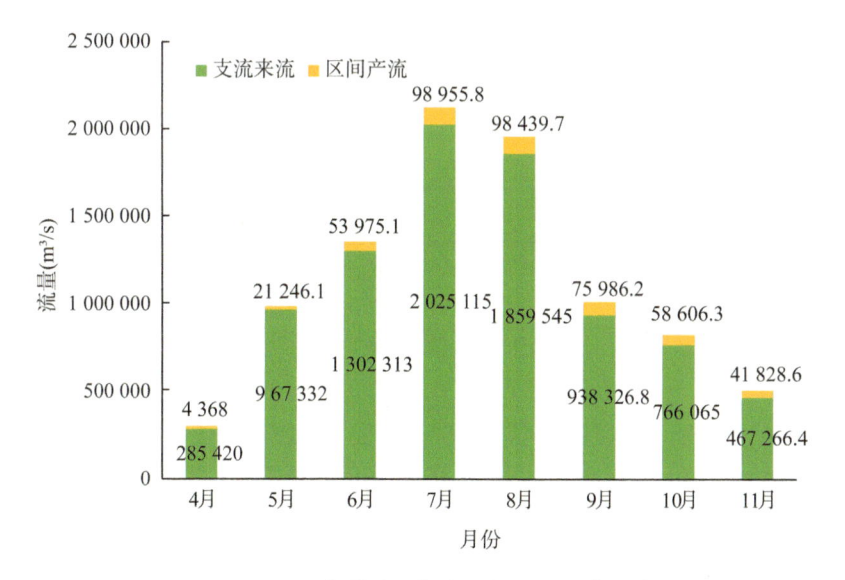

图 3-14　1954 年枝城—螺山区间总入流统计情况

3.6.3 参数率定

3.6.3.1 1954年率定

将1954年边界水文站资料及区间降雨数据输入模型进行参数率定,根据纳什系数、总量误差、峰量误差等参数对结果进行优选,得出相关参数优选结果,参数自动优选后结果见表3-11。由该表可知,流量、水位优选参数纳什系数均为96%,其中流量总量误差为－3.5%,峰量误差为2.8%;水位总量误差为－2.8%,峰量误差仅为0.3%。

表3-11 螺山出口优选参数结果

年份	流量					水位				
	纳什系数%	总量误差%	峰量误差%	蓄泄系数		纳什系数%	总量误差%	峰量误差%	幂指数关系	
									ZQ系数	ZQ指数
1954	96	－3.5	2.8	0.130 7		96	－2.8	0.3	2.685 2	0.223

实测与计算流量、水位过程线见图3-15。螺山站计算洪峰流量出现在8月8日,为79 462 m^3/s;实测螺山洪峰流量出现在8月7日,为78 800 m^3/s。计算莲花塘最高水位33.95 m,与实测最高水位一致(图3-16)。

螺山区间为长江-洞庭湖区域主要大湖区间,洪水组成由长江枝城至螺山段和洞庭湖湘资沅澧"四水"干流入汇,干流来水占比较大,且出流稳定,该区间参数率定成果较为可靠。

3.6.3.2 1998年率定

将1998年边界水文站资料及区间降雨数据输入模型进行参数率定,根据纳什系数、总量误差、峰量误差等参数对结果进行优选,得出相关参数优选结果,参数自动优选后结果见表3-12。由该表可知,流量优选参数纳什系数为98%,水位优选参数纳什系数为88%;流量总量误差为1.1%,峰量误差控制在1.0%;水位总量误差为－4.08%,峰量误差为7.69%。

实测与计算流量、水位过程线见图3-17。出口螺山站计算洪峰流量为65 738 m^3/s,计算莲花塘最高水位为36.01 m(图3-18)。

螺山区间为长江-洞庭湖区域主要大湖区间,洪水组成由长江枝城至螺山段和洞庭湖湘资沅澧四水干流入汇,干流来水占比较大,且出流稳定,该区间参数率定成果较为可靠。

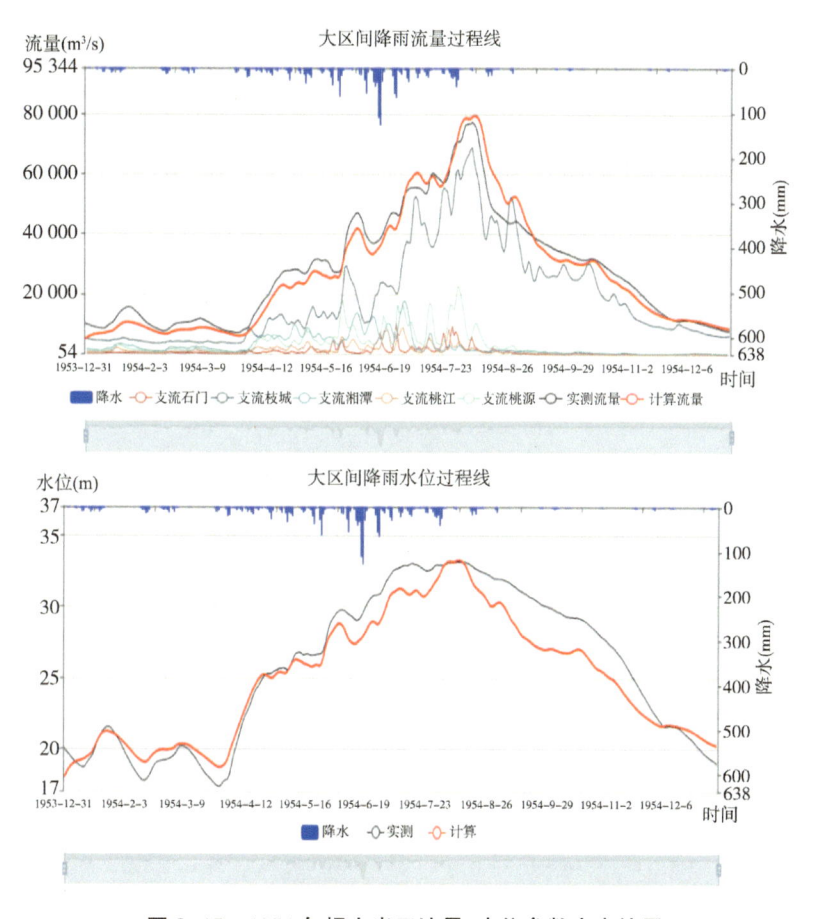

图 3-15　1954 年螺山出口流量、水位参数率定结果

图 3-16　1954 年莲花塘站水位参数率定结果

表 3-12　螺山出口优选参数结果

年份	流量				水位				
	纳什系数%	总量误差%	峰量误差%	蓄泄系数	纳什系数%	总量误差%	峰量误差%	幂指数关系 ZQ系数	幂指数关系 ZQ指数
1998	98	1.1	1.0	0.105 1	88	−4.08	7.69	1.898 6	0.263 6

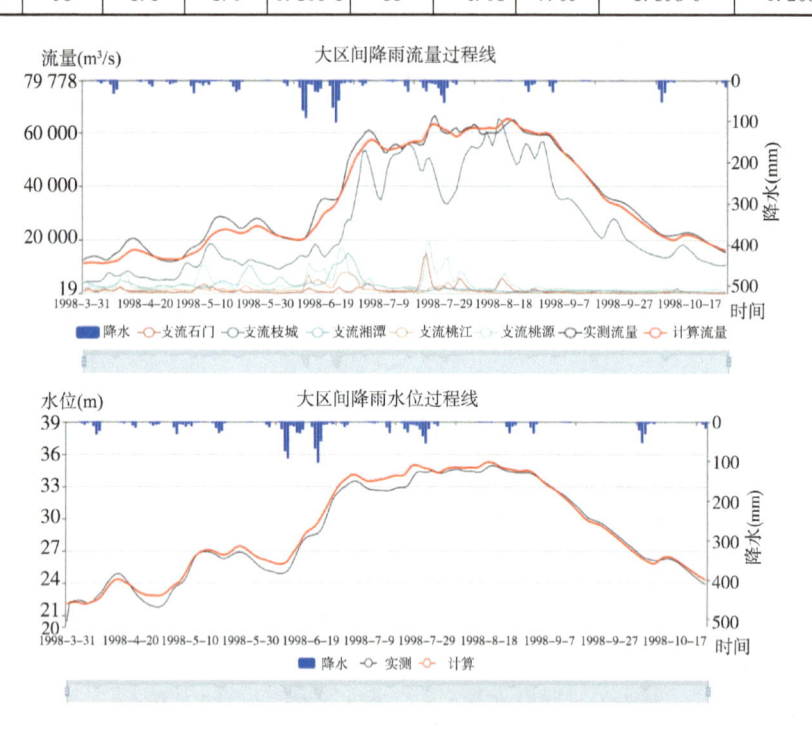

图 3-17　1998 年螺山出口流量、水位参数率定结果

图 3-18　1998 年莲花塘水位参数率定结果

3.6.4 长江边界条件

本节计算1998年江湖关系条件下1954年的洪水分配情况。选取1998年水文实测数据进行长江至洞庭湖区间枝城—螺山出口区间参数优选与率定,根据率定之后的参数,使用大湖模型对1954年特大洪水进行模拟,其中长江采用1954年实际流量并结合三峡按155 m、161 m、171 m水位调度后的来水过程,四水流量采用1954年实际来水过程。

3.6.4.1 三峡按155 m水位调度情景

三峡水库水位不高于155 m时,按控制莲花塘站水位34.40 m目标进行补偿调度,7月24日拦洪至155 m,此后转入对荆江河段防洪调度;库水位在155～171 m区间时,按沙市站水位不高于44.50 m控制水库下泄流量;库水位在171～175 m区间时,控制枝城站流量不超过80 000 m³/s进行调度,如图3-19所示。

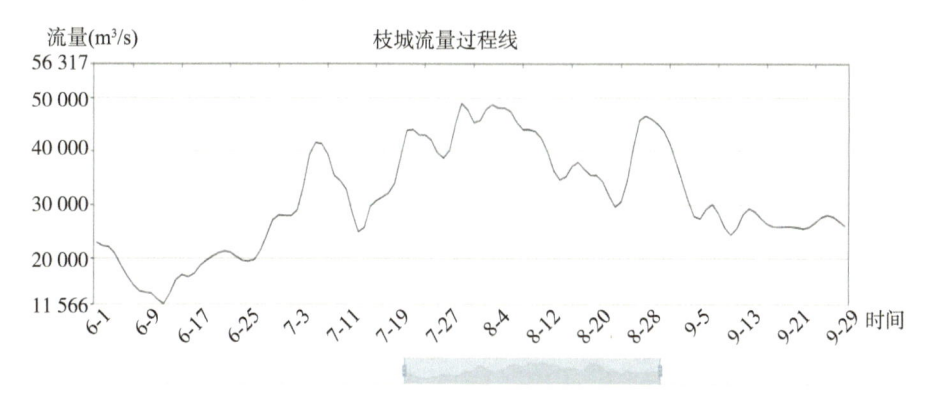

图3-19 三峡按155 m调度情景下枝城流量过程线

3.6.4.2 三峡按161 m水位调度情景

三峡水库水位不高于161 m时,按控制莲花塘站水位34.40 m进行补偿调度;库水位在161～171 m区间时,按沙市站水位不高于44.50 m控制水库下泄流量;库水位在171～175 m区间时,控制枝城站流量不超过80 000 m³/s进行调度,如图3-20所示。三峡水库调洪最高水位159.96 m,使用防洪库容90.1亿 m³,上游水库群(不含三峡)消耗库容306.1亿 m³,中游水库群消耗库容120.2亿 m³。

针对城陵矶防洪补偿调度,7月26日拦洪至161 m,此后转入对荆江河段防洪调度。

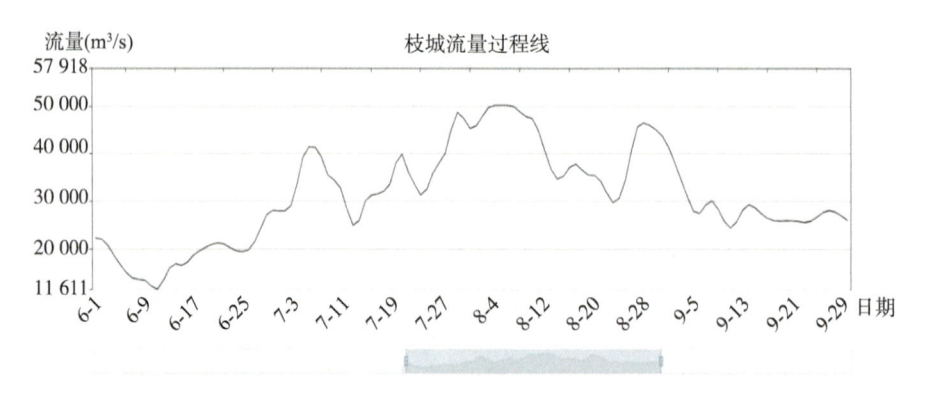

图 3-20　三峡按 161 m 调度情景下枝城流量过程线

3.6.4.3　三峡按 171 m 水位调度情景

三峡水位超过 161 m 后按保莲花塘水位 34.4 m 转入对荆江河段防洪调度，并持续拦蓄，尽量减少城陵矶地区的超额洪量，库水位至 171 m 后按入出库平衡调度，如图 3-21 所示。

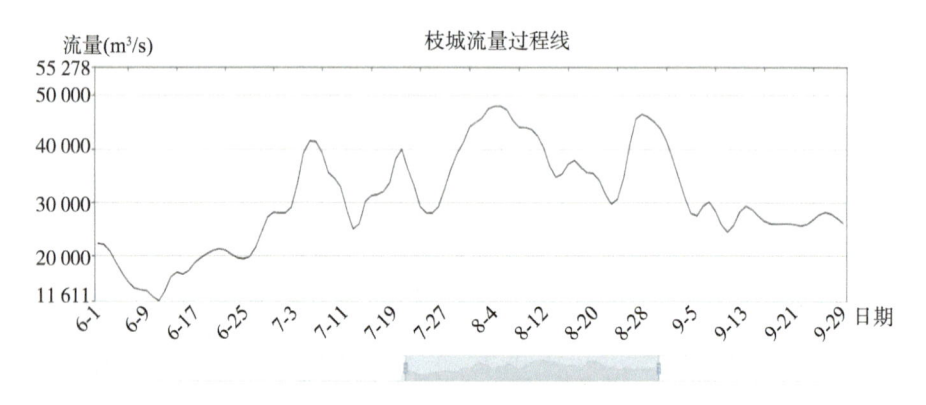

图 3-21　三峡按 171 m 调度情景下枝城流量过程线

3.6.5　超额洪量计算

本节分别计算不同分蓄洪方案条件下长江洞庭湖地区遭遇 1954 年洪水的模拟结果。不同分蓄洪运用方案详见表 3-13。

表 3-13　不同分蓄洪运用方案

方案序号	启用堤垸	规划分蓄洪量(亿 m³)
一	不启用	0

续表

方案序号	启用堤垸	规划分蓄洪量（亿 m³）
二	钱粮湖垸、大通湖东垸、共双茶垸	50
三	钱粮湖垸、大通湖东垸、共双茶垸、洪湖东分块	112
四	钱粮湖垸、大通湖东垸、共双茶垸、洪湖东分块、西官垸、围堤湖垸、澧南垸	121
五	钱粮湖垸、大通湖东垸、共双茶垸、洪湖东分块、西官垸、围堤湖垸、澧南垸、民主垸、城西垸	141

3.6.5.1 方案一

根据1998年参数率定的结果输入1954年洪水，其中长江取三峡按不同水位调度后的来水过程，使用大湖模型模拟螺山出流过程线，采用水位法"切平头"得出1998年江湖关系条件下的城陵矶附近超额洪量，详见表3-14和图3-22。

表 3-14　不分蓄洪条件下模型计算结果

江湖关系	"四水"来水	枝城来水	螺山站最大流量 I_2(m³/s)	莲花塘站最高水位 Z(m)	莲花塘站控制水位(m)	超额洪量 W_e(亿 m³)
1998年情形	1954年洪水	1954年洪水，三峡按155 m调度	69 579	36.54	34.4	272.3
					34.9	166.9
					35.8	51.3
		1954年洪水，三峡按161 m调度	68 293	36.36	34.4	241.7
					34.9	143.1
					35.8	36.6
		1954年洪水，三峡按171 m调度	68 644	36.41	34.4	239.1
					34.9	139.7
					35.8	33.5

结果显示，防洪控制水位提升0.5 m后，超额洪量总量显著减少。在1998年江湖关系条件下，三峡按155 m水位调度时，螺山站最大流量为69 579 m³/s，莲花塘站最高水位为36.54 m。防洪控制水位为34.4 m时，城陵矶附近超额洪量为272.3亿 m³；防洪控制水位提高0.5 m至34.9 m时，计算得到的超额洪量为166.9亿 m³，减少了105.4亿 m³；防洪控制水位为35.8 m时，计算得到的超额洪量为51.3亿 m³，对比水位34.4 m时减少了221亿 m³。

三峡按161 m水位调度时，螺山站最大流量为68 293 m³/s，莲花塘站最高水位为36.36 m。防洪控制水位为34.4 m时，城陵矶附近超额洪量为241.7亿 m³；防洪控制水位提高0.5 m至34.9 m时，计算得到的超额洪量为143.1亿 m³，减

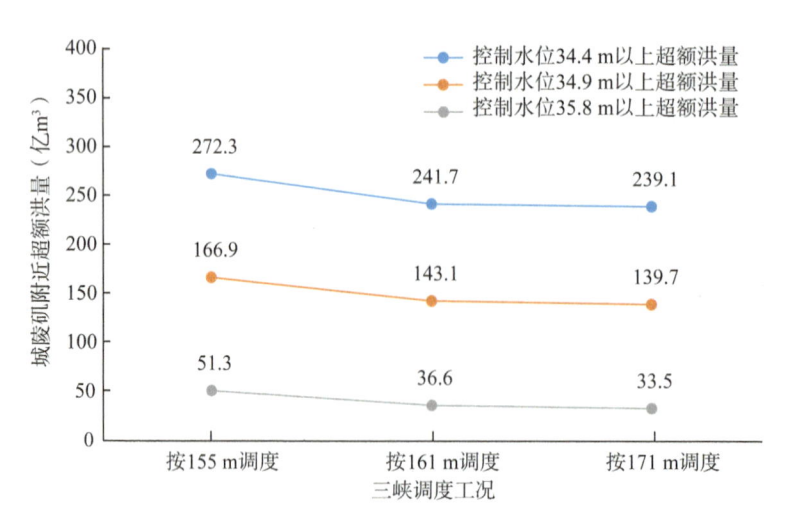

图 3-22 三峡按不同工况调度时，城陵矶附近超额洪量

少了 98.6 亿 m³；防洪控制水位为 35.8 m 时，超额洪量为 36.6 亿 m³，对比 34.4 m 减少了 205.1 亿 m³。

三峡按 171 m 水位调度时，螺山站最大流量为 68 644 m³/s，莲花塘站最高水位为 36.41 m，超过历史最高水位 0.61 m。防洪控制水位为 34.4 m 时，城陵矶附近超额洪量为 239.1 亿 m³；防洪控制水位提高 0.5 m 至 34.9 m 时，计算得到的超额洪量为 139.7 亿 m³，减少了 99.4 亿 m³；防洪控制水位为 35.8 m 时，超额洪量为 33.5 亿 m³，对比 34.4 m 时减少了约 205.6 亿 m³。

相比三峡按 155 m 水位调度，161 m 调度情景下莲花塘站最高水位下降 0.18 m，34.4 m、34.9 m、35.8 m 水位以上超额洪量也均有所下降，分别减少 30.6 亿 m³、23.8 亿 m³、14.7 亿 m³。

相比三峡按 155 m 水位调度，171 m 水位调度情景下莲花塘站最高水位下降到 36.41 m，降低了 0.13 m。超额洪量下降趋势则更加明显，34.4 m 以上超额洪量相比 155 m 调度时减少 33.2 亿 m³，35.8 m 以上超额洪量相比 155 m 水位调度时减少 17.8 亿 m³。

3.6.5.2 方案二

以 1998 年参数率定的结果输入 1954 年洪水，其中长江取三峡按不同水位调度后的来水过程，并启用钱粮湖、大通湖东、共双茶垸三大垸分蓄洪，使用大湖模型模拟分蓄洪后螺山出流过程线，采用水位法"切平头"得出 1998 年江湖关系条件下的城陵矶附近超额洪量，详见表 3-15。

表 3-15　启用三大垸条件下模型计算结果

江湖关系	"四水"来水	枝城来水	螺山站最大流量 I_2(m³/s)	莲花塘站最高水位 Z(m)	莲花塘站控制水位(m)	超额洪量 W_e(亿 m³)
1998年情形	1954年洪水	1954年洪水，三峡按155 m调度	66 851	36.17	34.4	251.7
					34.9	146.3
					35.8	30.7
		1954年洪水，三峡按161 m调度	65 682	36.01	34.4	221.1
					34.9	122.4
					35.8	16.0
		1954年洪水，三峡按171 m调度	65 393	35.97	34.4	218.6
					34.9	119.1
					35.8	12.9

结果显示，经三大垸分蓄洪后，在 1998 年江湖关系条件下，三峡按 155 m 调度时，螺山站最大流量为 66 851 m³/s，莲花塘站最高水位为 36.17 m。防洪控制水位为 34.4 m 时，城陵矶附近超额洪量为 251.7 亿 m³；防洪控制水位提高 0.5 m 至 34.9 m 时，计算得到的超额洪量为 146.3 亿 m³，减少了 105.4 亿 m³；防洪控制水位为 35.8 m 时，超额洪量为 30.7 亿 m³，对比水位 34.4 m 时减少了 221.0 亿 m³。

三峡按 161 m 调度时，螺山站最大流量为 65 682 m³/s，莲花塘站最高水位为 36.01 m，防洪控制水位为 34.4 m 时，城陵矶附近超额洪量为 221.1 亿 m³；防洪控制水位提高 0.5 m 至 34.9 m 时，计算得到的超额洪量为 122.4 亿 m³，减少了 98.7 亿 m³；防洪控制水位为 35.8 m 时，超额洪量为 16.0 亿 m³，对比水位 34.4 m 时减少了 205.1 亿 m³。

三峡按 171 m 调度时，螺山站最大流量下降至 65 393 m³/s，莲花塘站最高水位为 35.97 m，高于历史最高水位 0.17 m。防洪控制水位为 34.4 m 时，城陵矶附近超额洪量为 218.6 亿 m³；防洪控制水位提高 0.5 m 达到 34.9 m 时，计算得到的超额洪量为 119.1 亿 m³，减少了 99.5 亿 m³；防洪控制水位为 35.80 m 时，超额洪量为 12.9 亿 m³，对比水位 34.4 m 时减少了 205.7 亿 m³。

3.6.5.3　方案三

以 1998 年参数率定的结果输入 1954 年洪水，其中长江取三峡按不同水位调度后的来水过程，并启用钱粮湖、大通湖东、共双茶垸三大垸及洪湖东分块分蓄洪，使用大湖模型模拟分蓄洪后螺山出流过程线，采用水位法"切平头"得出 1998 年江湖关系条件下的城陵矶附近超额洪量，详见表 3-16。

表 3-16　启用三大垸、洪湖东分块条件下模型计算结果

江湖关系	"四水"来水	枝城来水	螺山站最大流量 $I_2(\mathrm{m}^3/\mathrm{s})$	莲花塘站最高水位 $Z(\mathrm{m})$	莲花塘站控制水位(m)	超额洪量 W_e(亿 m^3)
1998 年情形	1954 年洪水	1954 年洪水，三峡按 155 m 调度	62 300	35.53	34.4	195.0
					34.9	89.6
					35.8	0
		1954 年洪水，三峡按 161 m 调度	61 133	35.36	34.4	164.5
					34.9	65.8
					35.8	0
		1954 年洪水，三峡按 171 m 调度	60 908	35.32	34.4	161.8
					34.9	62.3
					35.8	0

结果显示，经三大垸、洪湖东分块分蓄洪后，在 1998 年江湖关系条件下，三峡按 155 m 调度时，螺山站最大流量为 62 300 m^3/s，莲花塘站最高水位为 35.53 m，低于历史最高水位 0.27 m。防洪控制水位为 34.4 m 时，城陵矶附近超额洪量为 195.0 亿 m^3；防洪控制水位提高 0.5 m 至 34.9 m 时，计算得到的超额洪量为 89.6 亿 m^3，减少了 105.4 亿 m^3；防洪控制水位为 35.8 m 时，无超额洪量。

三峡按 161 m 调度时，螺山站最大流量为 61 133 m^3/s，莲花塘站最高水位为 35.36 m，低于历史最高水位 0.44 m。防洪控制水位为 34.4 m 时，城陵矶附近超额洪量为 164.5 亿 m^3；防洪控制水位提高 0.5 m 至 34.9 m 时，计算得到的超额洪量为 65.8 亿 m^3，减少了 98.7 亿 m^3；防洪控制水位为 35.8 m 时，无超额洪量。

三峡按 171 m 调度时，螺山站最大流量下降至 60 908 m^3/s，莲花塘站最高水位仍为 35.32 m，低于历史最高水位 0.48 m。防洪控制水位为 34.4 m 时，城陵矶附近超额洪量为 161.8 亿 m^3；防洪控制水位提高 0.5 m 至 34.9 m 时，计算得到的超额洪量为 62.3 亿 m^3，减少了 99.5 亿 m^3；防洪控制水位为 35.80 m 时，无超额洪量。

3.6.5.4　方案四

以 1998 年参数率定的结果输入 1954 年洪水，其中长江取三峡按不同水位调度后的来水过程，并启用钱粮湖、大通湖东、共双茶垸三大垸，西官、澧南、围堤湖三小垸，以及洪湖东分块分蓄洪，使用大湖模型模拟分蓄洪后螺山出流过程线，采用水位法"切平头"得出 1998 年江湖关系条件下的城陵矶附近超额洪量，

详见表3-17。

结果显示,经三大垸、三小垸、洪湖东分块蓄洪后,1998年江湖关系条件下,三峡按155 m调度时,螺山站最大流量为61 704 m³/s,莲花塘站最高水位为35.44 m。防洪控制水位为34.4 m时,城陵矶附近超额洪量为186.3亿 m³;防洪控制水位提高0.5 m至34.9 m时,计算得到的超额洪量为80.9亿 m³,减少了105.4亿 m³;防洪控制水位为35.8 m时,无超额洪量。

三峡按161 m调度时,螺山站最大流量为60 637 m³/s,莲花塘站最高水位为35.28 m。防洪控制水位为34.4 m时,城陵矶附近超额洪量为155.7亿 m³;防洪控制水位提高0.5 m至34.9 m时,计算得到的超额洪量为57亿 m³,减少了98.7亿 m³;防洪控制水位为35.8 m以上时,无超额洪量。

三峡按171 m调度时,螺山站最大流量下降至60 443 m³/s,莲花塘站最高水位为35.25 m。防洪控制水位为34.4 m时,城陵矶附近超额洪量为153亿 m³;防洪控制水位提高0.5 m至34.9 m时,计算得到的超额洪量为53.5亿 m³,减少了99.5亿 m³;防洪控制水位为35.8 m时,无超额洪量。

表3-17 启用三大垸、三小垸、洪湖东分块条件下模型计算结果

江湖关系	"四水"来水	枝城来水	螺山站最大流量 I_2(m³/s)	莲花塘站最高水位 Z(m)	莲花塘站控制水位(m)	超额洪量 W_e(亿 m³)
1998年情形	1954年洪水	1954年洪水,三峡按155 m调度	61 704	35.44	34.4	186.3
					34.9	80.9
					35.8	0
		1954年洪水,三峡按161 m调度	60 637	35.28	34.4	155.7
					34.9	57
					35.8	0
		1954年洪水,三峡按171 m调度	60 443	35.25	34.4	153
					34.9	53.5
					35.8	0

3.6.5.5 方案五

以1998年参数率定的结果输入1954年洪水,其中长江取三峡按不同水位调度后的来水过程,并启用钱粮湖、大通湖东、共双茶三大垸,西官、澧南、围堤湖三小垸,以及洪湖东分块、民主垸、城西垸分蓄洪,使用大湖模型模拟分蓄洪后螺山出流过程线,采用水位法"切平头"得出1998年条件下的城陵矶附近超额洪量,详见表3-18。

结果显示,经三大垸、三小垸、洪湖东分块、民主垸及城西垸分蓄洪后,

1998年江湖关系条件下,三峡按155 m调度时,螺山站最大流量为61 184 m³/s,莲花塘站最高水位为35.36 m。防洪控制水位为34.4 m时,城陵矶附近超额洪量为177.9亿 m³;防洪控制水位提高0.5 m至34.9 m时,计算得到的超额洪量为72.5亿 m³,减少了105.4亿 m³;防洪控制水位为35.8 m时,无超额洪量。

三峡按161 m调度时,螺山站最大流量为60 209 m³/s,莲花塘站最高水位为35.22 m。防洪控制水位为34.4 m时,城陵矶附近超额洪量为147.3亿 m³;防洪控制水位提高0.5 m至34.9 m时,计算得到的超额洪量为48.6亿 m³,减少了98.7亿 m³;防洪控制水位为35.8 m时,无超额洪量。

三峡按171 m调度时,螺山站最大流量下降至60 025 m³/s,莲花塘站最高水位为35.19 m。防洪控制水位为34.4 m时,城陵矶附近超额洪量为144.7亿 m³;防洪控制水位提高0.5 m至34.9 m时,计算得到的超额洪量为45.3亿 m³,减少了99.4亿 m³;防洪控制水位为35.8 m时,无超额洪量。

表3-18 启用三大垸、三小垸、洪湖东分块、城西垸、民主垸条件下模型计算结果

江湖关系	"四水"来水	枝城来水	螺山站最大流量 I_2(m³/s)	莲花塘站最高水位 Z(m)	莲花塘站控制水位(m)	超额洪量 W_e(亿 m³)
1998年情形	1954年洪水	1954年洪水,三峡按155 m调度	61 184	35.36	34.4	177.9
					34.9	72.5
					35.8	0
		1954年洪水,三峡按161 m调度	60 209	35.22	34.4	147.3
					34.9	48.6
					35.8	0
		1954年洪水,三峡按171 m调度	60 025	35.19	34.4	144.7
					34.9	45.3
					35.8	0

3.6.5.6 分蓄洪结果分析

在1998年江湖关系背景下,长江采用三峡按不同规程调度后来水情况,"四水"采用1954年实测来水,利用模型模拟后可知,三峡不同调度方式组合不同分蓄洪情景下莲花塘最高水位存在波动。莲花塘站最高水位大部分情况下低于历史最高水位(35.8 m)(见表3-19)。三峡按155 m调度情景下,方案一与方案五之间最高水位相差1.18 m。三峡按161 m调度情景下,方案一与方案五之间最高水位相差1.14 m。三峡按171 m调度时,启用蓄滞洪区后莲花塘站最高水位基本低于历史最高,方案一与方案五之间最高水位相差值为1.22 m。

三大垸蓄洪容积50.5亿 m³,三小垸蓄洪容积8.8亿 m³,民主、城西垸蓄洪

容积 18.8 亿 m³，洪湖东分块、中分块、西分块蓄洪容积共计约 180 亿 m³。但经不同分蓄洪组合后，莲花塘站控制水位为 34.4 m 时，城陵矶附近超额洪量仍然存在（见图 3-23 至图 3-25）。

表 3-19 不同调度情况下与莲花塘站最高水位差　　单位：m

长江调度情况	模拟莲花塘站最高水位				
	方案一	方案二	方案三	方案四	方案五
1954 年洪水，三峡按 155 m 调度情景	36.54	36.17	35.53	35.44	35.36
1954 年洪水，三峡按 161 m 调度情景	36.36	36.01	35.36	35.28	35.22
1954 年洪水，三峡按 171 m 调度情景	36.41	35.97	35.32	35.25	35.19

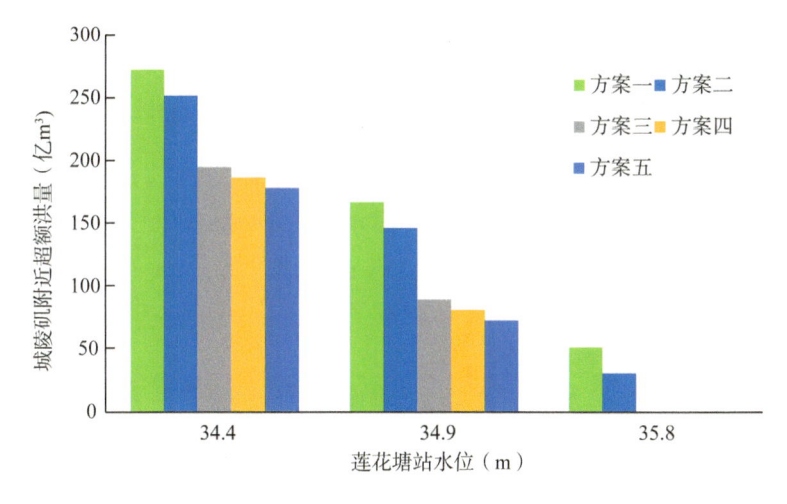

图 3-23　三峡按 155 m 调度不同分蓄洪组合下超额洪量结果

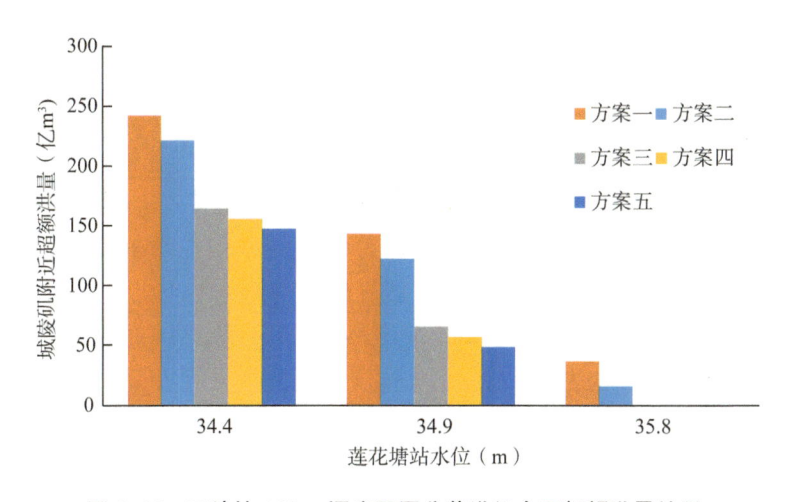

图 3-24　三峡按 161 m 调度不同分蓄洪组合下超额洪量结果

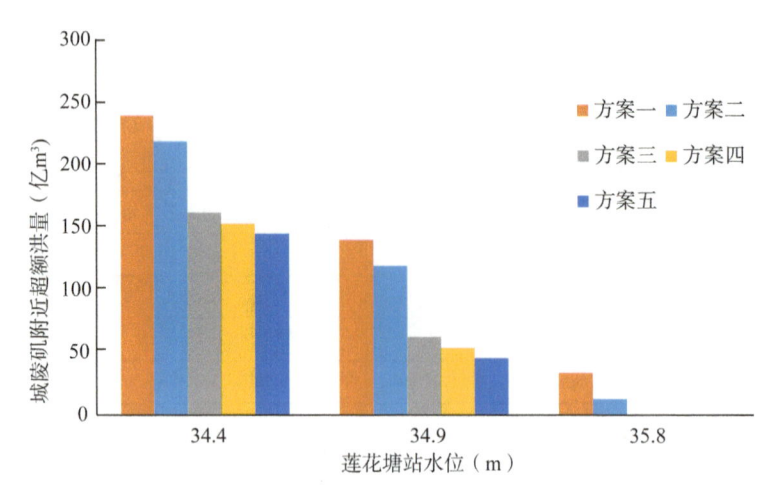

图 3-25　三峡按 171 m 调度不同分蓄洪组合下超额洪量结果

三峡按 155 m 调度情景下,莲花塘站控制水位为 34.4 m 时,城陵矶附近超额洪量在三大垸分蓄洪前后相差约 20 亿 m³,但分蓄洪效果仍远低于蓄洪垸规划的蓄洪容积。但新增洪湖东分块分蓄洪后,城陵矶附近超额洪量继续减少了 50 余亿 m³,分蓄洪效果显著。方案五与方案三对比,增加三小垸、民主垸、城西垸分蓄洪,超额洪量仅减少不到 20 亿 m³。

莲花塘站控制水位为 34.9 m 时,城陵矶附近超额洪量随着蓄滞洪区的运用逐步下降,不分蓄洪情况下,超额洪量为 166.9 亿 m³,运用三大垸、洪湖东分块(方案三)后降低至 89.6 亿 m³,减少了 77.3 亿 m³,随后陆续增加运用蓄滞洪区,超额洪量均保持在 70 亿～80 亿 m³。

莲花塘站控制水位为 35.8 m 时,大部分情况下城陵矶附近无超额洪量,不分蓄洪情况下超额洪量为 51.3 亿 m³,运用三大垸(方案二)后降低至 30.7 亿 m³,减少了约 20 亿 m³,随后陆续增加运用蓄滞洪区,之后均无超额洪量。

三峡按 161 m 调度情景下,对比不分蓄洪,莲花塘站控制水位为 34.4 m 时,城陵矶附近超额洪量分阶段性下降,主要是在使用洪湖东分块后。相比于不分蓄洪,超额洪量在三大垸分蓄洪前后相差约 20 亿 m³,但在增加洪湖东分块分蓄洪后,超额洪量减少了 77.2 亿 m³。方案五与方案三对比,增加三小垸、民主垸、城西垸分蓄洪,超额洪量仅减少约 17 亿 m³,远低于规划蓄洪量。

莲花塘站控制水位为 34.9 m 时,城陵矶附近超额洪量在采用不同分蓄洪组合后陆续下降,相比于不分蓄洪,超额洪量在三大垸分蓄洪前后相差不大,减少约 21 亿 m³;增加洪湖东分块分蓄洪后减少了 77.3 亿 m³;使用方案五共 9 个垸后,超额洪量下降至 48.6 亿 m³,对比不分蓄洪减少 94.5 亿 m³,分蓄洪效果仍然远低于蓄洪垸规划的蓄洪容积。

莲花塘站控制水位为 35.8 m 时,城陵矶附近超额洪量随着蓄滞洪区的运用逐步下降,不分蓄洪情况下超额洪量为 36.6 亿 m³,运用三大垸(方案二)后降低至 16 亿 m³,此后均无超额洪量。

三峡按 171 m 调度情景下,莲花塘站控制水位为 34.4 m 时,城陵矶附近超额洪量仍然存在,采用三大垸分蓄洪后下降了 20.5 亿 m³,采用方案三至方案五效果接近,对比不分蓄洪分别减少超额洪量 77.3 亿 m³ 和 94.4 亿 m³,分蓄洪效果远低于蓄洪垸规划的蓄洪容积,且莲花塘站最高水位始终高于 34.4 m(表 3-19),表明三峡按 171 m 调度时分蓄洪对于 34.4 m 水位以上超额洪量的减少并无太大效果。

莲花塘站控制水位为 34.9 m 时,城陵矶附近超额洪量随着蓄滞洪区的运用逐步下降。不分蓄洪情况下超额洪量为 139.7 亿 m³;运用三大垸、洪湖东分块(方案三)后降低至 62.3 亿 m³,减少了 77.4 亿 m³;运用三大垸、三小垸、洪湖东分块、民主垸、城西垸(方案五)后,对比方案三无太大变化,仍有 45.3 亿 m³ 超额洪量。

莲花塘站控制水位为 35.8 m 时,城陵矶附近超额洪量随着蓄滞洪区的运用逐步下降,不分蓄洪情况下超额洪量为 33.5 亿 m³,运用三大垸(方案二)后降低至 12.9 亿 m³,此后均无超额洪量。

3.7 分洪运用经济损失

3.7.1 洞庭湖区蓄滞洪区

统计钱粮湖、共双茶、大通湖东、民主、澧南、西官、围堤湖、城西、建设、九垸、屈原、江南陆城、建新 13 个国家级蓄洪堤垸经济现状(至 2017 年),结果如表 3-20 所示。

表 3-20 城乡居民家庭财产情况　　　　　　　　　　单位:万元

堤垸名	城镇居民财产	农村居民财产	居民家庭财产总值
钱粮湖垸	257 300.00	1 183 580.00	1 440 880.00
共双茶垸	184 967.90	746 787.84	931 755.74
大通湖东垸	168 375.00	606 150.00	774 525.00
民主垸	390 712.98	469 714.81	860 427.79
澧南垸	0.00	0.00	0.00

续表

堤垸名	城镇居民财产	农村居民财产	居民家庭财产总值
西官垸	0.00	0.00	0.00
围堤湖垸	0.00	0.00	0.00
城西垸	66 902.80	341 888.88	408 791.68
建设垸	6 575.00	290 205.00	296 780.00
屈原垸	235 192.50	376 308.00	611 500.50
九垸	7 587.50	83 010.00	90 597.50
江南陆城垸	0.00	456 795.00	456 795.00
建新垸	0.00	60 600.00	60 600.00

表 3-21 堤垸第一、二、三产业经济情况　　　　　　　　　　单位：万元

堤垸名	第一产业				第二产业		第三产业	
	农业种植业	林业	牧业	渔业	总资产	总产值	总资产	营业收入
钱粮湖垸	59 130	1 206	39 562	34 165	139 554	129 000	83 732	92 000
共双茶垸	28 160	1 671	21 120	14 362	53 013	230 037	32 304	36 169
大通湖东垸	32 308	613	22 965	12 035	21 463	204 043	3 895	10 571
民主垸	31 682	517	15 173	13 390	22 466	43 106	1 842	1 336
澧南垸	4 984	155	0	8 648	0	0	0	0
西官垸	7 572	228	60	5 550	0	0	0	0
围堤湖垸	5 755	248	550	5 608	3 200	6 000	0	0
城西垸	14 128	669	6 942	13 602	38 000	85 000	50 000	47 000
建设垸	17 182	741	6 556	6 873	44 786	235 270	49 326	70 279
屈原垸	26 013	382	22 892	8 346	42 686	78 100	101 145	70 731
九垸	4 824	108	1 589	6 801	5 005	12 513	7 508	11 262
江南陆城垸	14 220	711	8 222	7 821	150 000	180 000	57 087	74 919
建新垸	6 300	480	2 520	1 750	21 550	46 000	23 560	32 000

表 3-22 堤垸公共基础设施经济情况　　　　　　　　　　单位：万元

堤垸名	公共基础设施				
	交通	邮电通讯	电力能源	水利	环保环卫
钱粮湖垸	488 439	3 661	32 220	188 398	858
共双茶垸	165 012	2 328	24 480	121 298	0
大通湖东垸	129 108	1 096	14 525	80 693	220
民主垸	33 955	1 893	14 194	88 313	690

续表

堤垸名	公共基础设施				
	交通	邮电通讯	电力能源	水利	环保环卫
澧南垸	15 432	151	772	15 111	0
西官垸	36 580	333	1 665	33 300	25
围堤湖垸	2 530	153	763	15 255	0
城西垸	47 243	241	7 730	49 437	220
建设垸	49 620	906	11 323	45 293	1 810
屈原垸	311 775	2 182	14 030	93 533	50
九垸	11 441	429	3 218	20 021	0
江南陆城垸	183 510	846	12 693	84 623	660
建新垸	39 100	190	3 086	17 145	360

分洪运用损失主要包括洪水淹没导致的直接经济损失以及人员转移安置、经济社会建设等产生的间接经济损失。本次主要分析直接经济损失。目前对分洪运用损失的计算主要采取损失率法。洪灾损失率是描述洪水灾害损失的一个相对指标，通常指各类财产损失的价值与灾前或正常年份原有各类财产价值之比。

由于蓄滞洪区分洪运用是防洪决策的结果，因此蓄滞洪区分洪损失有别于一般洪灾损失，蓄滞洪区分洪运用后的补偿，可视为分洪运用损失的一种间接体现。目前蓄滞洪区运用及补偿有较明确的法律、行政法规和规范性文件依据。《中华人民共和国防洪法》中规定"蓄滞洪后，应当依照国家规定予以补偿或者救助"。《蓄滞洪区运用补偿暂行办法》确定了分洪运用的补偿对象、范围、标准等。《蓄滞洪区运用补偿核查办法》规定了水毁损失情况的核查方法。依据《蓄滞洪区运用补偿暂行办法》，蓄滞洪区运用后，通过蓄滞洪区财产登记确定财产种类和价值，按照如下的标准补偿：

（一）农作物、专业养殖和经济林，分别按照蓄滞洪前三年平均年产值的50%～70%、40%～50%、40%～50%补偿，具体补偿标准由蓄滞洪区所在地的省级人民政府根据蓄滞洪后的实际水毁情况在上述规定的幅度内确定。

（二）住房，按照水毁损失的70%补偿。

（三）家庭农业生产机械和役畜以及家庭主要耐用消费品，按照水毁损失的50%补偿。但是，家庭农业生产机械和役畜以及家庭主要耐用消费品的登记总价值在2 000元以下的，按照水毁损失的100%补偿；水毁损失超过2 000元不足4 000元的，按照2 000元补偿。

上述补偿标准可以视作洪灾损失率，即蓄滞洪区分洪运用后，需要补偿的部分即为分洪损失,《蓄滞洪区运用补偿暂行办法》中规定的补偿比例,即为洪灾损失率。

同时,结合与本次研究区域类似的以往研究及报告中确定的洪灾损失率,在对成果合理性分析基础上适当调整,本书提出本次研究应用的洪灾损失率。根据洞庭湖区洪水及地势特征,洪水淹没历时统一取 60 天,淹没水深取 3.00~6.00 m,本次洪灾损失率成果取值详见表 3-23。

表 3-23 本次洪灾分类资产损失率

资产类别		损失率
居民家庭财产	农村居民家庭财产	30%
	城镇居民家庭财产	20%
第一产业	种植业	90%
	林业	40%
	畜牧业	80%
	水产养殖业	100%
第二产业	固定资产	30%
	流动资产	40%
	总产值	30%
	生产总值	30%
第三产业	固定资产	40%
	流动资产	40%
	营业额	30%
	生产总值	30%
公共基础设施	交通运输基础设施	25%
	邮电通信基础设施	30%
	电力及其他能源供应基础设施	30%
	农田水利基础设施	20%
	环保环卫基础设施	30%

根据前述各堤垸分类资产灾前价值及损失率成果,分析计算得到各堤垸蓄洪损失成果,详见表 3-24。

表 3-24 堤垸蓄洪直接经济损失成果表 　　　　　单位:万元

堤垸名	第一产业损失	第二产业损失	第三产业损失	基础设施损失	居民家庭财产损失	蓄洪损失
钱粮湖垸	293 537	61 744	47 293	121 967	393 669	913 260

续表

堤垸名	第一产业损失	第二产业损失	第三产业损失	基础设施损失	居民家庭财产损失	蓄洪损失
共双茶垸	180 127	41 563	18 347	57 054	251 732	548 872
大通湖东垸	159 771	27 916	3 144	40 257	207 101	438 189
民主垸	156 133	12 174	937	35 290	199 521	404 055
澧南垸	21 760	0	0	5 614	0	27 374
西官垸	3S 362	0	0	12 734	0	51 116
围堤湖垸	21 967	1 720	0	3 705	0	27 392
城西垸	39 728	21 800	27 050	19 431	112 602	270 611
建设垸	74 733	39 202	30 272	20 713	88 048	252 968
屈原垸	131 179	22 750	51 063	70 351	143 171	423 520
九垸	35 395	3 003	4 693	6 814	2G 041	75 946
江南陆城垸	111 702	70 500	34 073	43 711	137 039	402 024
建新垸	33 947	12 143	14 224	10 385	18 180	88 878

总的来说，若采用三大垸分蓄洪，则经济损失约为 190.0 亿元；若采用三大垸、三小垸分蓄洪，则经济损失约为 200.6 亿元；若采用三大垸、三小垸、民主垸、城西垸分蓄洪，则经济损失约为 268.1 亿元；若表 3-24 中 13 个垸子均分洪，则经济损失约为 392.4 亿元。

3.7.2 洪湖蓄滞洪区

本节构建长江干流、汉江干流、东荆河以及洪湖蓄滞洪区在内的一、二维耦合数学模型，计算洪湖蓄滞洪区分洪损失。洪湖蓄滞洪区采用三角形网格进行剖分，一般地区包括湖泊、平原等，三角形网格边长在 300 m 以内，重要地区包括地形梯度变化较大的山地、重要的道路与桥梁、已建堤防等，网格加密，一般不超过 100 m。

(1) 洪水影响指标

洪水影响主要统计指标包括受淹耕地面积、受淹房屋面积、受灾人口、受影响 GDP、受淹道路长度等。洪水影响分析主要利用 GIS 平台，将洪水分析所得到的洪水特征图层与社会经济数据图层通过空间地理关系进行叠加分析，计算洪水淹没范围内不同的社会经济财产类型及数量，结果详见表 3-25。

(2) 分洪损失计算

分洪运用的经济损失采用基于水深的损失率法评估。分洪运用造成的淹没水深很大，最大值为8.83 m，平均值约4.85 m。水深超过6 m的区域在整个洪湖蓄滞洪区均有分布，除西侧高地和洪湖监利长江干堤沿线高地外，淹没水深都在4 m以上。腰口隔堤两侧的东分块、中分块淹没水深基本都在6 m以上，螺山隔堤以西的西分块淹没水深相对较小，平均约4.1 m。

表 3-25　洪湖蓄滞洪区分洪洪水影响指标

类型	指标	类型	指标
受灾人口(万人)	143.22	受影响公路长度(km)	228.35
淹没面积(km²)	2 806.1	受影响铁路长度(km)	—
淹没耕地面积(公顷)	591.35	淹没区涉及GDP(亿元)	186.58
淹没房屋面积(万 m²)	3 228.96		

洪湖蓄滞洪区洪灾损失率参考中国水利水电科学研究院"洪灾损失评估系统"对洪湖东分块分蓄洪区损失率的前期调研成果，并查阅洪湖蓄滞洪区洪水淹没损失的相关研究文献，可知损失率随淹没水深和淹没历时的增加而增大，其中淹没历时对损失率的影响相对较小，且分蓄洪区淹没时间往往持续数日，因此只考虑损失率随淹没水深的变化。洪湖蓄滞洪区水深-损失率关系详见表3-26。

表 3-26　洪湖蓄滞洪区水深-损失率关系

淹没水深(m)	家庭财产(%)	住房(%)	农业(%)	工业(%)	商业(%)	铁路(%)	一级公路(%)	二级公路(%)
0.05~0.5	3	18	3	3	4	3	3	3
0.5~1.0	15	24	15	15	16	12	15	9
1.0~1.5	22	37	18	18	20	17	20	15
1.5~2.0	29	45	22	22	25	22	24	18
2.0~2.5	34	54	23	23	29	27	29	20
2.5~3.0	42	64	29	29	34	34	34	22
>3.0	50	80	80	32	38	35	40	24

(3) 损失计算

根据淹没水深分布和随水深变化的损失率，计算得到的各类财产遭受的经济损失如表3-27所示。

因此，洪湖蓄滞洪区分洪运用损失为144.52亿元，安建工程实施后，居民财产、工业资产、商贸业全部转移至安全区范围内，分洪仅对农业和道路造成影响，分洪损失为40.8亿元。

表 3-27　洪湖蓄滞洪区分洪洪灾损失计算表　　　　　　　单位：亿元

居民房屋损失	家庭财产损失	农业损失	工业损失	商贸业损失	道路损失	合计
14.34	41.27	21.10	28.67	19.44	19.70	144.52

3.8　小结

以 1998 年江湖条件叠加 1954 年来水条件，三峡按 155 m、161 m、171 m 水位进行运行调度情景下，可知：

（1）不启用蓄滞洪区的情况下，三峡按 155 m、161 m、171 m 调度时，莲花塘站最高水位均超过 35.8 m。城陵矶附近 34.4 m 以上超额洪量均超过 230 亿 m^3，34.9 m 以上超额洪量均超过 130 亿 m^3，35.8 m 以上超额洪量均超过 30 亿 m^3。三峡按 171 m 调度时，35.8 m 以上洪量为 33.5 亿 m^3。

（2）三峡按 155 m、161 m 调度时，使用不同蓄滞洪区组合分蓄洪后，大部分情况下莲花塘站最高水位低于 35.8 m。采用 9 个垸子（方案五）分洪后，34.4 m 以上城陵矶附近超额洪量分别为 177.9 亿 m^3 和 147.3 亿 m^3，分蓄洪经济损失约 280 亿元。可知在这种调度情景条件下，启用蓄滞洪区难以将莲花塘站水位降至保证水位以下，且经济损失巨大。

（3）三峡按 171 m 调度时，尽管运用了蓄滞洪区，但 34.9 m 以上超额洪量仍基本高于 50 亿 m^3，仅在采用 9 个垸子（方案五）分洪后降至 45.3 亿 m^3，但分蓄洪的经济损失极高，且并未彻底解决城陵矶附近的超额洪量问题。然而 35.8 m 以上超额洪量大部分情况下都不存在，这表明适当抬升城陵矶附近保证水位，对于科学防洪调度具有实际意义。

第四章
西官垸分蓄洪数值模拟模型

本节依据构建的西官垱洪水演进水动力模型，开展了典型堤垱分洪闸分洪过程洪水演进模拟，对西官垱 1998 年和 2003 年洪水情况下垱内水位情况进行模拟计算与分析。

4.1 模型介绍

水动力模型建立在三大假设之上：Boussinesq 近似假设，认为水密度不随压力而变化；静水压近似假设，认为水平尺度加速度远大于垂直尺度加速度，垂向加速度项近似为零；准 3D 近似假设，在垂向上采用分层求解，避免了完全求解三维纳维-斯托克斯（Navier-Stokes）方程。模型在垂向上采用 σ 坐标系，相对于一般的坐标系，它的优点是在垂向上提供统一分辨率，同时有利于反映平滑的地形。在水平方向上采用有限差分法，采用自适应时间步长模式。

4.1.1 基本方程

环境流体动力学模型（EFDC 模型）的控制方程组基于水平长度尺度远大于垂直长度尺度的薄层流场，采用垂向静压假定，模拟不可压缩的变密度流场。在水平方向上，将 xy 直角坐标系统转换为正交曲线坐标系统，以实现对不规则边界的精确拟合。在垂直方向上进行 σ 变换，将实际水深转换到（0~1）区间，因而模型的垂向精度保持一致，可以更好地拟合底层边界。

$$z = (z^* + h)/(\zeta + h) \tag{4-1}$$

式中：z 表示水位（m）；z^* 表示垂向分层后某一层的实际水位（m）；h 为水下地形高程（m）；ζ 为水体自由表面水位（m），用基准面以下深度表示，低于基准面为正值，高于基准面为负值。

动量方程、状态方程及连续方程分别如下。

动量方程：

$$\begin{aligned}&\frac{\partial}{\partial t}(mHu) + \frac{\partial}{\partial x}(m_y Huu) + \frac{\partial}{\partial y}(m_x Huv) + \frac{\partial}{\partial z}(mwu) - \\ &\left(mf + v\frac{\partial m_y}{\partial x} - u\frac{\partial m_x}{\partial y}\right)Hv = -m_y H\frac{\partial}{\partial x}(g\zeta + p) - \\ &m_y\left(\frac{\partial h}{\partial x} - z\frac{\partial H}{\partial x}\right)\frac{\partial p}{\partial z} + \frac{\partial}{\partial z}\left(mH^{-1}A_v\frac{\partial u}{\partial z}\right) + Q_u\end{aligned} \tag{4-2}$$

$$\frac{\partial}{\partial t}(mHv)+\frac{\partial}{\partial x}(m_yHuv)+\frac{\partial}{\partial y}(m_xHvv)+\frac{\partial}{\partial z}(mwv)-$$
$$\left(mf+v\frac{\partial m_y}{\partial x}-u\frac{\partial m_x}{\partial y}\right)Hu=-m_xH\frac{\partial}{\partial y}(g\zeta+p)- \quad (4\text{-}3)$$
$$m_x\left(\frac{\partial h}{\partial y}-z\frac{\partial H}{\partial y}\right)\frac{\partial p}{\partial z}+\frac{\partial}{\partial z}\left(mH^{-1}A_v\frac{\partial v}{\partial z}\right)+Q_v$$

垂直静压方程：

$$\frac{\partial p}{\partial z}=-gH(\rho-\rho_0)\rho_0^{-1}=-gHb \quad (4\text{-}4)$$

连续方程：

$$\frac{\partial}{\partial t}(m\zeta)+\frac{\partial}{\partial x}(m_yHu)+\frac{\partial}{\partial y}(m_xHv)+\frac{\partial}{\partial z}(mw)=0 \quad (4\text{-}5)$$

在(0,1)区间内对连续方程进行垂向积分，根据垂向边界条件，当 $z=0$、$w=0$ 和 $z=1$、$w=0$ 时，可得垂向积分的连续方程：

$$\frac{\partial}{\partial t}(m\zeta)+\frac{\partial}{\partial x}\left(m_yH\int_0^1 u\mathrm{d}z\right)+\frac{\partial}{\partial y}\left(m_xH\int_0^1 v\mathrm{d}z\right)=0 \quad (4\text{-}6)$$

盐度输运方程：

$$\frac{\partial}{\partial t}(mHS)+\frac{\partial}{\partial x}(m_yHuS)+\frac{\partial}{\partial y}(m_xHvS)+\frac{\partial}{\partial z}(mwS)$$
$$=\frac{\partial}{\partial z}\left(mH^{-1}A_b\frac{\partial S}{\partial z}\right)+Q_S \quad (4\text{-}7)$$

温度输运方程：

$$\frac{\partial}{\partial t}(mHT)+\frac{\partial}{\partial x}(m_yHuT)+\frac{\partial}{\partial y}(m_xHvT)+\frac{\partial}{\partial z}(mwT)$$
$$=\frac{\partial}{\partial z}\left(mH^{-1}A_b\frac{\partial T}{\partial z}\right)+Q_T \quad (4\text{-}8)$$

状态方程：

$$\rho=\rho(p,S,T) \quad (4\text{-}9)$$

在上述方程中，u 和 v 为 x 和 y 方向上的水平流速分量(m/s)；t 为时间(s)；m_x 和 m_y 分别为 x 和 y 方向的曲线坐标变换因子，$m=m_xm_y$；w 为 σ 坐标系下的垂向流速分量(m/s)，它与 z 坐标系下垂向流速 w^* 的关系为：

$$w = w^* - z\left(\frac{\partial \zeta}{\partial t} + um_x^{-1}\frac{\partial \zeta}{\partial x} + vm_y^{-1}\frac{\partial \zeta}{\partial y}\right) + (1-z)\left(um_x^{-1}\frac{\partial h}{\partial x} + vm_y^{-1}\frac{\partial h}{\partial y}\right) \tag{4-10}$$

总水深 $H = h + \zeta$,是相对于未扰动水深 $z^* = 0$ 的水深 h 和自由表面水位 ζ 的和(m);f 为科里奥利力;g 为重力加速度(m/s²);p 为相对于参考静压密度的压力项;A_v 为垂向湍流黏性系数,Q_u 和 Q_v 为动量的源汇项[mg/(L·s)];b 为浮力项,$b = \dfrac{\rho - \rho_0}{\rho_0}$,$\rho$ 为密度(kg/m³),是温度 T、盐度 S 和压力 p 的函数,ρ_0 为参考密度(kg/m³);在温度和盐度的输运方程中,Q_S 和 Q_T 为盐度和温度的源汇项[mg/(L·s)];A_b 为垂向湍流扩散系数(m²/s)。方程[式(4-1)~式(4-8)]构成关于 u、v、w、p、ζ、ρ、S、T 的封闭方程组,只要给出垂向湍流黏性系数、湍流扩散系数以及各源汇项,就可进行数值求解。

为了给出垂向湍流黏性系数和湍流扩散系数,Mellor 和 Yamada 建立了湍流封闭方程,Galperin 等对该方程进行了修正。该模型将垂向湍流黏性系数和湍流扩散系数定义为湍流强度 q、湍流混合长度 l 和理查森数 R_q 的函数:

$$A_v = \phi_v ql = 0.4(1 + 36R_q)^{-1}(1 + 6R_q)^{-1}(1 + 8R_q)ql \tag{4-11}$$

$$A_b = \phi_b ql = 0.5(1 + 36R_q)^{-1}ql \tag{4-12}$$

$$R_q = \frac{gH\partial_z b}{q^2}\frac{l^2}{H^2} \tag{4-13}$$

式中:ϕ_v 和 ϕ_b 称作稳定函数;q 和 l 由下面两个输送方程确定。

$$\frac{\partial}{\partial t}(mHq^2) + \frac{\partial}{\partial x}(m_y Huq^2) + \frac{\partial}{\partial y}(m_x Hvq^2) + \frac{\partial}{\partial z}(mwq^2)$$
$$= \frac{\partial}{\partial z}\left(mH^{-1}A_q\frac{\partial q^2}{\partial z}\right) + Q_q + 2mH^{-1}A_v\left[\left(\frac{\partial u}{\partial z}\right)^2 + \left(\frac{\partial v}{\partial z}\right)^2\right] + \tag{4-14}$$
$$2mgA_b\frac{\partial b}{\partial z} - 2mH(B_1 l)^{-1}q^3$$

$$\frac{\partial}{\partial t}(mHq^2 l) + \frac{\partial}{\partial x}(m_y Huq^2 l) + \frac{\partial}{\partial y}(m_x Hvq^2 l) + \frac{\partial}{\partial z}(mwq^2 l)$$
$$= \frac{\partial}{\partial z}\left(mH^{-1}A_q\frac{\partial q^2}{\partial z}l\right) + Q_l + mH^{-1}E_1 lA_v\left[\left(\frac{\partial u}{\partial z}\right)^2 + \left(\frac{\partial v}{\partial z}\right)^2\right] + \tag{4-15}$$
$$mgE_1 E_3 lA_b\frac{\partial b}{\partial z} - 2mH(B_1 l)^{-1}q^3[1 + E_2(kL)^{-2}l^2]$$

$$L^{-1} = H^{-1}[z^{-1} + (1-z)^{-1}] \tag{4-16}$$

式中：B_1、E_1、E_2、E_3 为经验常数；Q_q 和 Q_l 为源汇项[mg/(L·s)]；A_q 值通常和垂向湍流黏性系数相等；L 为简化参数；其余变量同前。

4.1.2 初始条件和边界条件

（1）初始条件

数值模型的初始条件是指在模型计算的开始时刻所给出的各项变量的值，比如平面二维水动力模型一般给定整个计算区域各计算单元的水位和流速，也可采用预计算的结果作为模型的初始条件。给定合理的初始条件可以使模型更快地收敛，从而达到稳定的计算过程，模型初始条件的初始值为：

$$u(x,y,z,0)=0; v(x,y,z,0)=0; w(x,y,z,0)=0; \xi(x,y,0)=C \tag{4-17}$$

式中：C 为常数。

（2）湖岸边界条件

湖岸边界条件为：

$$u_{\text{boundary}}(x,y,z,t)=0 \tag{4-18}$$

$$\left.\frac{\partial S}{\partial x}\right|_{x_{\text{boundary}}}=0$$

$$\left.\frac{\partial C}{\partial x}\right|_{x_{\text{boundary}}}=0 \tag{4-19}$$

式中：S 为源汇项[mg/(L·s)]，C 为物质浓度。

（3）自由水表面水动力学边界条件

自由水表面水动力学边界条件为：

$$W(x,y,1,t)=0 \tag{4-20}$$

$$\left.\frac{K_v}{H}\frac{\partial u}{\partial z}\right|_{z=1}=\frac{\tau_{bx}}{\rho}$$

$$\left.\frac{K_v}{H}\frac{\partial v}{\partial z}\right|_{z=1}=\frac{\tau_{by}}{\rho} \tag{4-21}$$

式中：K_v 为流量系数(m^2/s)。

（4）入口和出口边界条件

入口边界一般给定流量过程，而出口边界则给定水位过程或水位流量关系曲线。

$$U_{\text{in}}(x,y,z,t)=0$$

$$U_{\text{in}}(x,y,z,t)=\varphi_1(t)$$

$$U_{\text{out}}(x,y,z,t)=0 \tag{4-22}$$

$$U_{\text{out}}(x,y,z,t)=\varphi_2(t)$$

$$W(x,y,z,t)=0$$

式中：U_{in} 和 U_{out} 分别为入口和出口流速（m/s），$\varphi_1(t)$ 和 $\varphi_2(t)$ 分别为入口和出口流量函数。

(5) 水底动力学边界条件

$$W(x,y,0,t)=0 \tag{4-23}$$

$$\left.\frac{K_v}{H}\frac{\partial u}{\partial z}\right|_{z=1}=\tau_{bx} \tag{4-24}$$

$$\left.\frac{K_v}{H}\frac{\partial v}{\partial z}\right|_{z=1}=\tau_{by} \tag{4-25}$$

式中：τ_{bx} 和 τ_{by} 分别为风应力在 x 和 y 方向上的分量。

(6) 糙率参数

在平面二维水动力计算中，糙率系数是一个综合参数，主要反映水流阻力，它受到河床形态、床面组成形式及人工建筑物等多方面因素的影响。河道糙率系数一般通过实测资料确定，在缺乏实测资料时，可通过模型分区域给定糙率进行率定。本模型中采用曼宁系数作为糙率参数。

(7) 干湿边界

模型采用干湿网格法对水体动边界进行识别和处理，在对方程组进行数值求解前，程序每隔一个时间步长就会对边界网格的干湿进行辨别，以此确定是否属于计算区域（湿网格属于计算区域）。

4.1.3 关键问题处理

水工建筑物一般有堤坝、闸门、桥涵、堰等，由于水力学模型的控制方程不能描述水工建筑物处的水流运动，因此必须引入新的水力学公式。本研究构建的洞庭湖区数值模型中，主要涉及的水工建筑物有堤坝、闸门及堰等，这些水工建筑物在水流运动中符合水力学中的堰流公式如下：

$$Q_1=\frac{2}{3}h_1\sqrt{\frac{2gh_1}{3}}\varphi \tag{4-26}$$

$$Q_2=\frac{2}{3}h_2\sqrt{\frac{2gh_2}{3}}\varphi \tag{4-27}$$

$$Q=Q_1\left(1-\frac{Q_2}{Q_1}\right)^{0.385} \tag{4-28}$$

式中：Q_1 为上游流量（m³/s），h_1 为上游水位（m）；Q_2 为下游流量（m³/s），h_2 为下游水位（m）；φ 为流速系数。

4.1.4　水动力方程的离散求解

模型采用二阶精度的空间有限差分格式求解控制方程，变量布置采用交错网格（即 Arakawa C 网格）。为了提高模型的求解效率，采用内外模分方式将物理过程分解为内模（斜压模态）和外模（正压模态）。外模求解采用半隐格式，利用预处理共轭梯度法求解二维水位场。以新的水位值为基础，通过求解水深平均的正压速度场得到外模解。由于外模求解使用半隐格式，计算采用的时间步长主要取决于平流项的离散格式，因此可以大大降低时间步长的限制。外模求解的水平边界条件包括如下选项：表面水位、入流速度、自由辐射的出流条件、边界的任意部分给定法向体积流量。在内模的求解过程中，由于时间步长主要受限于垂向扩散项，因此垂向扩散项采用隐格式，其他物理过程的求解采用显格式。

4.2　动边界处理

二维数学模型采用冻结法，即在程序中设置三个特征水深，即干水深、淹没水深和湿水深，当某一单元的水深小于湿水深而大于干水深时，该单元只考虑质量守恒，不考虑动量守恒；当水深小于干水深时，单元被冻结，不参与计算；淹没深度则用来检测单元是不是已经被淹没。

以西官垸为例，如图 4-1，建立包括澧水、松滋河西支与松滋河中支水域部分、西官垸堤垸及中心陆域部分的整体二维数学模型。首先，制作二维数学模型的计算网格，导入实测高精度河道水域、堤垸陆域高程数据，由软件"91 卫图助手"绘制的堤垸边界形状曲线对重合的高程数据进行一定修正，保证河道以及堤垸高程的准确性。其次，根据修正后的数据，对计算网格进行划分。再次，对计算网格进行相关边界条件的设置。模型进口采用津市水文站的流量数据作为澧水入口边界，官垸及自治局站点流量之和作为西官垸入口流量边界；出口位于石龟山水文站、小望角水文站，以石龟山水文站站前水位、小望角水文站站前水位作为出口边界条件。最后对所建立的数学模型进行相关系数的设置，完成模型的初步建立。

西官垸地处澧县最东端，洞庭湖滨，是洞庭湖蓄洪垸的重要组成部分，修有闭合堤垸，作为防水的建筑物，保护堤垸内部陆地免受洪水的侵袭，因此，在水动力模拟过程中，堤垸是重点研究区域，在为二维数学模型提供计算域时，网格大小为 30 m 左右，整个研究区域内网格数量为 43 087 个，如图 4-2 所示。

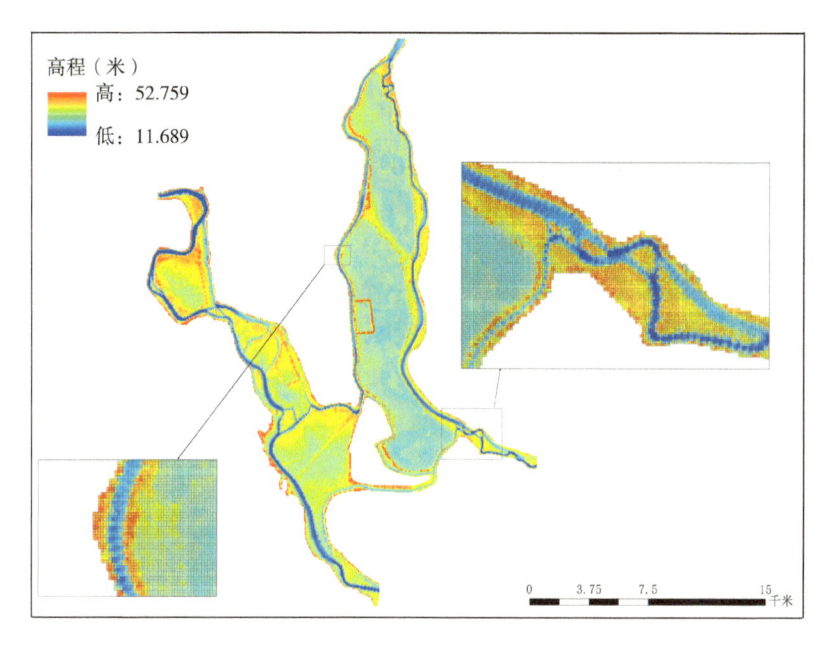

图 4-1 数学模型计算范围及地形

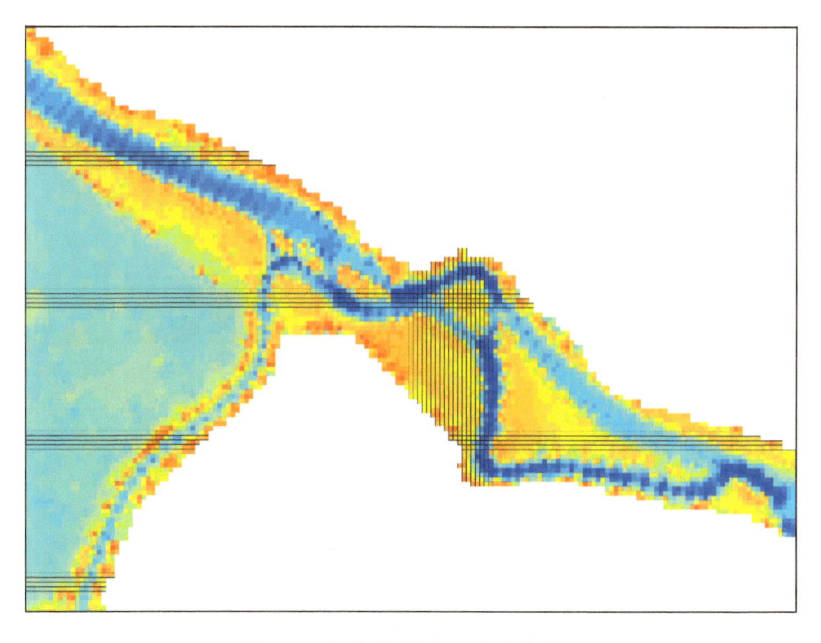

图 4-2 西官垸洲滩区域计算域图

4.3 模型率定与验证

4.3.1 2019年洪水率定

为了验证模型计算的准确性,本节进行了2019年洪水过程(6月8日—8月23日)的非恒定流率定。对官垸、自治局的实测水位数据与模拟水位数据进行拟合,如图4-3及图4-4所示。从图中可以看出模型模拟水位过程线与原型实测水位过程线吻合较好。对特征站点水位模拟值与实测值进行率定,如表4-1、表4-2所示。

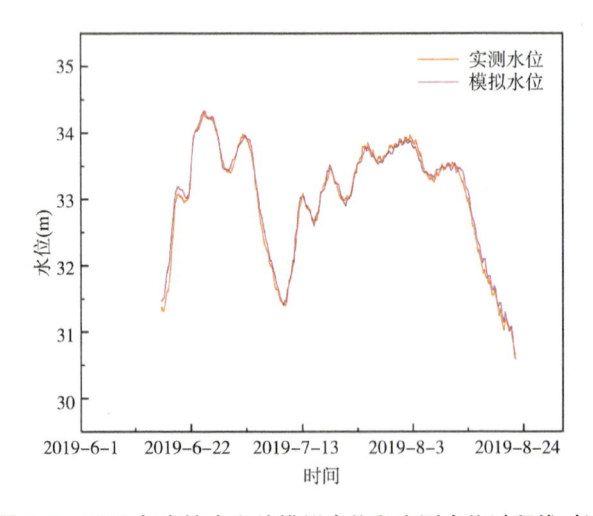

图4-3 2019年官垸水文站模拟水位和实测水位过程线对比

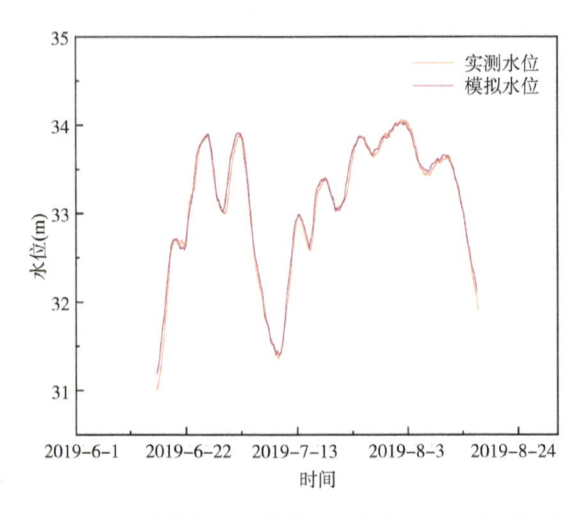

图4-4 2019年自治局水文站模拟水位和实测水位过程线对比

对 2019 年官垸水文数据进行纳什系数计算,得出 NSE=0.99。

表 4-1　官垸水位率定表

水位测定时间	实测值(m)	模拟值(m)	差值(m)
2019-6-23 12:00	34.06	34.05	0.01
2019-6-23 18:00	34.08	34.03	0.05
2019-6-24 0:00	34.08	34.12	−0.04
2019-6-24 6:00	34.14	34.17	−0.03
2019-6-24 12:00	34.20	34.25	−0.05
2019-6-24 18:00	34.27	34.29	−0.02
2019-6-25 0:00	34.30	34.34	−0.04
2019-6-25 6:00	34.30	34.25	0.05
2019-6-25 12:00	34.25	34.23	0.02
2019-7-15 0:00	32.76	32.82	−0.06
2019-7-15 6:00	32.70	32.74	−0.04
2019-7-15 12:00	32.68	32.66	0.02
2019-7-15 18:00	32.68	32.60	0.08
2019-7-16 0:00	32.69	32.73	−0.04
2019-7-16 6:00	32.75	32.78	−0.03
2019-7-16 12:00	32.86	32.81	0.05
2019-7-16 18:00	33.03	32.91	0.12
2019-7-17 0:00	33.12	33.09	0.03
2019-8-6 12:00	33.31	33.37	−0.06
2019-8-6 18:00	33.33	33.36	−0.03
2019-8-7 0:00	33.31	33.38	−0.07
2019-8-7 6:00	33.28	33.36	−0.08
2019-8-7 12:00	33.30	33.33	−0.03
2019-8-7 18:00	33.36	33.38	−0.02
2019-8-8 0:00	33.39	33.45	−0.06
2019-8-8 6:00	33.37	33.45	−0.08
2019-8-8 12:00	33.43	33.45	−0.02

对2019年自治局水文数据进行纳什系数计算,得出NSE＝0.96。

表4-2　自治局水位率定表

水位测定时间	实测值(m)	模拟值(m)	差值(m)
2019-6-19 18:00	32.60	32.63	－0.03
2019-6-20 0:00	32.66	32.68	－0.02
2019-6-20 6:00	32.70	32.71	－0.01
2019-6-20 12:00	32.70	32.71	－0.01
2019-6-20 18:00	32.66	32.72	－0.06
2019-6-21 0:00	32.65	32.70	－0.05
2019-6-21 6:00	32.64	32.65	－0.01
2019-6-21 12:00	32.69	32.60	0.09
2019-6-21 18:00	32.68	32.62	0.06
2019-7-13 18:00	32.98	32.99	－0.01
2019-7-14 0:00	32.94	32.98	－0.04
2019-7-14 6:00	32.91	32.95	－0.04
2019-7-14 12:00	32.86	32.92	－0.06
2019-7-14 18:00	32.79	32.87	－0.08
2019-7-15 0:00	32.73	32.82	－0.09
2019-7-15 6:00	32.68	32.76	－0.08
2019-7-15 12:00	32.63	32.70	－0.07
2019-7-15 18:00	32.59	32.60	－0.01
2019-8-5 18:00	33.52	33.57	－0.05
2019-8-6 0:00	33.50	33.54	－0.04
2019-8-6 6:00	33.47	33.53	－0.06
2019-8-6 12:00	33.45	33.51	－0.06
2019-8-6 18:00	33.44	33.50	－0.06
2019-8-7 0:00	33.44	33.49	－0.05
2019-8-7 6:00	33.44	33.49	－0.05
2019-8-7 12:00	33.44	33.47	－0.03
2019-8-7 18:00	33.45	33.48	－0.03

官垸站和自治局站水文数据的纳什系数均大于0.95,由此可知模拟质量好,模型可信度高。

4.3.2　2020年洪水率定

为了验证模型计算的准确性,本节进行了2020年洪水过程(6月20日—8月10日)的非恒定流验证。对官垸、自治局的实测水位数据与模拟水位数据进行拟合,如图4-5及图4-6所示。从图中可以看出模型模拟水位过程线与原型实测水位过程线吻合较好。对特征站点水位模拟值与实测值进行率定,如表4-3、表4-4所示。

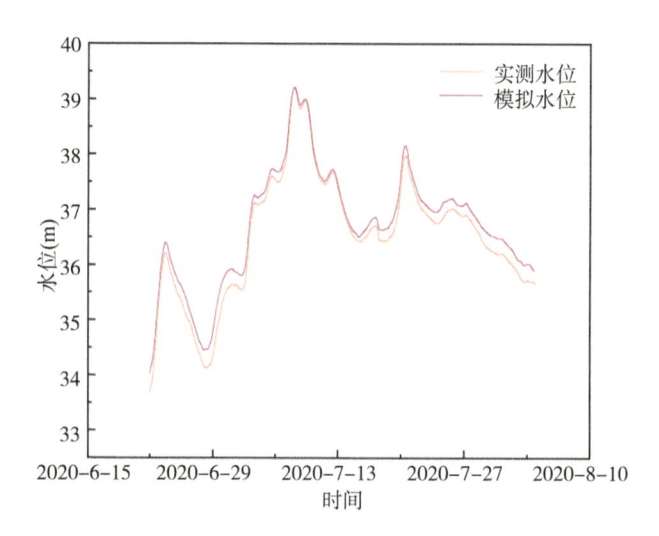

图4-5　2020年官垸水文站模拟水位和实测水位过程线对比

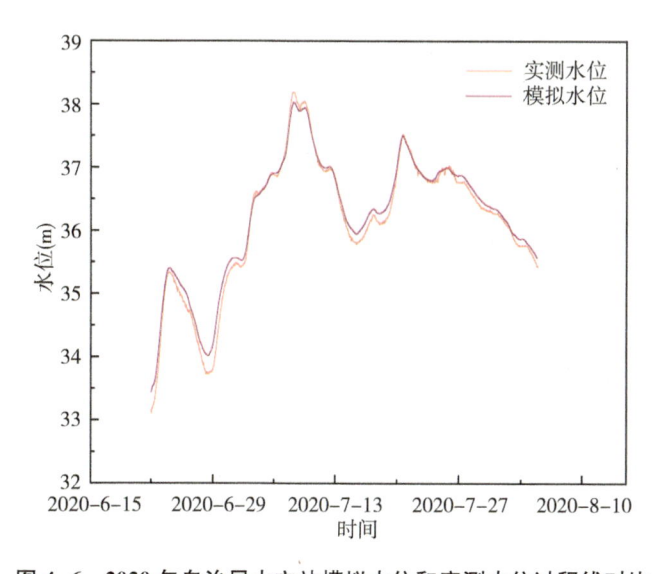

图4-6　2020年自治局水文站模拟水位和实测水位过程线对比

对2020年官垱水文数据进行纳什系数计算,得出NSE=0.96。

表4-3 官垱水位率定表

水位测定时间	实测值(m)	模拟值(m)	差值(m)
2020-7-2 12:00	35.61	35.85	−0.24
2020-7-2 16:00	35.77	35.97	−0.20
2020-7-2 20:00	36.08	36.21	−0.13
2020-7-3 0:00	36.44	36.56	−0.12
2020-7-3 4:00	36.70	36.84	−0.14
2020-7-3 8:00	36.92	37.05	−0.13
2020-7-3 12:00	37.07	37.21	−0.14
2020-7-3 16:00	37.11	37.26	−0.15
2020-7-3 20:00	37.09	37.22	−0.13
2020-7-13 20:00	37.01	37.10	−0.09
2020-7-14 0:00	36.91	37.00	−0.09
2020-7-14 4:00	36.83	36.92	−0.09
2020-7-14 8:00	36.75	36.84	−0.09
2020-7-14 12:00	36.68	36.77	−0.09
2020-7-14 16:00	36.62	36.71	−0.09
2020-7-14 20:00	36.55	36.66	−0.11
2020-7-15 0:00	36.52	36.62	−0.10
2020-7-15 4:00	36.49	36.60	−0.11
2020-7-25 12:00	36.97	37.15	−0.18
2020-7-25 16:00	36.99	37.18	−0.19
2020-7-25 20:00	37.00	37.19	−0.19
2020-7-26 0:00	37.01	37.19	−0.18
2020-7-26 4:00	37.02	37.21	−0.19
2020-7-26 8:00	37.01	37.18	−0.17
2020-7-26 12:00	36.98	37.12	−0.14
2020-7-26 16:00	36.95	37.09	−0.14
2020-7-26 20:00	36.93	37.08	−0.15

对 2020 年自治局水文数据进行纳什系数计算，得出 NSE＝0.99。

表 4-4　自治局水位率定表

水位测定时间	实测值(m)	模拟值(m)	差值(m)
2020-6-23 16:00	35.24	35.25	－0.01
2020-6-23 20:00	35.32	35.37	－0.05
2020-6-24 0:00	35.33	35.40	－0.07
2020-6-24 4:00	35.31	35.40	－0.09
2020-6-24 8:00	35.28	35.36	－0.08
2020-6-24 12:00	35.21	35.34	－0.13
2020-6-24 16:00	35.16	35.30	－0.14
2020-6-24 20:00	35.08	35.26	－0.18
2020-6-25 0:00	35.06	35.22	－0.16
2020-7-13 16:00	36.31	36.45	－0.14
2020-7-13 20:00	36.22	36.35	－0.13
2020-7-14 0:00	36.16	36.27	－0.11
2020-7-14 4:00	36.08	36.20	－0.12
2020-7-14 8:00	36.02	36.14	－0.12
2020-7-14 12:00	35.93	36.10	－0.17
2020-7-14 16:00	35.89	36.06	－0.17
2020-7-14 20:00	35.87	36.03	－0.16
2020-7-15 0:00	35.83	36.00	－0.17
2020-7-31 4:00	36.27	36.34	－0.07
2020-7-31 8:00	36.26	36.33	－0.07
2020-7-31 12:00	36.24	36.30	－0.06
2020-7-31 16:00	36.21	36.27	－0.06
2020-7-31 20:00	36.18	36.24	－0.06
2020-8-1 0:00	36.14	36.20	－0.06
2020-8-1 4:00	36.11	36.18	－0.07
2020-8-1 8:00	36.08	36.15	－0.07
2020-8-1 12:00	36.06	36.11	－0.05

官垸站和自治局站水文数据的纳什系数均大于 0.95，由此可知模拟质量好，模型可信度高。

4.4 西官垸开闸分洪模拟

1998年、2003年长江洪水是继1954年洪水后再次发生的特大型流域性洪水,具有水位高、流量大、持续时间长的特点。本节模拟计算西官垸遭遇1998年、2003年极端洪水的情形(即西官垸同时遭遇长江与澧水洪水)。

假定现有的堤防规模(如图4-7所示)应对1998年、2003年特大洪水时实施分洪,对分洪过程进行模拟计算,进口边界位于西官垸分洪闸,并假定闸门全部开启。

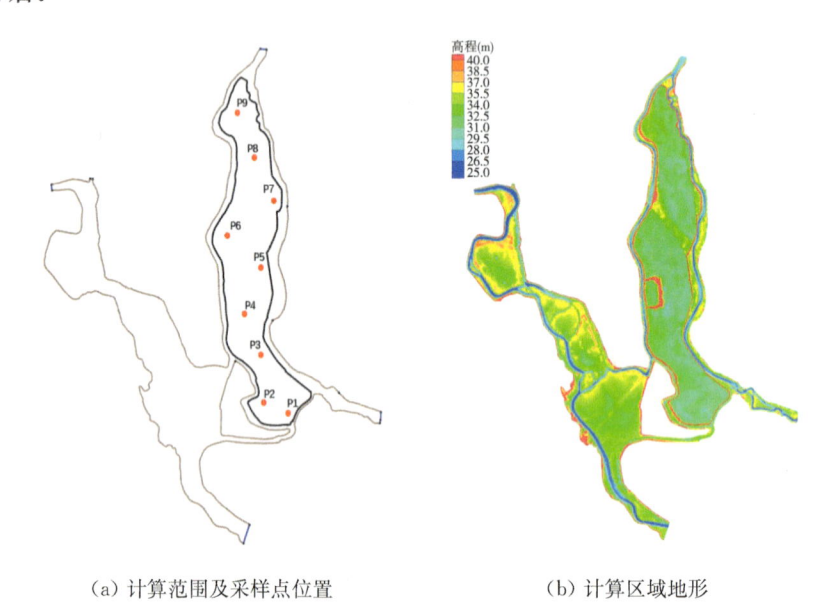

(a) 计算范围及采样点位置　　(b) 计算区域地形

图 4-7　西官垸分洪范围、网格划分及地形图

模拟结果显示,洪水达到了西官垸分洪闸的分洪条件(如图4-8所示),本次模拟将开闸调节设置为 1 500 m³/s,开闸泄洪后对分洪垸内洪水演进过程进行模拟。

4.4.1　1998年典型洪水

假定遭遇1998年洪水,本研究选取洪水演进 6 h、10 h、15 h、24 h、34 h、72 h 分析区域内的淹没情形(如表4-5所示)。

图4-9(a)给出了计算所得的垸内各采样点的水位过程线,从各采样点的水位过程来看,在整个分洪过程中,水位均呈现逐渐抬升趋势,并且距离分洪闸闸口越远,抬升速度越快。

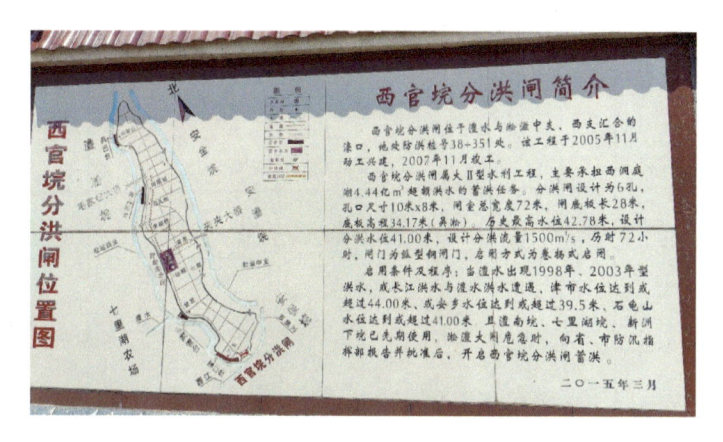

第四章　西官垸分蓄洪数值模拟模型

图 4-8　西官垸分洪闸简介

表 4-5　洪水演进时刻表

洪水演进时刻	开闸分洪时间(h)	淹没面积(km²)
1998-7-22 6:00	0	0
1998-7-22 12:00	6	10.887 53
1998-7-22 16:00	10	20.304 96
1998-7-22 21:00	15	36.172 08
1998-7-23 6:00	24	45.207 36
1998-7-23 16:00	34	65.118 10
1998-7-25 6:00	72	70.122 41

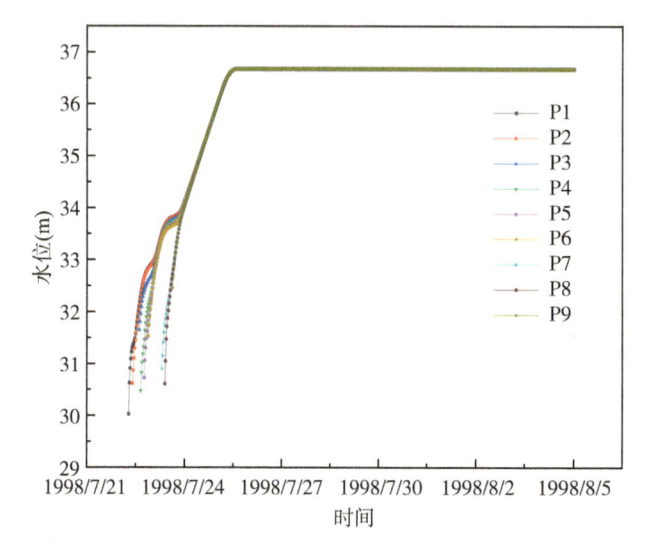

(a) 各采样点水位过程线

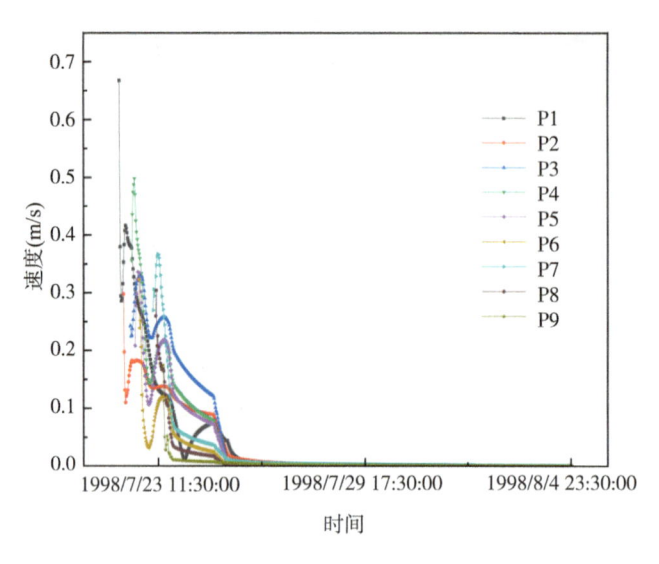

(b) 各采样点流速过程线

图 4-9　各采样点洪水水位、流速过程线

图 4-9(b)给出了计算所得的垸内各采样点的流量过程线,从各采样点的流速过程来看,在分洪初期,各采样点流速较大,随着分洪区水位的不断抬高,流速逐渐变慢;同时,在一般情况下,距离分洪口门越近,流速越大。P_1 点位于分洪口门以下,流速从最开始的 0.67 m/s 下降至 0.1 m/s,最后经过 3 天半的时间,分洪区蓄满,流速减小为 0 m/s。

图 4-10、图 4-11 分别为开闸分洪后 0 h、6 h、10 h、15 h、24 h、34 h、72 h 的流速分布以及水位分布图。由图可知,在分洪区低洼部位洪水淹没深度较深,在分洪口门和洪泛区缩窄部位流速较大,模型能够较好地反映洪水在西官垸开闸泄洪后的演进过程。

4.4.1.1　分洪后垸内流速变化

西官垸分洪闸开闸分洪 6 h 后,洪水快速淹没了西官垸南部区域,流速主要集中在 0.2~1.1 m/s;开闸 10 h 后,洪水接触到西官垸中部的西官垸安全区,因保护区南侧地势较高,流速仅有不到 0.2 m/s;开闸 15 h 后,洪水初步包围西官垸安全区,安全区北侧及东侧地势较低,流速大于 0.5 m/s;开闸 24 h 后,洪水完全覆盖除安全区外的西官垸中南部区域,但受地势影响,淹没范围向东北部扩张的趋势减小;开闸 34 h 后,洪水快速淹没北部区域;在开闸 72 h 后,西官垸内部各处的流速基本达到稳定。综上,在洪水演进的前 24 h 内,淹没区域内的流速较大,水流动能较大。

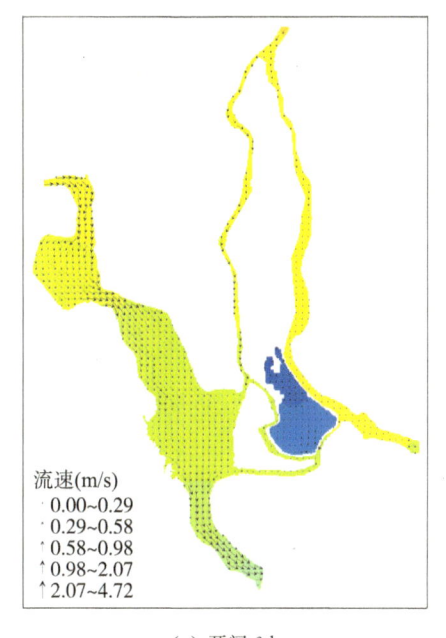

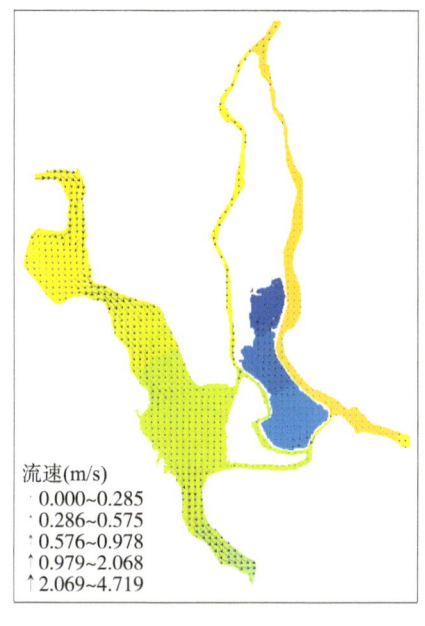

第四章 西官垸分蓄洪数值模拟模型

(a) 开闸 6 h

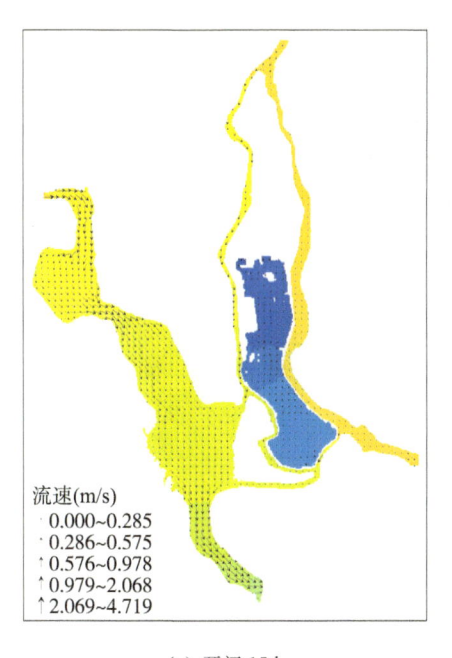

(b) 开闸 10 h

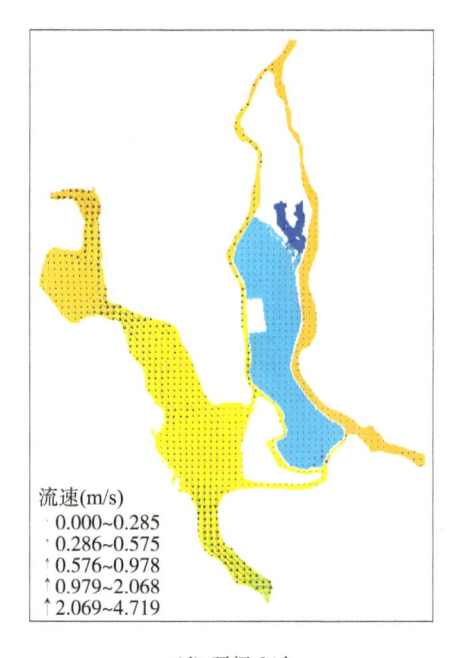

(c) 开闸 15 h

(d) 开闸 24 h

125

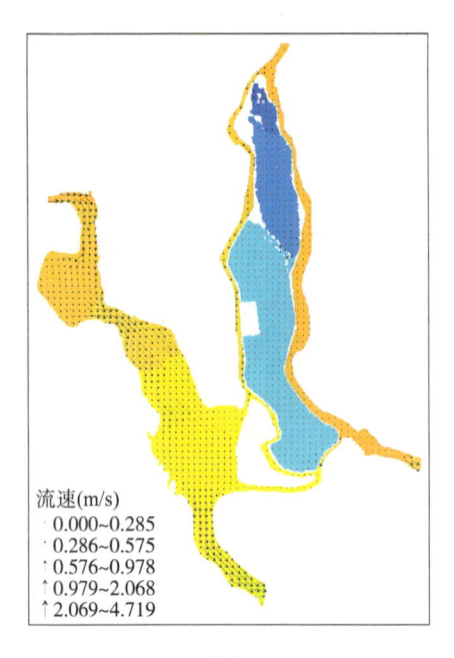

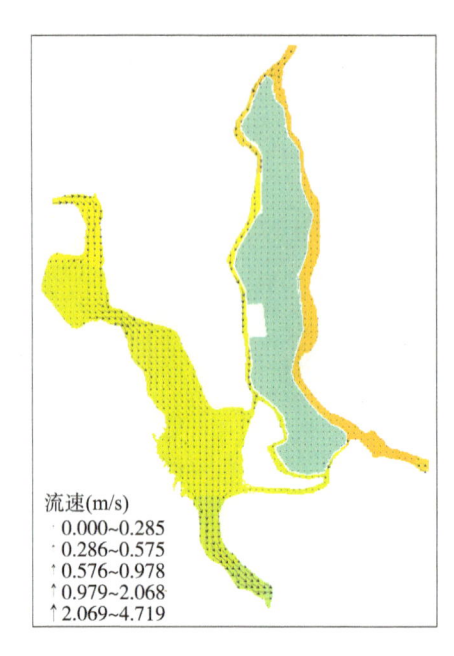

(e) 开闸 34 h　　　　　　　　　　　　(f) 开闸 72 h

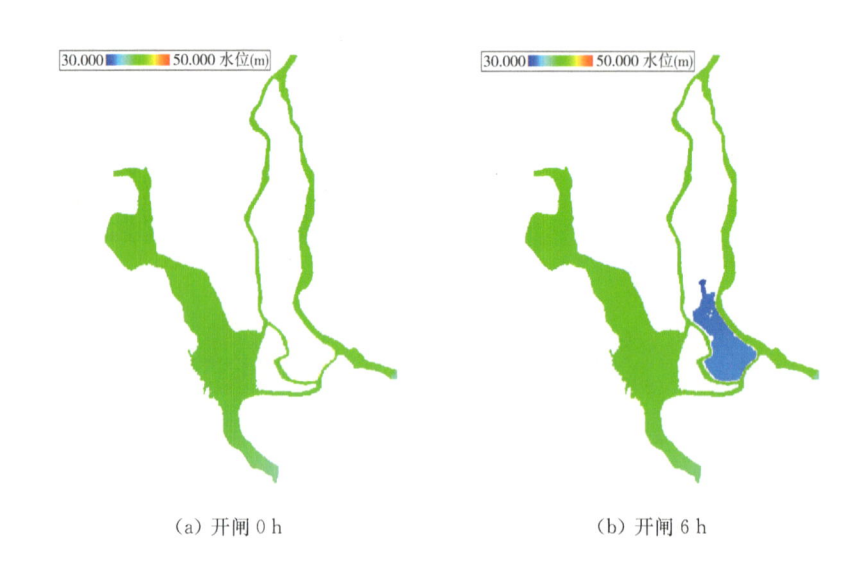

图 4-10　洪水开闸分洪过程流速分布图

(a) 开闸 0 h　　　　　　　　　　　　(b) 开闸 6 h

(c) 开闸 10 h

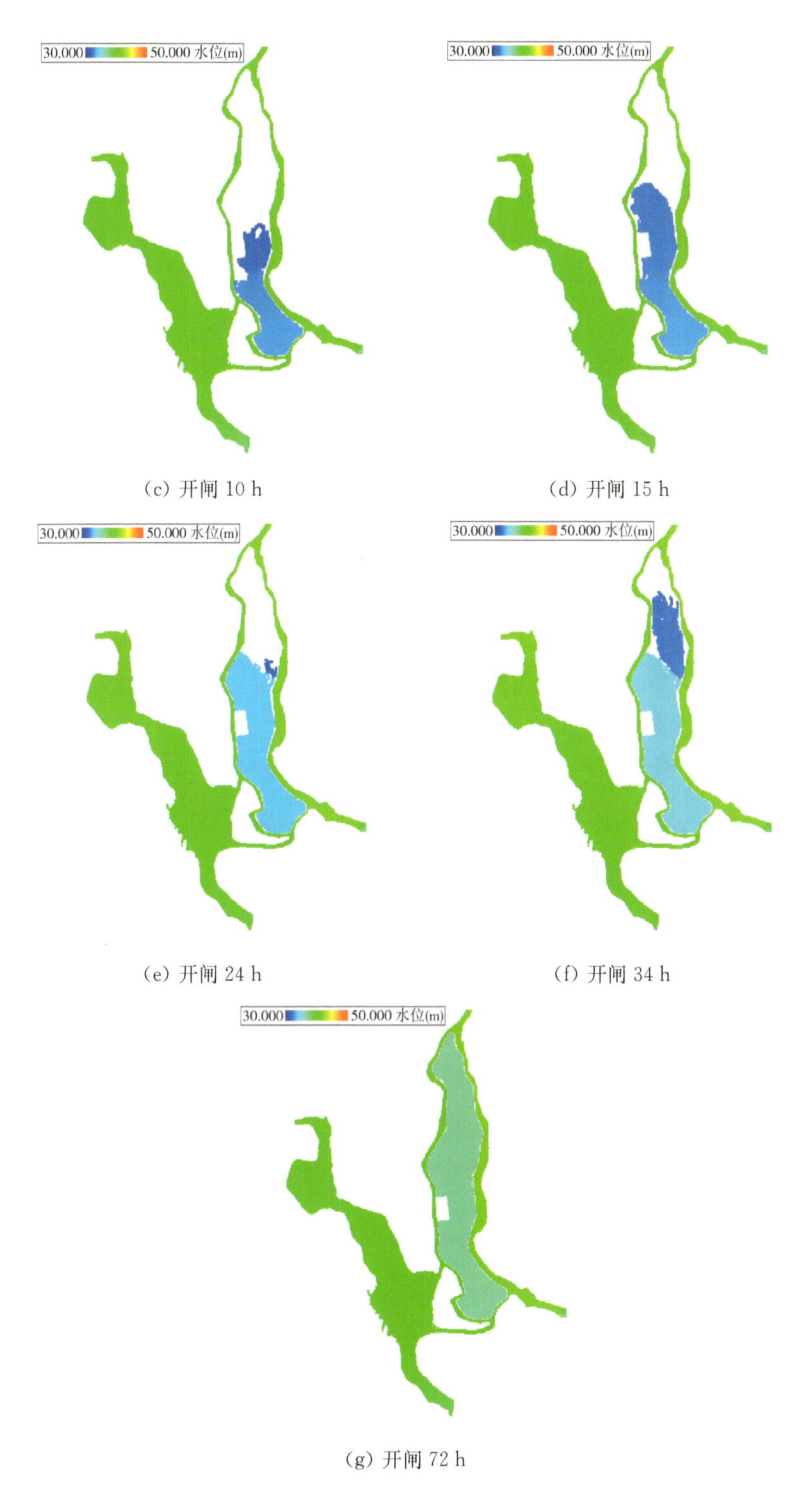

(d) 开闸 15 h

(e) 开闸 24 h

(f) 开闸 34 h

(g) 开闸 72 h

图 4-11　洪水开闸分洪过程水位分布图

4.4.1.2 分洪后垸内水深及水位变化

西官垸分洪闸开闸分洪后,洪水快速由南向北流动,开闸 6 h 后,洪水完全覆盖除南部安全台之外的低洼区域,淹没区域的水深位于 0.8～1.3 m;开闸 10 h 后,洪水接触到西官垸中部的西官垸安全区,淹没区域的水深进一步加深,淹没区域向北扩张;开闸 15 h 后,洪水初步包围西官垸安全区;开闸 24 h 后,洪水完全覆盖除安全区外的西官垸中南部区域,研究区内洪水由淹没区迅速向余家台扩张;开闸 34 h 后,洪水基本覆盖除安全区外的区域;开闸 72 h 后,西官垸内部各处的水位基本达到稳定,水位达到了 36.67 m,水深为 3.5～6.8 m,最大淹没面积达到了 70.122 km^2。

从模拟结果(图 4-12)可以看出西官垸分洪闸开闸分洪后对周围区域水位的

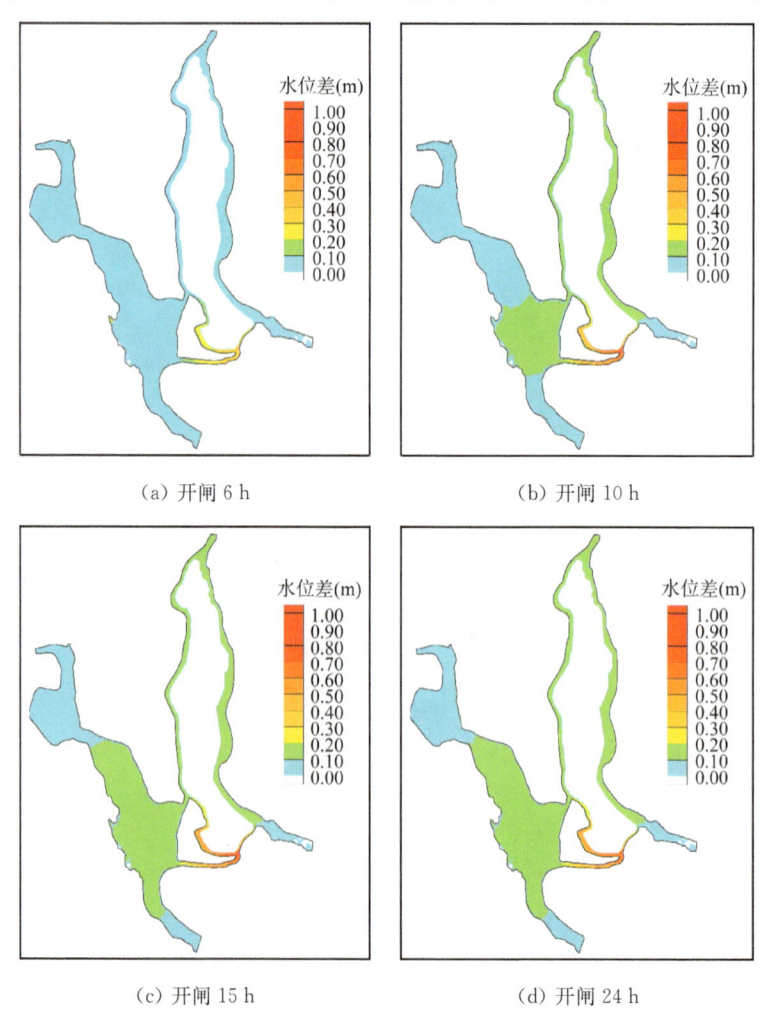

(a) 开闸 6 h

(b) 开闸 10 h

(c) 开闸 15 h

(d) 开闸 24 h

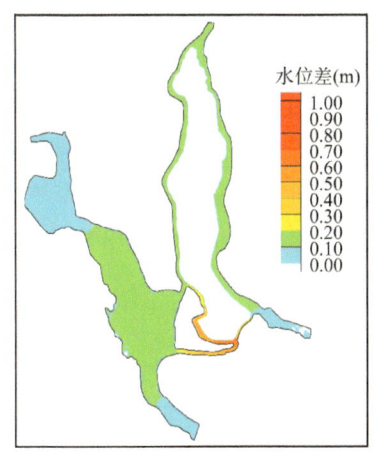

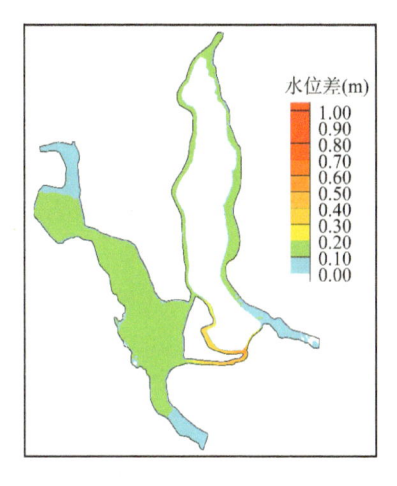

(e) 开闸 34 h　　　　　　　　　(f) 开闸 72 h

图 4-12　洪水开闸分洪影响示意图

影响。开闸 6 h 后,西官垸分洪闸附近河道的水位差为 0.4～0.5 m,松滋西支内分洪闸上游 8 km、下游 3 km 内水位差为 0.3～0.4 m。

开闸 10 h 后,西官垸分洪闸附近河道的水位下降约 1.0 m,松滋西支内分洪闸上游 8 km、下游 3 km 内水位差为 0.3～1.0 m,松滋西支其余河道及松滋中支水位下降 0.1～0.2 m,七里湖内水位下降 0.2 m 左右,其余河道内水位下降均小于 0.1 m。

开闸 15 h 后,西官垸分洪闸附近河道的水位下降约 1.0 m,松滋西支内分洪闸上游 8 km、下游 3 km 内水位差为 0.3～1.0 m,松滋西支其余河道及松滋中支水位下降 0.1～0.2 m,七里湖内水位下降为 0.2 m 左右的水域范围较开闸 10 h 增加了约 1 倍,其余河道内水位下降均小于 0.1 m。

开闸 24 h 后,西官垸分洪闸附近河道的水位下降约 0.91 m,松滋西支内分洪闸上游 8 km、下游 3 km 内水位差为 0.3～0.8 m,松滋西支其余河道及松滋中支水位下降 0.1～0.2 m,七里湖内水位下降为 0.2 m 左右的水域范围继续扩大,其余河道内水位下降均小于 0.1 m。

开闸 34 h 后,分洪闸附近水位差减小到 0.85 m 左右,但七里湖内水位下降为 0.2 m 左右的水域范围继续扩大。

开闸 72 h 后,澧水区域从津市水文站至石龟山水文站区域水位下降 0～0.2 m,松滋河西支与松滋河中支区域水位大部分下降 0.1 m 以下。

表 4-6 显示了西官垸整个开闸分洪过程(72 h)中,西官垸各特征站点或位置(津市站、官垸站、自治局站及分洪闸)的水位变化情况。从表中可以看出,津市站点水位下降值随开闸时间增大而增大,但从总体上看西官垸分洪闸开闸分

洪对津市站点水位影响较小,开闸4h内津市站点水位下降值小于0.04m,开闸72h后其水位下降值增加至0.08m。官垸站点在开闸前8h内,其水位下降值在0.15m以下,在开闸8~72h时其水位下降值基本维持在0.14~0.17m。自治局站点在分洪闸开闸后,其水位下降值为0.02~0.15m。分洪闸附近位置,在闸门完全打开后,其水位下降值约为0.80m;在闸门完全打开后至15h内,闸门附近水位下降值基本维持在0.9m以上;随后其水位下降值出现减少,在开闸15~72h时,闸门附近水位下降值基本维持在0.85m左右。

表4-6 水位下降值表　　　　　　　　　　　　　　　　单位:m

时间	津市站			官垸站			自治局站			分洪闸		
	不开闸	开闸	水位差	不开闸	开闸	水位差	不开闸	开闸	水位差	不开闸	开闸	水位差
1998-7-22 16:00	41.45	41.45	0.00	39.29	39.27	0.02	37.76	37.74	0.02	38.85	38.06	0.79
1998-7-22 17:00	41.52	41.51	0.01	39.34	39.29	0.05	37.81	37.73	0.08	38.90	37.98	0.92
1998-7-22 18:00	41.58	41.57	0.01	39.40	39.31	0.09	37.87	37.75	0.12	38.96	38.01	0.95
1998-7-22 19:00	41.64	41.62	0.02	39.45	39.34	0.11	37.93	37.79	0.14	39.01	38.05	0.96
1998-7-22 20:00	41.71	41.67	0.04	39.50	39.38	0.12	37.98	37.84	0.14	39.07	38.11	0.96
1998-7-22 21:00	41.77	41.73	0.04	39.56	39.43	0.13	38.04	37.90	0.14	39.12	38.16	0.96
1998-7-22 22:00	41.83	41.79	0.04	39.61	39.47	0.14	38.09	37.95	0.14	39.18	38.22	0.96
1998-7-22 23:00	41.89	41.84	0.05	39.66	39.52	0.14	38.15	38.00	0.15	39.24	38.28	0.96
1998-7-23 0:00	41.95	41.90	0.05	39.72	39.57	0.15	38.20	38.06	0.14	39.30	38.35	0.95
1998-7-23 1:00	42.00	41.95	0.05	39.77	39.62	0.15	38.25	38.11	0.14	39.35	38.41	0.94
1998-7-23 2:00	42.04	41.99	0.05	39.82	39.66	0.16	38.29	38.15	0.14	39.40	38.47	0.93
1998-7-23 3:00	42.08	42.02	0.06	39.85	39.70	0.15	38.33	38.18	0.15	39.44	38.52	0.92
1998-7-23 4:00	42.11	42.05	0.06	39.89	39.73	0.16	38.36	38.21	0.15	39.47	38.56	0.91

续表

时间	津市站 不开闸	津市站 开闸	津市站 水位差	官垸站 不开闸	官垸站 开闸	官垸站 水位差	自治局站 不开闸	自治局站 开闸	自治局站 水位差	分洪闸 不开闸	分洪闸 开闸	分洪闸 水位差
1998-7-23 5:00	42.14	42.08	0.06	39.91	39.75	0.16	38.39	38.24	0.15	39.50	38.59	0.91
1998-7-23 6:00	42.17	42.11	0.06	39.94	39.78	0.16	38.41	38.27	0.14	39.53	38.63	0.90
1998-7-23 7:00	42.19	42.14	0.05	39.96	39.80	0.16	38.44	38.30	0.14	39.56	38.66	0.90
1998-7-23 8:00	42.22	42.16	0.06	39.98	39.82	0.16	38.46	38.33	0.13	39.58	38.69	0.89
1998-7-23 9:00	42.24	42.18	0.06	40.00	39.83	0.17	38.49	38.35	0.14	39.61	38.71	0.90
1998-7-23 10:00	42.26	42.21	0.05	40.01	39.85	0.16	38.51	38.37	0.14	39.63	38.74	0.89
1998-7-23 11:00	42.29	42.23	0.06	40.03	39.87	0.16	38.53	38.40	0.13	39.65	38.77	0.88
1998-7-23 12:00	42.31	42.25	0.06	40.05	39.88	0.17	38.56	38.42	0.14	39.67	38.79	0.88
1998-7-23 13:00	42.33	42.27	0.06	40.06	39.90	0.16	38.58	38.45	0.13	39.69	38.82	0.87
1998-7-23 14:00	42.35	42.29	0.06	40.08	39.91	0.17	38.60	38.47	0.13	39.71	38.84	0.87
1998-7-23 15:00	42.37	42.32	0.05	40.09	39.93	0.16	38.62	38.49	0.13	39.73	38.87	0.86
1998-7-23 16:00	42.40	42.34	0.06	40.11	39.94	0.17	38.64	38.52	0.12	39.75	38.89	0.86
1998-7-23 17:00	42.42	42.36	0.06	40.12	39.96	0.16	38.67	38.54	0.13	39.77	38.92	0.85
1998-7-23 18:00	42.44	42.38	0.06	40.14	39.98	0.16	38.69	38.56	0.13	39.79	38.94	0.85
1998-7-23 19:00	42.46	42.40	0.06	40.15	39.99	0.15	38.71	38.59	0.12	39.81	38.97	0.84
1998-7-23 20:00	42.48	42.42	0.06	40.16	40.01	0.15	38.73	38.61	0.12	39.83	38.99	0.84
1998-7-23 21:00	42.50	42.45	0.05	40.18	40.02	0.16	38.76	38.63	0.13	39.85	39.02	0.83

续表

时间	津市站			官垸站			自治局站			分洪闸		
	不开闸	开闸	水位差	不开闸	开闸	水位差	不开闸	开闸	水位差	不开闸	开闸	水位差
1998-7-23 22:00	42.52	42.47	0.05	40.19	40.04	0.15	38.78	38.66	0.12	39.87	39.04	0.83
1998-7-23 23:00	42.54	42.49	0.05	40.21	40.05	0.16	38.80	38.68	0.12	39.89	39.07	0.82
1998-7-24 0:00	42.57	42.51	0.06	40.22	40.07	0.15	38.82	38.71	0.11	39.91	39.10	0.81
1998-7-24 1:00	42.54	42.49	0.05	40.24	40.09	0.15	38.84	38.72	0.12	39.93	39.11	0.82
1998-7-24 2:00	42.50	42.45	0.05	40.26	40.11	0.15	38.84	38.73	0.11	39.94	39.12	0.82
1998-7-24 3:00	42.45	42.40	0.05	40.26	40.11	0.15	38.84	38.72	0.12	39.93	39.11	0.82
1998-7-24 4:00	42.39	42.34	0.05	40.25	40.10	0.15	38.83	38.71	0.12	39.91	39.09	0.82
1998-7-24 5:00	42.33	42.27	0.06	40.23	40.08	0.15	38.82	38.70	0.12	39.88	39.06	0.82
1998-7-24 6:00	42.26	42.20	0.06	40.21	40.05	0.16	38.81	38.69	0.12	39.85	39.03	0.82
1998-7-24 7:00	42.19	42.13	0.06	40.18	40.03	0.15	38.79	38.67	0.12	39.82	39.00	0.82
1998-7-24 8:00	42.12	42.05	0.07	40.15	40.00	0.15	38.77	38.65	0.12	39.79	38.96	0.83
1998-7-24 9:00	42.04	41.98	0.06	40.12	39.96	0.16	38.76	38.63	0.13	39.75	38.92	0.83
1998-7-24 10:00	41.96	41.90	0.06	40.08	39.93	0.15	38.74	38.61	0.13	39.71	38.88	0.83
1998-7-24 11:00	41.88	41.82	0.06	40.05	39.89	0.16	38.72	38.59	0.13	39.67	38.84	0.83
1998-7-24 12:00	41.80	41.74	0.06	40.01	39.85	0.16	38.69	38.57	0.12	39.63	38.79	0.84
1998-7-24 13:00	41.72	41.66	0.06	39.97	39.82	0.15	38.67	38.55	0.12	39.59	38.75	0.84
1998-7-24 14:00	41.64	41.57	0.07	39.93	39.78	0.15	38.65	38.53	0.12	39.54	38.71	0.83

续表

时间	津市站			官垸站			自治局站			分洪闸		
	不开闸	开闸	水位差	不开闸	开闸	水位差	不开闸	开闸	水位差	不开闸	开闸	水位差
1998-7-24 15:00	41.56	41.49	0.07	39.89	39.74	0.15	38.63	38.50	0.13	39.50	38.66	0.84
1998-7-24 16:00	41.47	41.40	0.07	39.85	39.70	0.15	38.60	38.48	0.12	39.46	38.62	0.84
1998-7-24 17:00	41.39	41.32	0.07	39.81	39.66	0.15	38.58	38.46	0.12	39.42	38.57	0.85
1998-7-24 18:00	41.30	41.23	0.07	39.77	39.62	0.15	38.56	38.43	0.13	39.38	38.53	0.85
1998-7-24 19:00	41.22	41.15	0.07	39.72	39.58	0.14	38.53	38.41	0.12	39.34	38.48	0.86
1998-7-24 20:00	41.13	41.06	0.07	39.68	39.53	0.15	38.51	38.38	0.13	39.29	38.44	0.85
1998-7-24 21:00	41.05	40.97	0.08	39.64	39.49	0.15	38.48	38.36	0.12	39.25	38.39	0.86
1998-7-24 22:00	40.96	40.88	0.08	39.59	39.44	0.15	38.46	38.33	0.13	39.21	38.35	0.86
1998-7-24 23:00	40.87	40.79	0.08	39.55	39.40	0.15	38.43	38.31	0.12	39.17	38.30	0.87
1998-7-25 0:00	40.78	40.70	0.08	39.50	39.35	0.15	38.40	38.28	0.12	39.13	38.27	0.86
1998-7-25 1:00	40.70	40.62	0.08	39.45	39.31	0.14	38.38	38.26	0.12	39.08	38.23	0.85
1998-7-25 2:00	40.62	40.54	0.08	39.41	39.26	0.15	38.35	38.23	0.12	39.04	38.19	0.85
1998-7-25 3:00	40.54	40.46	0.08	39.36	39.22	0.14	38.33	38.21	0.12	39.00	38.14	0.86
1998-7-25 4:00	40.47	40.39	0.08	39.32	39.17	0.15	38.30	38.18	0.12	38.95	38.10	0.85
1998-7-25 5:00	40.39	40.31	0.08	39.27	39.13	0.14	38.28	38.19	0.09	38.91	38.06	0.85
1998-7-25 6:00	40.31	40.24	0.07	39.23	39.09	0.14	38.25	38.21	0.04	38.87	38.02	0.85
1998-7-25 7:00	40.24	40.16	0.08	39.19	39.05	0.14	38.23	38.11	0.12	38.83	37.98	0.85

续表

时间	津市站			官垸站			自治局站			分洪闸		
	不开闸	开闸	水位差	不开闸	开闸	水位差	不开闸	开闸	水位差	不开闸	开闸	水位差
1998-7-25 8:00	40.16	40.08	0.08	39.15	39.01	0.14	38.21	38.09	0.12	38.79	37.94	0.85
1998-7-25 9:00	40.08	40.00	0.08	39.11	38.97	0.14	38.19	38.07	0.12	38.75	37.90	0.85
1998-7-25 10:00	40.00	39.92	0.08	39.07	38.93	0.14	38.17	38.05	0.12	38.71	37.86	0.85
1998-7-25 11:00	39.92	39.84	0.08	39.03	38.89	0.14	38.15	38.03	0.12	38.67	37.82	0.85
1998-7-25 12:00	39.84	39.76	0.08	38.99	38.85	0.14	38.13	38.01	0.12	38.63	37.78	0.85
1998-7-25 13:00	39.76	39.68	0.08	38.95	38.81	0.14	38.11	37.99	0.12	38.59	37.74	0.85
1998-7-25 14:00	39.68	39.60	0.08	38.91	38.77	0.14	38.09	37.97	0.12	38.55	37.69	0.86
1998-7-25 15:00	39.60	39.52	0.08	38.87	38.74	0.13	38.07	37.97	0.10	38.51	37.66	0.85
1998-7-25 16:00	39.51	39.43	0.08	38.83	38.73	0.10	38.05	38.00	0.05	38.46	38.38	0.08

4.4.2 2003年典型洪水

假定遭遇2003年洪水，本研究选取洪水演进6 h、12 h、24 h、36 h、48 h、72 h 分析区域内的淹没情形（如表4-7所示）。

表4-7 洪水演进时刻表

洪水演进时刻	开闸分洪时间(h)	淹没面积(km^2)
2003-7-8 00:00	0	0
2003-7-8 06:00	6 h	7.157 40
2003-7-8 12:00	12 h	15.132 97
2003-7-9 00:00	24 h	40.486 59
2003-7-9 12:00	36 h	56.612 34
2003-7-10 00:00	48 h	67.497 47
2003-7-11 0:00	72 h	69.617 74

图4-13给出了计算所得的垸内各采样点的水位、流速过程线。从各采样点

的水位过程来看,在整个分洪过程中,水位均呈现逐渐抬升趋势,并且距离分洪闸闸口越远,抬升速度越快;同时,在一般情况下,距离分洪口门越近,流速越大。P_1 点位于分洪口门以下,流速从最开始的 0.4 m/s 下降至 0.1 m/s,最后经过 3 天半的时间,分洪区蓄满,流速减小为 0 m/s。

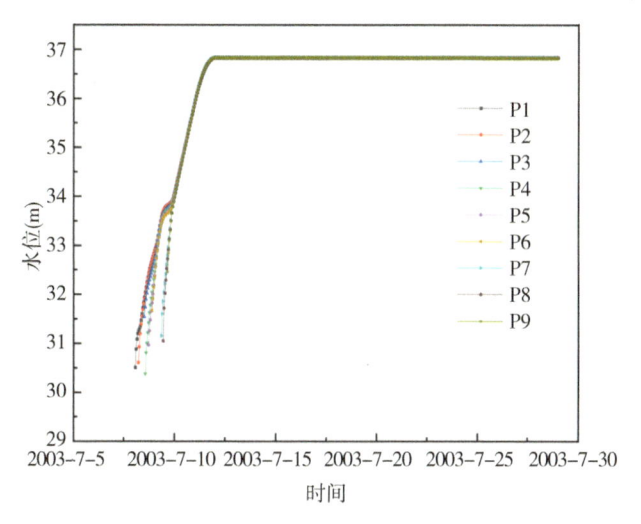

(a) 各采样点水位过程线

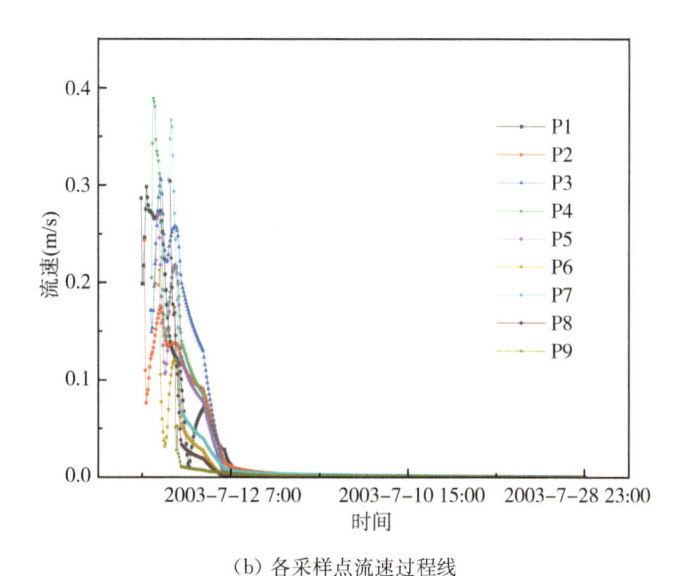

(b) 各采样点流速过程线

图 4-13　各采样点洪水水位、流速过程线

图 4-14、图 4-15 所示分别为开闸分洪后 0 h、6 h、12 h、24 h、36 h、48 h、72 h 的流速分布及水位分布图。由图可知,在分洪区低洼部位,洪水淹没深度较深,

在分洪口门和洪泛区缩窄部位流速较大，模型能够较好地反映洪水在西官垸开闸泄洪的演进过程。

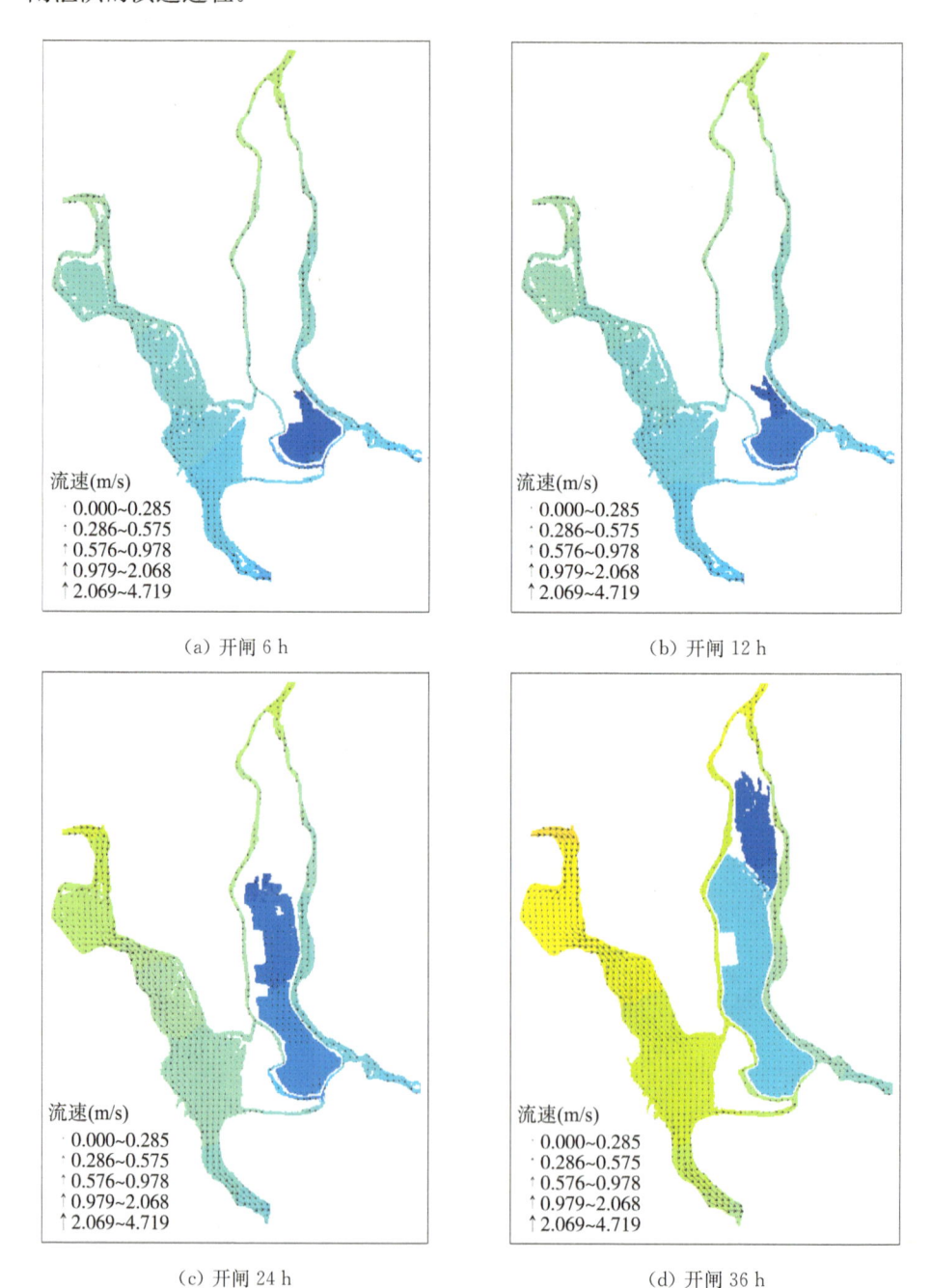

(a) 开闸 6 h

(b) 开闸 12 h

(c) 开闸 24 h

(d) 开闸 36 h

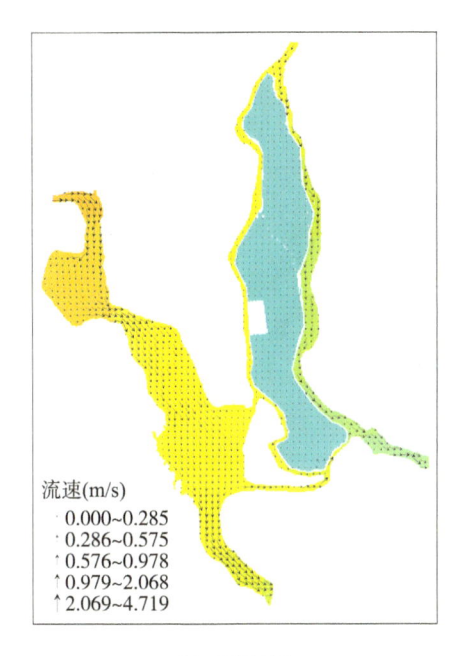

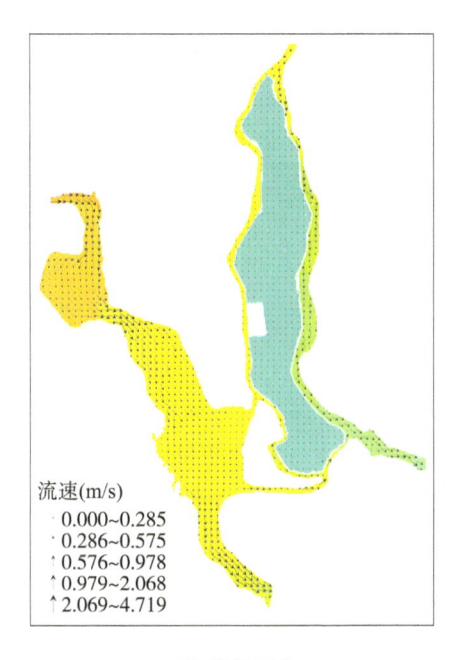

(e) 开闸 48 h　　　　　　　　　　　　(f) 开闸 72 h

图 4-14　洪水开闸分洪过程流速分布图

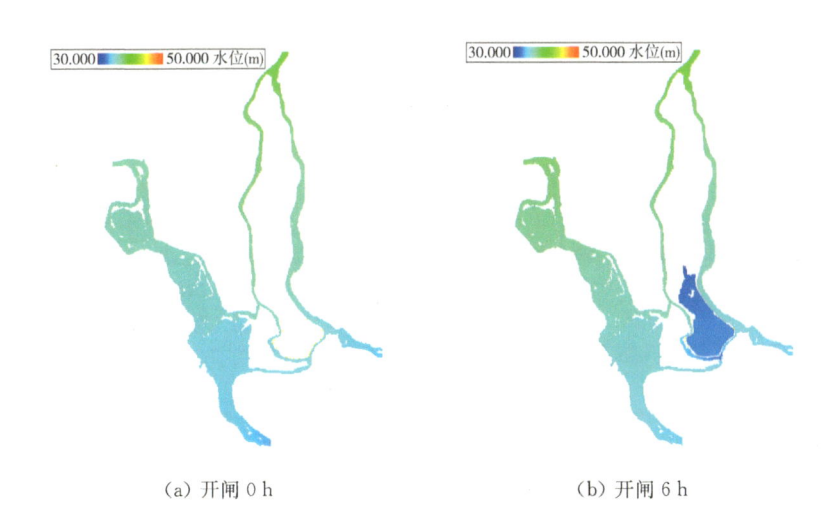

(a) 开闸 0 h　　　　　　　　　　　　(b) 开闸 6 h

(c) 开闸 12 h　　　　　　　　　(d) 开闸 24 h

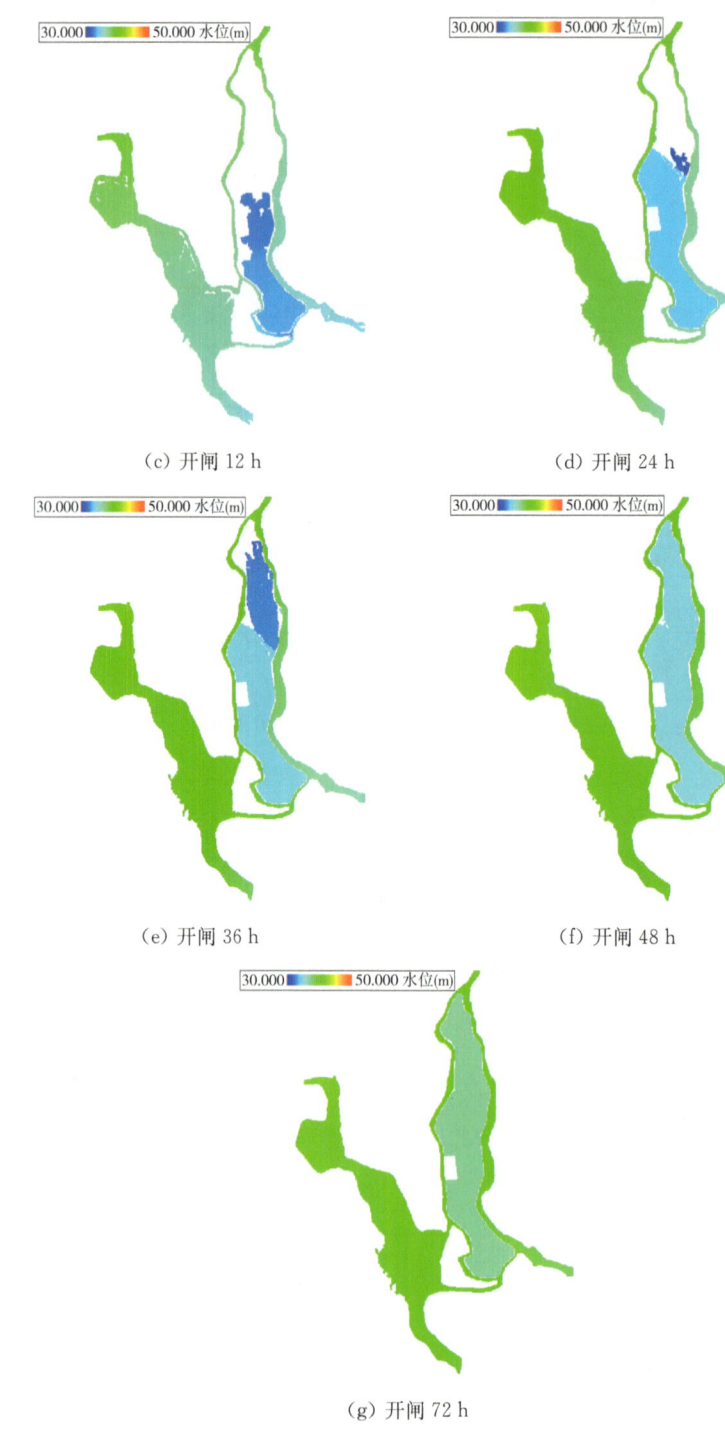

(e) 开闸 36 h　　　　　　　　　(f) 开闸 48 h

(g) 开闸 72 h

图 4-15　洪水开闸分洪过程水位分布图

4.4.2.1 分洪后垸内流速变化

西官垸分洪闸开闸分洪后,洪水快速由南向北流动,开闸6 h后,洪水快速淹没了西官垸南部区域,流速主要集中在0.1~0.6 m/s;开闸12 h后,洪水接触到西官垸中部的西官垸安全区,因安全区南侧地势较高,流速仅不到0.2 m/s;开闸15 h后,洪水初步包围西官垸安全区,安全区北侧及东侧地势较低,流速大于0.4 m/s;开闸24 h后,洪水完全覆盖除安全区外的西官垸中南部区域,但受地势影响,淹没范围向东北部扩大的趋势减小;开闸48 h后,洪水快速淹没北部区域;开闸72 h后,西官垸内部各处的流速基本达到稳定。由此可知,在洪水演进的前36 h内,淹没区域内的流速较大,水流动能较大。

4.4.2.2 分洪后垸内水深及水位变化

西官垸分洪闸开闸分洪后,洪水快速由南向北流动,开闸6 h后,洪水完全覆盖除南部安全台之外的低洼区域,淹没区域的水深位于0.4~1.2 m;开闸12 h后,洪水接触到西官垸中部的西官垸安全区,淹没区域的水深进一步加深,淹没区域向北扩张;开闸24 h后,洪水初步包围西官垸安全区;开闸36 h后,洪水完全覆盖除安全区外的西官垸中南部区域,研究区内洪水淹没区迅速向余家台扩张;开闸48 h后,洪水基本覆盖除安全区外的区域;开闸72 h,西官垸内部各处的水位基本稳定,水位达到了36.83 m,水深3.20~7.01 m,最大淹没面积达到了69.62 km^2。

从模拟结果(图4-16)可以看出西官垸分洪闸开闸分洪后对周围区域水位的影响。开闸12 h后,西官垸分洪闸附近河道的水位差达到1 m左右,直至开闸36 h时最大水位差都维持在1 m左右,随后受到垸内蓄水顶托的作用,水位差开始减小,开闸48 h时最大水位差减小到0.8 m左右,开闸72 h时水位差减小到0.6 m以下。

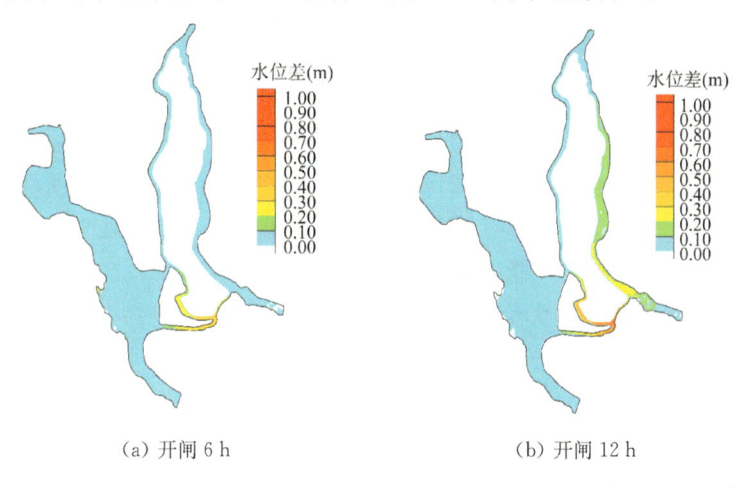

(a) 开闸6 h (b) 开闸12 h

(c) 开闸 24 h　　　　　　　　(d) 开闸 36 h

(e) 开闸 48 h　　　　　　　　(f) 开闸 72 h

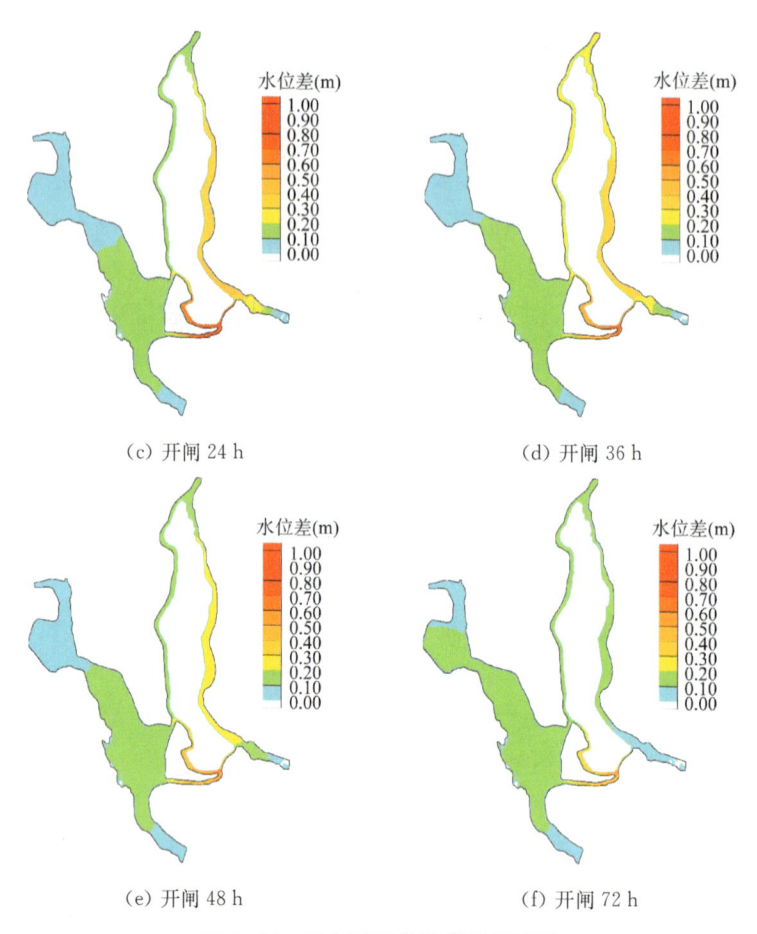

图 4-16　洪水开闸分洪影响示意图

表 4-8 显示了西官垸整个开闸分洪过程(72 h)中,西官垸各特征站点或位置(津市站、官垸站、自治局站及分洪闸)的水位变化情况。从表中可以看出,对比不开闸分蓄洪,津市站点水位下降值随开闸时间增大而增大,但从总体上看西官垸分洪闸开闸分洪对津市站点水位的影响较小,开闸 7 h 内津市站点水位下降值小于 0.03 m,开闸 72 h 后其水位下降值增加至 0.09 m。官垸站点在开闸 11 h 时,其水位下降值增加至 0.21 m;在开闸 11~25 h 时,官垸站点水位下降值基本维持在 0.20 m 左右;随后其水位下降值逐渐减小,在开闸 39~72 h 期间,官垸站点水位下降值基本维持在 0.14 m 左右。自治局站点在分洪闸开闸 6 h 时,其水位下降值达到最大值 0.32 m;在开闸 6~16 h 时,其水位下降值维持在 0.30 m 左右;随后自治局站点水位下降值逐渐减小,在开闸 48~72 h 时,其水位下降值基本维持在 0.16 m。分洪闸附近位置,在闸门完全打开后,其水位下降值约为 0.90 m;在闸门完全打开后至 19 h 内,闸门附近水位下降值基本维持在

1.0m左右;随后其水位下降值出现减少,在开闸 48~72h 时,闸门附近水位下降值基本维持在 0.71m 左右。

表 4-8 水位下降值表 单位:m

时间	津市站			官垸站			自治局站			分洪闸		
	不开闸	开闸	水位差	不开闸	开闸	水位差	不开闸	开闸	水位差	不开闸	开闸	水位差
2003/7/9 0:00	41.51	41.51	0.00	38.26	38.23	0.03	36.59	36.57	0.02	37.72	36.83	0.89
2003/7/9 1:00	41.61	41.61	0.00	38.38	38.32	0.06	36.71	36.58	0.13	37.85	36.79	1.06
2003/7/9 2:00	41.68	41.67	0.01	38.51	38.41	0.10	36.83	36.62	0.21	37.97	36.89	1.08
2003/7/9 3:00	41.74	41.73	0.01	38.62	38.49	0.13	36.95	36.69	0.26	38.08	37.00	1.08
2003/7/9 4:00	41.79	41.77	0.02	38.72	38.57	0.15	37.06	36.77	0.29	38.17	37.10	1.07
2003/7/9 5:00	41.83	41.81	0.02	38.81	38.65	0.16	37.17	36.86	0.31	38.26	37.19	1.07
2003/7/9 6:00	41.87	41.85	0.02	38.89	38.71	0.18	37.26	36.94	0.32	38.33	37.27	1.06
2003/7/9 7:00	41.91	41.88	0.03	38.96	38.77	0.19	37.34	37.02	0.32	38.40	37.35	1.05
2003/7/9 8:00	41.95	41.91	0.04	39.02	38.83	0.19	37.42	37.10	0.32	38.47	37.42	1.05
2003/7/9 9:00	41.99	41.95	0.04	39.08	38.89	0.19	37.49	37.18	0.31	38.53	37.48	1.05
2003/7/9 10:00	42.02	41.98	0.04	39.14	38.94	0.20	37.56	37.25	0.31	38.59	37.54	1.05
2003/7/9 11:00	42.06	42.01	0.05	39.20	38.99	0.21	37.63	37.32	0.31	38.64	37.60	1.04
2003/7/9 12:00	42.09	42.04	0.05	39.25	39.04	0.21	37.69	37.38	0.31	38.70	37.67	1.03
2003/7/9 13:00	42.12	42.08	0.04	39.30	39.10	0.20	37.75	37.45	0.30	38.75	37.73	1.02
2003/7/9 14:00	42.16	42.11	0.05	39.35	39.15	0.20	37.81	37.51	0.30	38.81	37.80	1.01
2003/7/9 15:00	42.19	42.14	0.05	39.40	39.20	0.20	37.87	37.58	0.29	38.86	37.86	1.00
2003/7/9 16:00	42.22	42.17	0.05	39.46	39.25	0.21	37.93	37.64	0.29	38.92	37.92	1.00

续表

时间	津市站			官垸站			自治局站			分洪闸		
	不开闸	开闸	水位差	不开闸	开闸	水位差	不开闸	开闸	水位差	不开闸	开闸	水位差
2003/7/9 17:00	42.25	42.20	0.05	39.51	39.30	0.21	37.99	37.71	0.28	38.97	37.99	0.98
2003/7/9 18:00	42.29	42.23	0.06	39.56	39.36	0.20	38.05	37.78	0.27	39.02	38.06	0.96
2003/7/9 19:00	42.32	42.27	0.05	39.61	39.41	0.20	38.12	37.84	0.28	39.08	38.12	0.96
2003/7/9 20:00	42.35	42.30	0.05	39.66	39.47	0.19	38.18	37.91	0.27	39.13	38.19	0.94
2003/7/9 21:00	42.39	42.33	0.06	39.72	39.53	0.19	38.24	37.98	0.26	39.19	38.26	0.93
2003/7/9 22:00	42.42	42.37	0.05	39.77	39.58	0.19	38.30	38.05	0.25	39.25	38.33	0.92
2003/7/9 23:00	42.46	42.40	0.06	39.83	39.64	0.19	38.36	38.12	0.24	39.30	38.41	0.89
2003/7/10 0:00	42.49	42.44	0.05	39.89	39.70	0.19	38.43	38.20	0.23	39.36	38.48	0.88
2003/7/10 1:00	42.49	42.44	0.05	39.94	39.76	0.18	38.49	38.26	0.23	39.42	38.55	0.87
2003/7/10 2:00	42.49	42.44	0.05	39.99	39.81	0.18	38.55	38.32	0.23	39.46	38.60	0.86
2003/7/10 3:00	42.48	42.42	0.06	40.03	39.85	0.18	38.59	38.37	0.22	39.50	38.64	0.86
2003/7/10 4:00	42.46	42.40	0.06	40.05	39.88	0.17	38.63	38.42	0.21	39.52	38.67	0.85
2003/7/10 5:00	42.43	42.38	0.05	40.07	39.90	0.17	38.67	38.45	0.22	39.54	38.70	0.84
2003/7/10 6:00	42.41	42.35	0.06	40.08	39.91	0.17	38.70	38.49	0.21	39.56	38.72	0.84
2003/7/10 7:00	42.38	42.32	0.06	40.09	39.92	0.17	38.72	38.51	0.21	39.57	38.73	0.84
2003/7/10 8:00	42.35	42.29	0.06	40.10	39.93	0.17	38.74	38.54	0.20	39.57	38.75	0.82
2003/7/10 9:00	42.32	42.26	0.06	40.10	39.93	0.17	38.77	38.56	0.21	39.58	38.76	0.82
2003/7/10 10:00	42.29	42.23	0.06	40.10	39.94	0.16	38.79	38.59	0.20	39.58	38.77	0.81
2003/7/10 11:00	42.25	42.20	0.05	40.10	39.94	0.16	38.80	38.61	0.19	39.59	38.78	0.81

续表

时间	津市站 不开闸	津市站 开闸	津市站 水位差	官垸站 不开闸	官垸站 开闸	官垸站 水位差	自治局站 不开闸	自治局站 开闸	自治局站 水位差	分洪闸 不开闸	分洪闸 开闸	分洪闸 水位差
2003/7/10 12:00	42.22	42.16	0.06	40.10	39.94	0.16	38.82	38.63	0.19	39.59	38.79	0.80
2003/7/10 13:00	42.19	42.13	0.06	40.10	39.94	0.16	38.84	38.65	0.19	39.59	38.80	0.79
2003/7/10 14:00	42.15	42.09	0.06	40.10	39.94	0.16	38.86	38.67	0.19	39.60	38.81	0.79
2003/7/10 15:00	42.12	42.06	0.06	40.10	39.95	0.15	38.88	38.69	0.19	39.60	38.82	0.78
2003/7/10 16:00	42.09	42.03	0.06	40.10	39.95	0.15	38.90	38.72	0.18	39.60	38.83	0.77
2003/7/10 17:00	42.05	41.99	0.06	40.10	39.95	0.15	38.92	38.74	0.18	39.60	38.84	0.76
2003/7/10 18:00	42.02	41.96	0.06	40.10	39.95	0.15	38.94	38.76	0.18	39.61	38.85	0.76
2003/7/10 19:00	41.98	41.92	0.06	40.10	39.95	0.15	38.96	38.78	0.18	39.61	38.86	0.75
2003/7/10 20:00	41.95	41.89	0.06	40.10	39.95	0.15	38.98	38.80	0.18	39.62	38.87	0.75
2003/7/10 21:00	41.92	41.86	0.06	40.10	39.96	0.14	39.00	38.83	0.17	39.62	38.88	0.74
2003/7/10 22:00	41.88	41.82	0.06	40.10	39.96	0.14	39.02	38.85	0.17	39.62	38.89	0.73
2003/7/10 23:00	41.85	41.79	0.06	40.10	39.96	0.14	39.04	38.87	0.17	39.63	38.91	0.72
2003/7/11 0:00	41.81	41.76	0.05	40.11	39.97	0.14	39.06	38.90	0.16	39.63	38.92	0.71
2003/7/11 1:00	41.76	41.70	0.06	40.11	39.97	0.14	39.07	38.91	0.16	39.63	38.92	0.71
2003/7/11 2:00	41.70	41.64	0.06	40.09	39.96	0.13	39.06	38.90	0.16	39.62	38.91	0.71
2003/7/11 3:00	41.64	41.57	0.07	40.07	39.93	0.14	39.05	38.89	0.16	39.59	38.88	0.71
2003/7/11 4:00	41.56	41.50	0.06	40.03	39.89	0.14	39.02	38.86	0.16	39.56	38.85	0.71
2003/7/11 5:00	41.49	41.42	0.07	39.99	39.85	0.14	38.99	38.83	0.16	39.52	38.81	0.71
2003/7/11 6:00	41.40	41.34	0.06	39.95	39.81	0.14	38.96	38.80	0.16	39.48	38.77	0.71

续表

时间	津市站 不开闸	津市站 开闸	津市站 水位差	官垸站 不开闸	官垸站 开闸	官垸站 水位差	自治局站 不开闸	自治局站 开闸	自治局站 水位差	分洪闸 不开闸	分洪闸 开闸	分洪闸 水位差
2003/7/11 7:00	41.32	41.25	0.07	39.90	39.76	0.14	38.92	38.76	0.16	39.44	38.72	0.72
2003/7/11 8:00	41.23	41.17	0.06	39.85	39.71	0.14	38.89	38.73	0.16	39.39	38.68	0.71
2003/7/11 9:00	41.15	41.07	0.08	39.80	39.66	0.14	38.85	38.69	0.16	39.35	38.63	0.72
2003/7/11 10:00	41.05	40.98	0.07	39.75	39.61	0.14	38.82	38.66	0.16	39.30	38.58	0.72
2003/7/11 11:00	40.96	40.89	0.07	39.69	39.55	0.14	38.78	38.62	0.16	39.25	38.53	0.72
2003/7/11 12:00	40.87	40.79	0.08	39.64	39.50	0.14	38.75	38.59	0.16	39.20	38.49	0.71
2003/7/11 13:00	40.77	40.69	0.08	39.58	39.44	0.14	38.72	38.56	0.16	39.15	38.43	0.72
2003/7/11 14:00	40.67	40.60	0.07	39.52	39.39	0.13	38.68	38.52	0.16	39.10	38.38	0.72
2003/7/11 15:00	40.58	40.50	0.08	39.47	39.33	0.14	38.65	38.49	0.16	39.05	38.33	0.72
2003/7/11 16:00	40.48	40.40	0.08	39.41	39.27	0.14	38.61	38.45	0.16	39.00	38.28	0.72
2003/7/11 17:00	40.38	40.29	0.09	39.35	39.21	0.14	38.58	38.42	0.16	38.94	38.23	0.71
2003/7/11 18:00	40.27	40.19	0.08	39.29	39.16	0.13	38.55	38.39	0.16	38.89	38.18	0.71
2003/7/11 19:00	40.17	40.09	0.08	39.24	39.10	0.14	38.52	38.36	0.16	38.84	38.13	0.71
2003/7/11 20:00	40.07	39.98	0.09	39.18	39.04	0.14	38.49	38.33	0.16	38.79	38.08	0.71
2003/7/11 21:00	39.96	39.87	0.09	39.12	38.98	0.14	38.45	38.29	0.16	38.73	38.02	0.71
2003/7/11 22:00	39.86	39.77	0.09	39.06	38.92	0.14	38.42	38.26	0.16	38.68	37.97	0.71
2003/7/11 23:00	39.75	39.66	0.09	39.00	38.86	0.14	38.39	38.23	0.16	38.63	37.92	0.71
2003/7/12 0:00	39.64	39.55	0.09	38.95	38.80	0.15	38.36	38.20	0.16	38.58	38.45	0.13

4.5 小结

本项目构建了西官垸洪水演进水动力模型,开展了典型堤垸分洪闸分洪过程洪水演进模拟,对西官垸 1998 年和 2003 年洪水情况下垸内水位情况进行模拟计算与分析,得出以下结论。

西官垸内开闸蓄水能较为明显地降低松澧地区河道水位。如遇 1998 年洪水,西官垸分洪闸开闸分洪后,洪水快速由南向北流动,开闸 6 h 后,洪水快速淹没西官垸南部区域;开闸 15 h 后洪水初步包围西官垸安全区;开闸 24 h 后洪水完全覆盖除安全区外的西官垸中南部区域;开闸 72 h 后,西官垸内部各处的水位基本稳定在 36.67 m,水深为 3.5~6.8 m,最大淹没面积达到 70.122 km^2。分洪闸完全打开后,对比不启用西官垸分洪,官垸站点水位下降值基本维持在 0.14~0.17 m,自治局站点水位下降值在 0.11~0.15 m,分洪闸附近位置水位下降值基本维持在 0.85 m 左右,津市站点水位下降值较小,均在 0.08 m 以内。

如遇 2003 年典型洪水过程,西官垸分洪闸开闸分洪后洪水过程和 1998 年一致,开闸 72 h,西官垸内部各处的水位基本稳定在 36.83 m,水深 3.20~7.01 m,最大淹没面积达到 69.62 km^2。分洪闸完全打开后,对比不启用西官垸分洪,官垸站点水位下降值基本维持在 0.14~0.20 m,自治局站点水位下降值维持在 0.16~0.30 m,分洪闸附近位置水位下降值基本维持在 0.71 m 左右,津市站点水位下降值较小,均在 0.09 m 以内。

第五章
西官垸河道水环境调度模拟

根据西官垸水环境调查、水环境问题诊断和识别结果,基于 EFDC 模型源代码建立西官垸水环境数学模型,EFDC 模型内部分为多个相互耦合较为紧密的模块,可以实现对水动力、温度、沉积物、波浪、有毒物质及水质等不同内容的模拟。本项目首先对水体水动力进行计算,基于此构建西官垸水质模型,用于模拟与比较枯水期垸内水质保障调度方案效果。

5.1 一维河网水质模拟

5.1.1 水动力模型

模型在水平上采用正交曲线网格或者笛卡尔坐标网格,在垂向上采用 σ 坐标网格。水动力控制方程主要遵循的守恒定律包括:质量守恒定律、能量守恒定律、动量守恒定律。其基本方程详见 4.1.1。

5.1.2 水质模型

水质模型的变量定义和动力学过程描述源于 CE-QUAL-ICM 水质模型,水质变量的控制方程基于质量守恒,其方程表达式为

$$\frac{\partial}{\partial t}(m_x m_y HC) + \frac{\partial}{\partial x}(m_y HuC) + \frac{\partial}{\partial y}(m_x HvC) + \frac{\partial}{\partial z}(m_x m_y wC)$$
$$= \frac{\partial}{\partial x}\left(\frac{m_y HA_x}{m_x}\frac{\partial C}{\partial x}\right) + \frac{\partial}{\partial y}\left(\frac{m_x HA_y}{m_y}\frac{\partial C}{\partial y}\right) + \frac{\partial}{\partial z}\left(m_x m_y \frac{A_z}{H}\frac{\partial C}{\partial z}\right) + m_x m_y HS_c$$

(5-1)

$$R_q = \frac{gH\frac{\partial b}{\partial z}}{q^2}\frac{l^2}{H^2} \tag{5-2}$$

式中:C 为某种水质状态变量的浓度(mg/L);t 为时间(s);u、v、w 分别表示曲线坐标系统中在垂向 σ 坐标下 x、y、z 方向的速度分量(m/s);A_x、A_y、A_z 分别为 x、y、z 三个方向的湍流扩散系数(m^2/s);S_c 表示内/外源汇项[mg/(L·s)];H 为水柱深度(m);m_x 和 m_y 分别为 x 和 y 方向上的曲线坐标变换因子。

式(5-1)中等号左边后三项为对流传输项,等号右边前三项表示扩散传输项,这六项类似于前面盐度和温度水动力模型的质量平衡方程。方程(5-1)求解时采用分裂过程,即与物理传输方程脱耦。

$$\frac{\partial C}{\partial t} = S_c \tag{5-3}$$

$$\frac{\partial}{\partial t}(m_x m_y HC) = \frac{\partial}{\partial t}(m_x m_y HC) + m_x m_y H \frac{\partial C}{\partial t} \quad (5-4)$$

$$\frac{\partial C}{\partial t} = KC + R \quad (5-5)$$

式中：K 为动力学速率，R 为源汇项$[mg/(L \cdot s)]$。

5.2 模型构建

5.2.1 模型计算范围和网格划分

模型的计算范围包括松滋河中、西两支主河道和堤垸内部渠系，共约 35.57 km²，计算范围内松滋河西支长约 40 km，中支长约 31 km。由于天然河流边界弯曲，如果在直角坐标系下进行网格划分，不仅会因为增加了很多网格数量而加大计算量，而且会影响模型的精确度。因此模型采用正交曲线坐标网格，整个计算区域共划分为 42 922 个网格，网格步长（网格的平面空间分辨率）最小为 7.0 m×20.5 m，模型网格如图 5-1 所示。

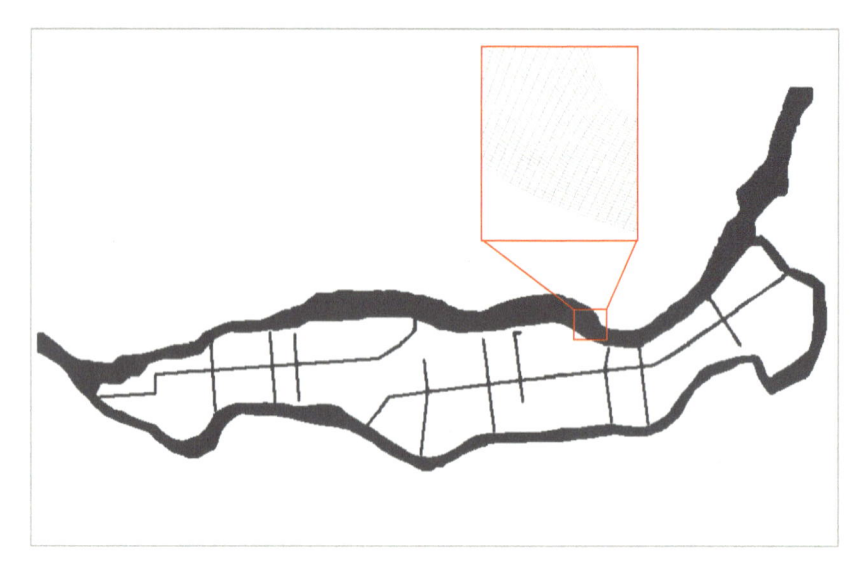

图 5-1 西官垸水动力水质河网模型网格划分示意图

通过遥感影像提取西官垸内水系结构，并根据其所提供的河道地形数据及项目组人员现场测量的数据，将断面散点水深插值到各个网格，得到水深概化图（如图 5-2 所示）。

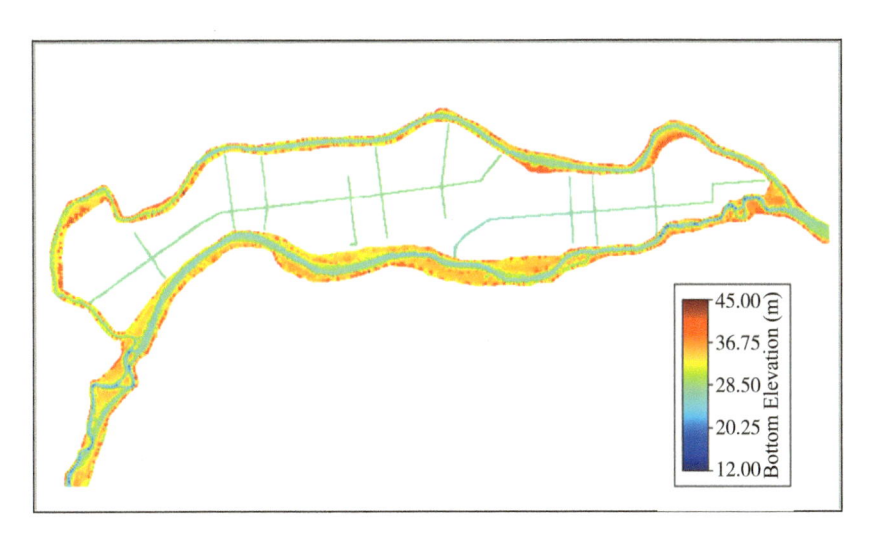

图 5-2 西官垸河道水深概化图

5.2.2 边界条件设置

模型主要边界条件包括入流边界、水位开边界和水工构筑物边界，其中入流边界采用新江口站流量，出流水位开边界采用同时期小望角站水位，水工构筑物边界包括松滋河中、西支与垸内渠道相连的闸坝及泵站，如图 5-3 所示。模型初始水位设定为 28.5 m，闸门开闭情况及泵站流量等根据具体方案设定，水动力边界条件数据来源于湖南省水利厅公开数据。

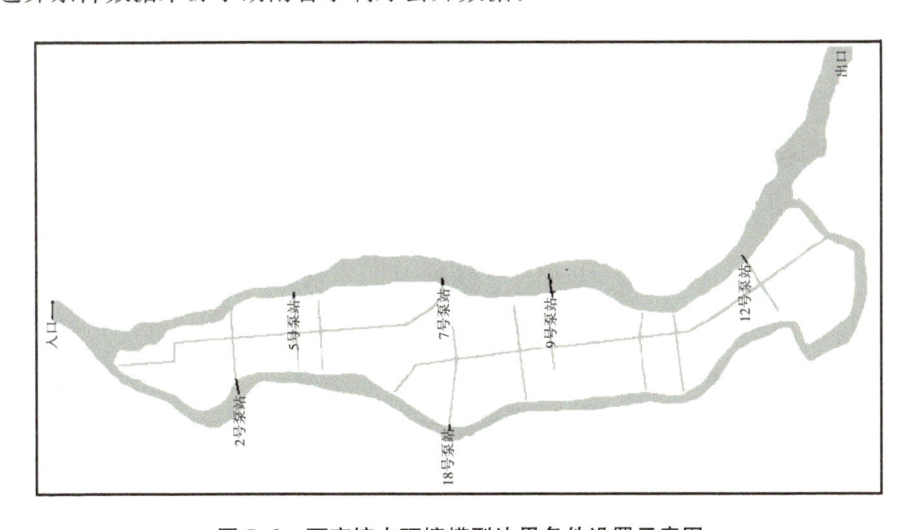

图 5-3 西官垸水环境模型边界条件设置示意图

依据《水质 样品的保存和管理技术规定》(HJ 493—2009),项目组成员对计算范围内河流及渠道水体进行了实地采样,测定获得部分断面水质指标结果,如表5-1所示。根据计算范围内河段水域功能、水质现状及目标,结合《地表水环境质量标准》(GB 3838—2002)可知,研究区域松滋河西支及中支为地表水Ⅱ~Ⅲ类水,垸内渠系为地表水Ⅴ类水,渠系水体主要超标因子为化学需氧量(COD_{Cr})和氨氮(NH_3-N),因此确定本次水质模拟因子为COD_{Cr}和NH_3-N。模型水质边界条件:设定松滋河西支及中支COD_{Cr}和NH_3-N本底浓度为13.04 mg/L和0.43 mg/L,设置垸内渠系COD_{Cr}和NH_3-N本底浓度为68.20 mg/L和1.67 mg/L。

表5-1 计算区域内部分断面水质测定结果

所属河道	断面名称	DO (mg/L)	COD (mg/L)	NH_3-N (mg/L)	TP (mg/L)
松滋河	模拟区域入口	11.90	12.29	0.57	0.062
松滋河	模拟区域出口	12.00	14.82	0.81	0.075
松滋河	6闸附近	14.27	13.04	0.43	0.081
垸内渠系	上主渠	2.35	38.56	1.51	0.150
垸内渠系	下主渠	1.80	68.20	1.67	0.182
垸内渠系	下八支渠	3.57	46.98	0.73	0.145

5.2.3 模型计算参数确定

为确定枯水期垸内水质保障调度方案,模型模拟时间跨度为2020年12月1日至2021年2月27日(即设定天数的第1天到第89天)。采用第1天到35天数据进行参数率定,采用第35天到第89天数据进行验证。固定边界模型的计算域边界不随时间发生变化,而动边界模型的计算域边界随水位涨落而变动,可以模拟松滋河水位的变化过程。此处选择0.01~0.05 m作为干湿网格的临界水深。即当某网格水深>0.05 m时,当作湿网格处理,进行正常的模拟计算;当水深<0.01 m时,此网格变为干网格,不参与计算。考虑模型计算稳定性与计算时间的要求,本次模型采用动态时间步长,最小步长设定为0.3 s,最大步长设定为10 s,初始水温设定为8℃,CPU运算时间为62小时。模型主要参数取值汇总如表5-2所示。

表5-2 西官垸水环境模型主要参数取值表

参数	描述	单位	取值
ΔT	时间步长	s	0.3~10

续表

参数	描述	单位	取值
T	水温	℃	8
AHO	水平动能或物质扩散系数	m²/s	1
AHD	无量纲水平扩散系数	无量纲	0.2
AVO	运动黏性系数背景值	m²/s	0.001
ABO	分子扩散系数背景值	m²/s	1.00E-08
AVMN	最小动能黏性系数	m²/s	0.001

5.3 模型率定

5.3.1 水动力率定与验证

水动力模型采用计算范围内官垸、自治局水文站点 2020 年 12 月 1 日 0 时至 2021 年 1 月 4 日 23 时的水位实测数据进行率定,采用 2021 年 1 月 5 日 0 时至 2021 年 2 月 27 日 23 时的水位实测数据进行验证。水动力模型的参数率定主要考虑河道糙率 n。糙率 n 是衡量河床边壁粗糙程度对水流运动影响并进行相应水文分析的一个重要系数,糙率 n 取值准确与否直接影响着水动力模型的计算精度。天然河道的糙率的确定很复杂,实际上与很多影响因素有关,如河床砂、砾石粒径的大小和组成,河道断面形状的不规则性,河道的弯曲程度,沙地上的草木,河槽的冲积以及河道中设置的人工建筑物等。经模型率定,确定计算区域内各河段的糙率系数为 0.03~0.05。

官垸站及自治局站水位模拟值与实测值比较结果分别见图 5-4 及图 5-5。比较结果显示,官垸断面的平均绝对误差为 0.098 m,均方根误差为 0.114 m,自治局断面的平均绝对误差为 0.072 m,均方根误差为 0.087 m。两个断面的水位验证结果显示,模型所刻画的变化过程与实测结果基本一致,只在个别时间点才会出现较大的偏差,误差均在可接受范围内。这表明所建立的西官垸水动力模型能够准确地模拟河流的水位变化情况。

5.3.2 水质参数率定与验证

参数率定是水质模拟准确度的决定性步骤,通过不断调整模型中的关键参数(主要涉及藻类、氧、碳、氮、磷等)进行水质运算,直至模拟值与实测值接近。参考前人对 COD 及氨氮降解系数的率定结果,利用 2022 年 8 月 16 日至 8 月

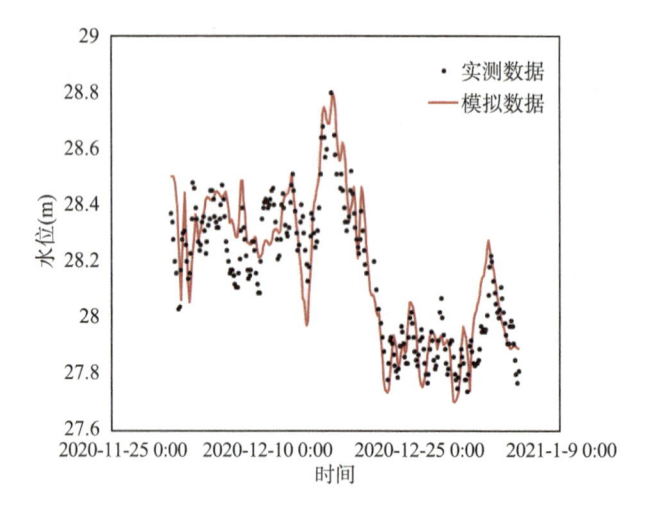

图 5-4　官垸断面水位模拟值与实测值比较图

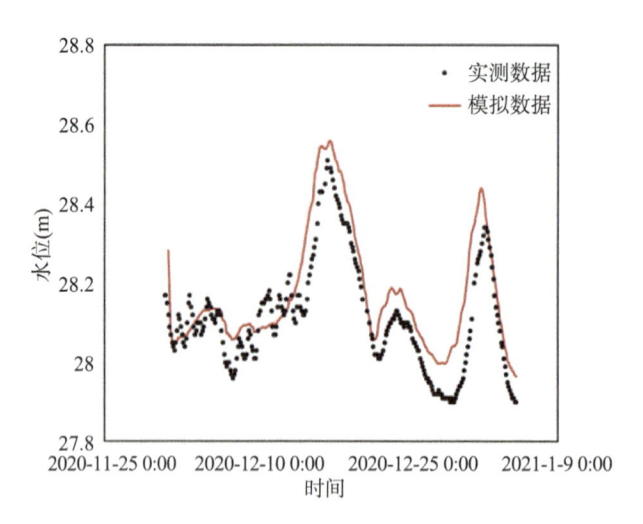

图 5-5　自治局断面水位模拟值与实测值比较图

18 日实地监测的水质数据，对计算区域水质模型进行参数率定，参数率定结果见表 5-3。

表 5-3　西官垸水质模型主要参数率定结果表

参数名称	中文含义	文献参考范围	率定结果	单位
Reaeration Constant	复氧常数	1～5.32	3	—

续表

参数名称	中文含义	文献参考范围	率定结果	单位
Temperature Rate Constant for Reaeration	复氧温度速率常数	1～10	4	—
Oxygen Half-Saturation Constant for COD Decay	COD降解需氧半饱和常数	0.5～2	1	mg/L
COD Decay Rate	COD衰减系数	0.01～0.6	0.01	1/d
Oxygen Half-Saturation Constant for Nitrification	DO对硝化作用半饱和常数	0.01～1	0.07	O_2/m^3
NH_4 Half-Saturation Constant for Nitrification	NH_4对硝化作用半饱和常数	0.1～1	0.05	N/m^3
Reference Temperature for Nitrification	硝化参考温度	10～30	20	℃

5.4 模拟结果及水质保障调度方案制定

本节根据所构建的西官垸水环境数值模型，以有效改善西官垸内渠道水质、提高水环境质量为目标，以河道特征、水质变化状况及水利工程设施功能等为依据，本着科学、合理、有序的原则，制定枯水期垸内渠道水质保障调度方案。

5.4.1 调水范围和目标

充分利用现有水利设施，包括计算范围内连接松滋河与上七支渠、上九支渠、下一支渠、下四支渠、下七支渠等之间的闸坝，通过水量调度对垸内渠道进行生态换水、科学调度、合理安排，改善垸内渠道水质，提升环境面貌。

5.4.2 调水原则

(1) 闸坝调度，优化水动力，提高水体自净能力；
(2) 原则上水体的流向遵循由高向低的走向；
(3) 加强垸内渠道水质巡查，及时掌握水质情况，发现问题迅速处置。

5.4.3 调度方案制定

根据现状水质，利用区域现有闸坝及泵站进行联合调度，各方案具体调度情况如表5-4所示。

表 5-4　西官垸水质保障调度方案制定

水利设施	方案 1	方案 2	方案 3
2 号泵站	$2 \text{ m}^3/\text{s}$	$1 \text{ m}^3/\text{s}$	$0 \text{ m}^3/\text{s}$
5 号泵站	$2 \text{ m}^3/\text{s}$	$2 \text{ m}^3/\text{s}$	$4 \text{ m}^3/\text{s}$
7 号泵站	$2 \text{ m}^3/\text{s}$	$3 \text{ m}^3/\text{s}$	$2 \text{ m}^3/\text{s}$
9 号泵站	$2 \text{ m}^3/\text{s}$	$2 \text{ m}^3/\text{s}$	$4 \text{ m}^3/\text{s}$
11 号泵站	$2 \text{ m}^3/\text{s}$	$3 \text{ m}^3/\text{s}$	$4 \text{ m}^3/\text{s}$
18 号泵站	$2 \text{ m}^3/\text{s}$	$1 \text{ m}^3/\text{s}$	$2 \text{ m}^3/\text{s}$

5.4.3.1　方案一计算结果及分析

在垸内渠道水质全为劣 V 类,且沿河两岸无污染物排放的前提下,2 号、5 号、7 号、9 号、11 号、18 号泵站都以 $2 \text{ m}^3/\text{s}$ 的流量工作,其中 2 号、5 号、9 号、18 号泵站由外河向渠道引水,7 号、11 号泵站将渠道水向外排,COD 和氨氮扩散结果分别如图 5-6、图 5-7 所示。

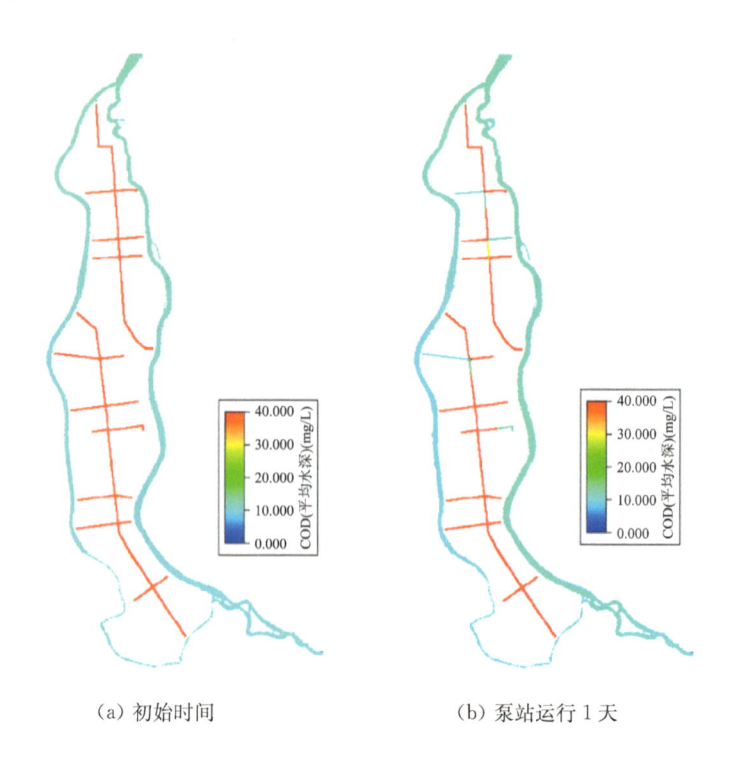

(a) 初始时间　　　　　　　　(b) 泵站运行 1 天

第五章　西官垾河道水环境调度模拟

(c) 泵站运行 3 天 4 小时　　　　(d) 泵站运行 6 天

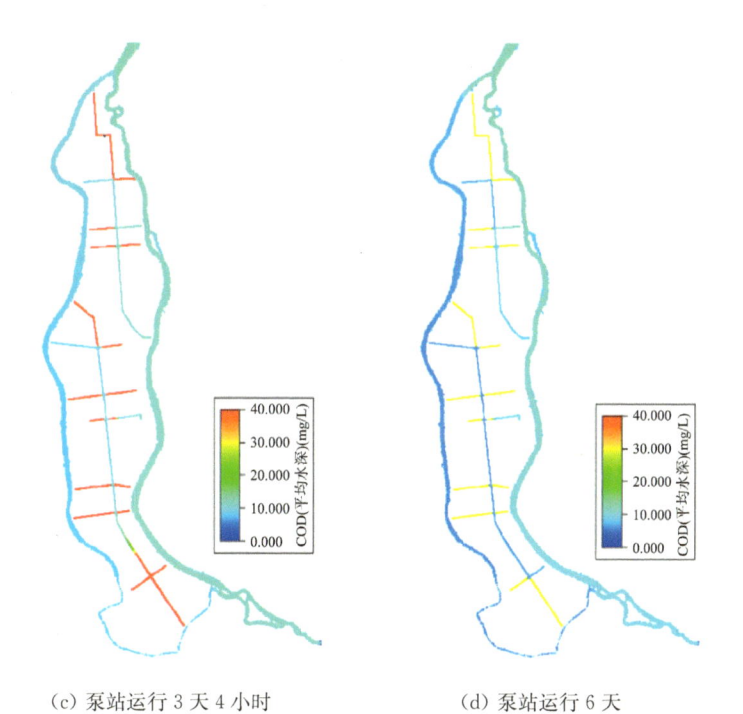

图 5-6　方案一 COD 时空分布图

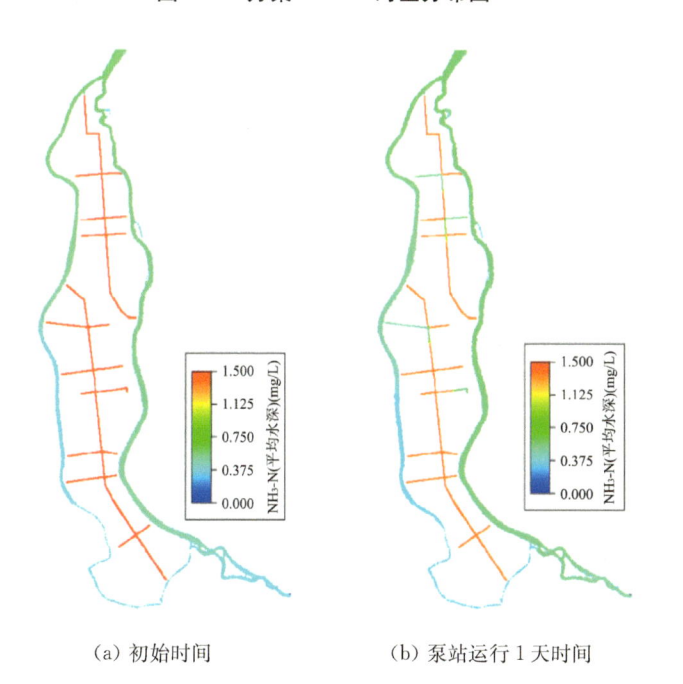

(a) 初始时间　　　　(b) 泵站运行 1 天时间

图 5-7　方案一氨氮时空分布图

由图 5-6 和图 5-7 可知,在方案一情景下,泵站运行 1 天后垸内仍然有大部分渠道水质为劣Ⅴ类(COD>40 mg/L),泵站进行联合调度运行 3 天 4 小时后,垸内渠道水质均可满足Ⅴ类水标准(COD<40 mg/L);调度方案执行 6 天后,垸内渠道水质均可满足Ⅳ类水标准(COD<30 mg/L)。对氨氮指数而言,由于其原本超标情况并不严重,调水使得垸内渠道氨氮浓度迅速下降,方案执行 1 天后,垸内渠道水质均可满足Ⅳ类水标准(NH_3-N<1.5 mg/L)。

5.4.3.2 方案二计算结果及分析

在垸内渠道水质全为劣Ⅴ类,且沿河两岸无污染物排放的前提下,2 号、5 号、9 号、18 号泵站分别以 1 m^3/s、2 m^3/s、2 m^3/s、1 m^3/s 的流量将外河水引向渠道,7 号、11 号泵站均以 3 m^3/s 的流量将渠道水向外排,COD 和氨氮扩散结果分别如图 5-8、图 5-9 所示。

由图可知,在方案二情景下,泵站运行 1 天后垸内仍然有大部分渠道水质为劣Ⅴ类(COD>40 mg/L),且相比于方案一水质改善效果更差,泵站进行联合调度运行 3 天 6 小时后,垸内渠道水质均可满足Ⅴ类水标准(COD<40 mg/L);与方案一相同,为确保垸内渠道水质均满足Ⅳ类水标准(COD<30 mg/L),方案二需执行 6 天。由于垸内渠道原本氨氮超标情况并不严重,方案二在执行 1 天后,同样可使所有垸内渠道水质满足Ⅳ类水标准(NH_3-N<1.5 mg/L)。

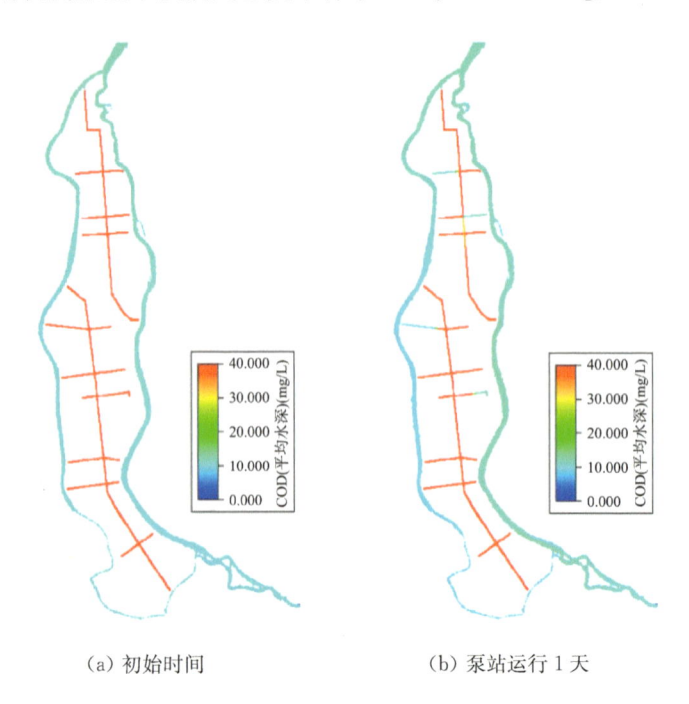

(a) 初始时间　　　　　　　(b) 泵站运行 1 天

(c)泵站运行3天6小时　　　　(d)泵站运行6天

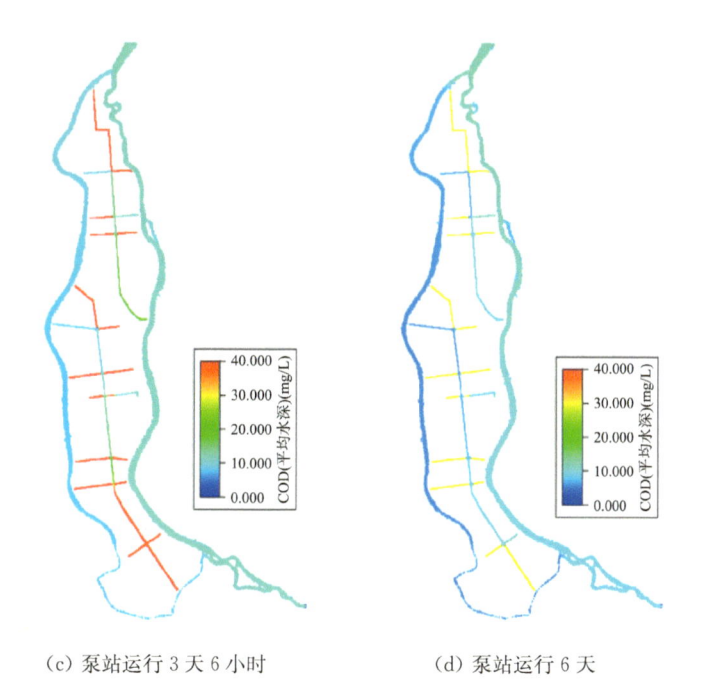

图 5-8　方案二 COD 时空分布图

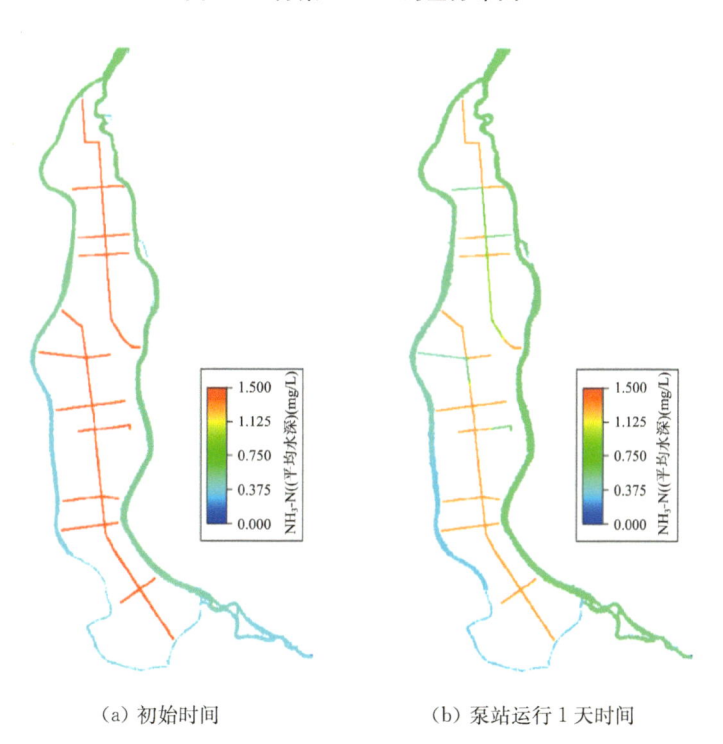

(a)初始时间　　　　(b)泵站运行1天时间

图 5-9　方案二氨氮时空分布图

5.4.3.3 方案三计算结果及分析

在垸内渠道水质全为劣Ⅴ类,且沿河两岸无污染物排放的前提下,关闭2号泵站,5号、9号、18号泵站分别以4 m³/s、4 m³/s、2 m³/s的流量将外河水引向渠道,7号、11号泵站分别以2 m³/s、4 m³/s的流量将渠道水向外排,COD和氨氮扩散结果分别如图5-10、图5-11所示。

(a) 初始时间　　　　　　(b) 泵站运行1天

(c) 泵站运行4天4小时　　(d) 泵站运行7天

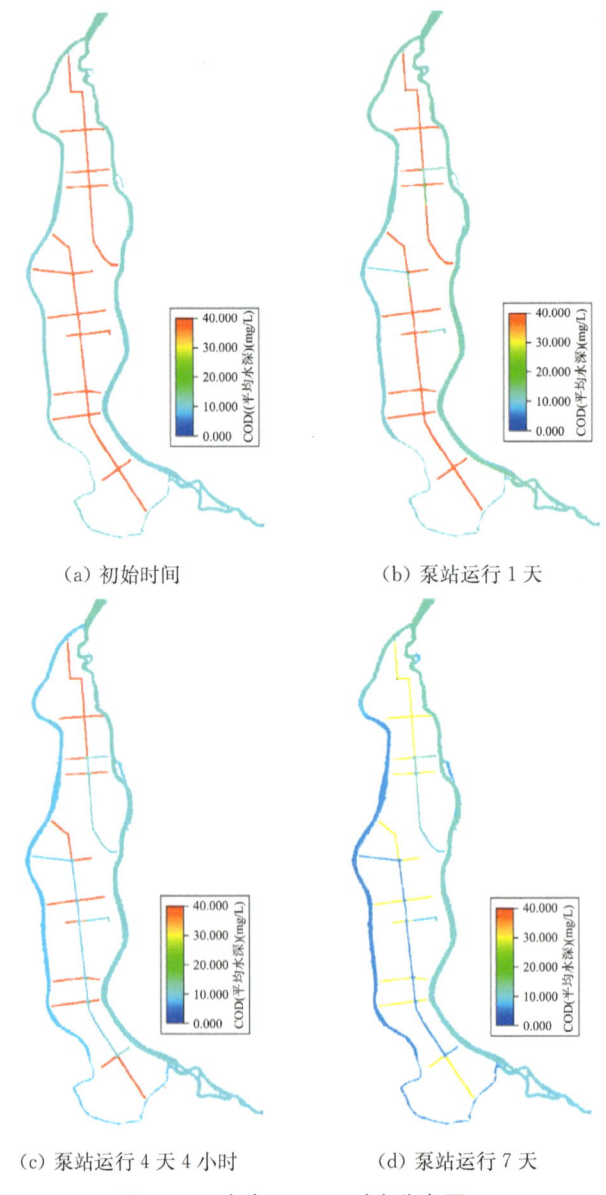

图 5-10　方案三 COD 时空分布图

(a) 初始时间　　　　　　　　(b) 泵站运行 1 天时间

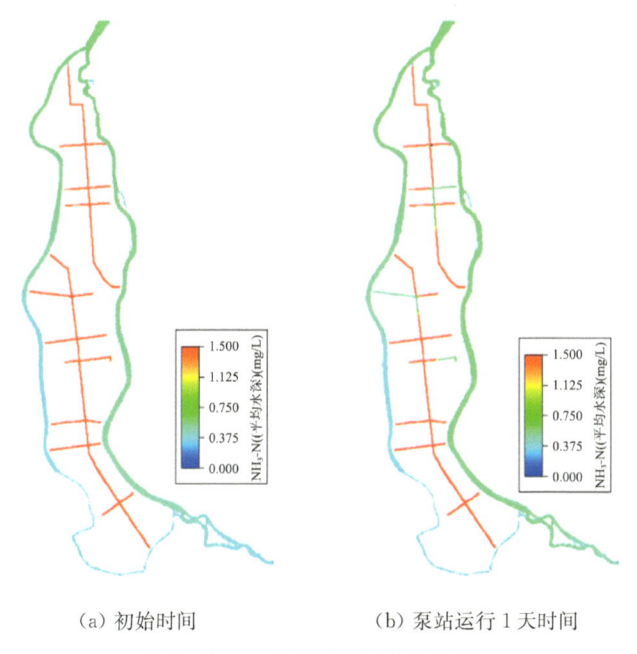

图 5-11　方案三氨氮时空分布图

由图可知,在方案三情景下,泵站运行 1 天后垸内仍然有大部分渠道水质为劣Ⅴ类(COD>40 mg/L),为确保垸内渠道水质均满足Ⅴ类水标准(COD<40 mg/L),泵站联合调度需运行 4 天 4 小时,为确保垸内渠道水质均满足Ⅳ类水标准(COD<30 mg/L),方案需执行 7 天,由此可见,方案三相较于方案一和方案二效果更差。

5.5　小结

本章充分考虑现有水利设施(研究范围内连接松滋河与上七支渠、上九支渠、下一支渠、下四支渠、下七支渠等之间的闸坝),利用水量调度对垸内渠道进行生态换水,开展西官垸垸内河道水环境调度模拟。

总体来说,使用不同调度方式运行 1 天后,垸内仍然有大部分渠道水质为劣Ⅴ类。方案一(各泵站均以 2 m³/s 流量工作)可使垸内渠道中 COD 浓度最快满足Ⅴ类水标准,所需时间为 3 天 4 小时;方案一、方案二在方案执行 6 天后均可使得垸内渠道中 COD 浓度满足Ⅳ类水标准。对于氨氮指数而言,由于其原本超标情况并不严重,方案一、方案二调水均可使得垸内渠道氨氮浓度迅速下降,方案执行 1 天后垸内渠道氨氮浓度可满足Ⅳ类水标准。

第六章
洞庭湖河道堤垸及分洪可视化数字平台

洞庭湖河道堤垸及分洪可视化数字平台是可展示洞庭湖区基础信息及工程设施的可视化系统及进行大湖模块模拟展示的三维虚拟场景窗口,系统可提供常规三维场景、空间要素定位、空间分析、场景配置应用、场景加载与模拟、大湖模型模拟等功能。

6.1 基本功能

6.1.1 基础信息展示

基础信息展示即将收集和整理的历史资料及其他水利信息,以及洞庭湖区空间地理、水利工程、经济社会等数据资料,在平台首页展示。展示主要包括以下内容(图 6-1):

(1) 洞庭湖区堤垸、撇洪工程、涵闸、水库、泵站等基础工程信息;
(2) 洞庭湖区经济社会、土地面积等基本信息。

图 6-1 基础信息展示

6.1.2 基础功能

基础功能模块主要提供场景中常用的功能,包括图层列表、地形夸张、天气特效、测量工具、标绘工具、视域分析等。

(1) 图层列表:主要实现当前场景中加载的地形服务、地图服务和模型数据等(如图 6-2 所示)。
(2) 地形夸张:当地形不够明显时,通过地形夸张工具来实现地形的差异化(如图 6-3 所示)。

图 6-2　图层列表

图 6-3　地形夸张效果

（3）天气特效：通过天气特效可以模拟场景中的天气情况，主要包括雨天、雾天和雪天场景特效（如图 6-4 所示）。

（4）测量工具：系统主要提供测量水平距离、垂直距离、空间距离和水平面积的工具。

① 水平距离测量:在同一个水平面上两点之间距离的测量(如图 6-5 所示)。
② 垂直距离测量:两点之间垂直高度距离的测量。
③ 空间距离测量:空间上任意两点之间的距离测量。
④ 水平面积测量:同一水平面上任意多边形的面积测量。

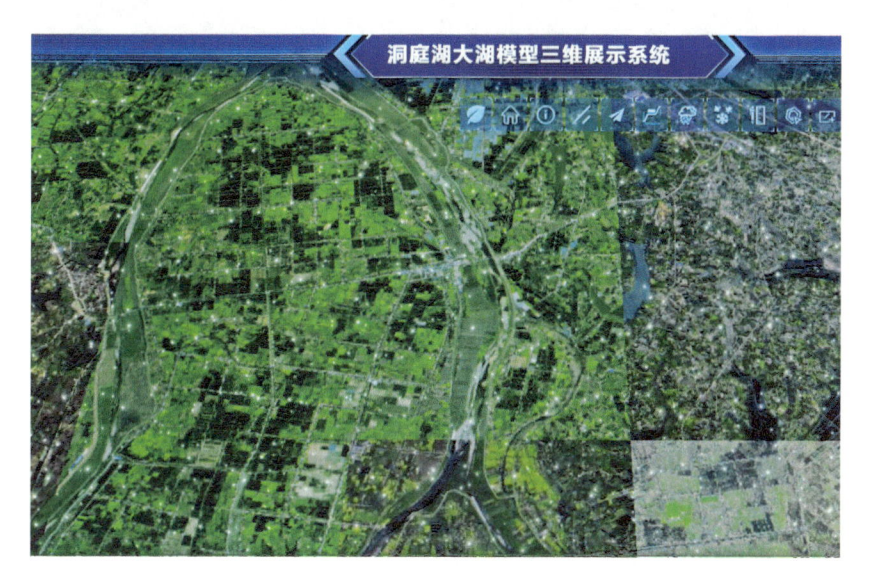

图 6-4　下雪特效

图 6-5　距离测量

（5）标绘工具：标绘工具提供直线箭头、攻击箭头和钳击箭头三种进攻路线图形的标绘，便于表达洪水趋势或影响趋势（如图 6-6 所示）。

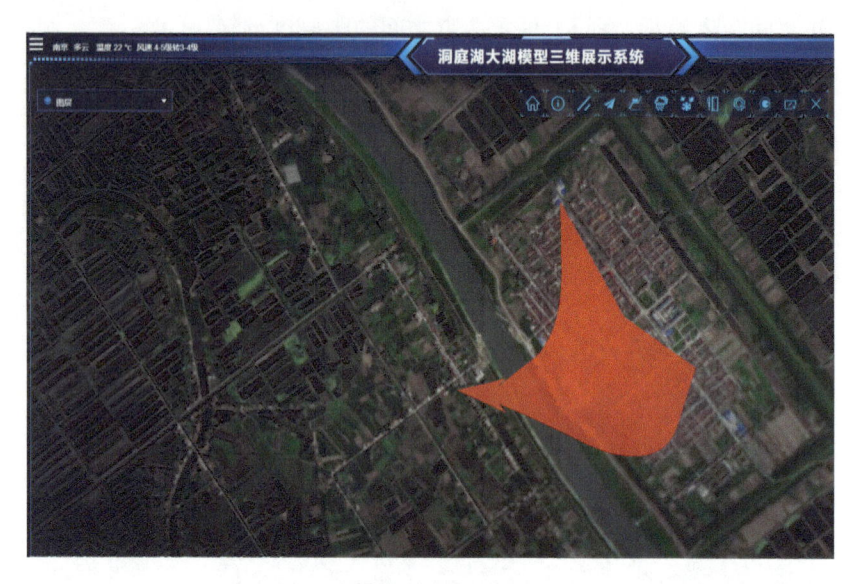

图 6-6　标绘工具

（6）视域分析：计算某个位置可视域范围，通过选择观测点，拖动鼠标绘制视域范围，自动显示可视域和不可视域范围。可视域范围为绿色，不可视域范围为红色（如图 6-7 所示）。

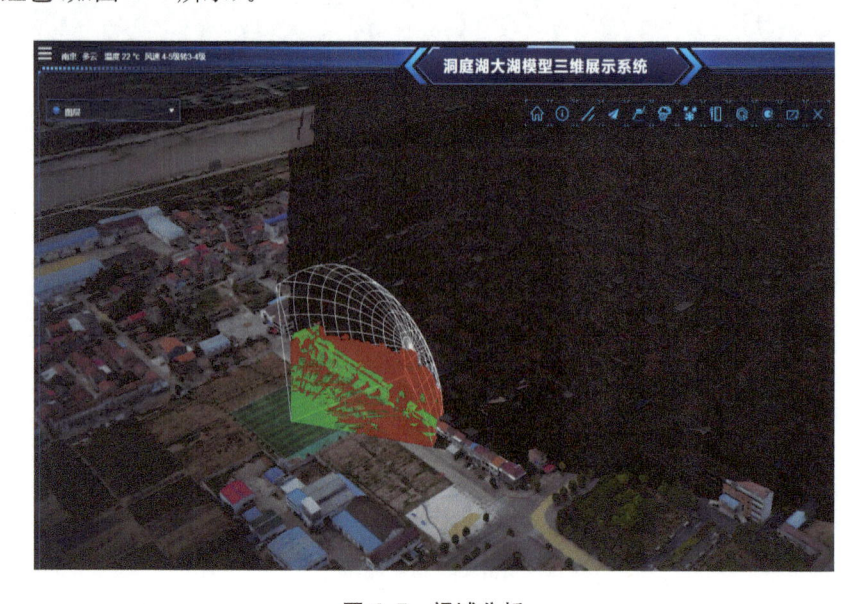

图 6-7　视域分析

（7）草图工具：草图工具提供点、线、面（多边形、矩形和圆）的绘制（如图 6-8 所示）。草图绘制的点、线、面支持贴附在地形、倾斜三维模型之上，方便用户快速标记地形、构筑物等。

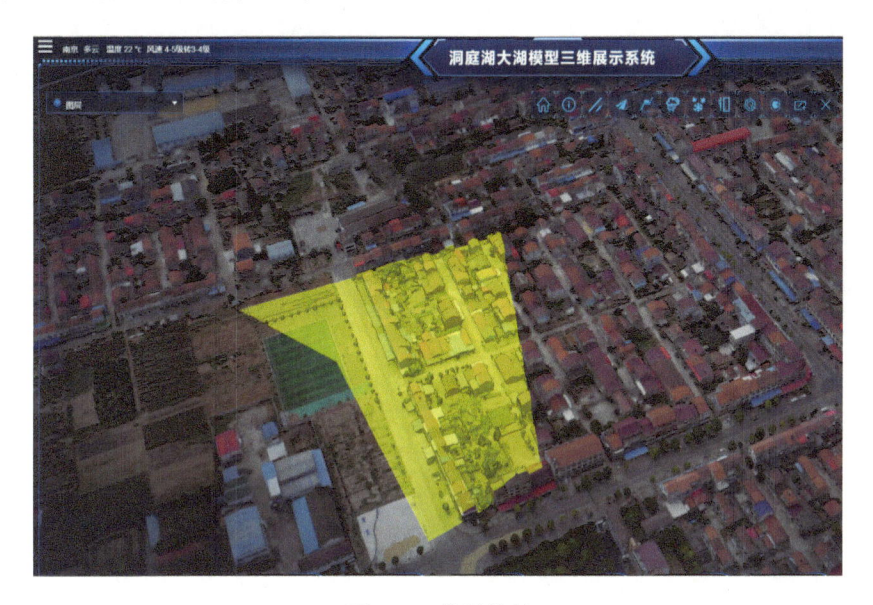

图 6-8　草图绘制

6.2　后台管理

6.2.1　场景管理

场景管理功能可便于用户通过三维场景展示系统自定义场景的配置和管理。通过管理功能，用户可以管理场景中的底图、地形和倾斜模型等基底三维模型数据，同时可以对场景中水利工程、泵、闸、大湖模型参数进行管理维护。

6.2.2　垸区信息

垸区信息管理主要实现三大垸（钱粮湖垸、大通湖东垸、共双茶垸）、三小垸（澧南垸、西官垸、围堤湖垸），以及城西垸和民主垸分区等重点区域基础信息的管理和维护；同时以洞庭湖 11 个重点垸、24 个蓄洪垸为对象，协调整合历史研究成果、平行单位的水利信息数据源，并收集、整理区域空间地理、堤防范围、级别及高程、蓄滞洪区布局、典型河段水下地形及气象、环境、经济社会等数据资料（界面如图 6-9 所示）。

图 6-9　垸区信息管理

6.2.3　基础数据

基础数据管理主要是指对三维模型数据的管理和维护。三维模型数据是三维场景构建的重要基础数据，也是大湖模型模拟分析重要的基础数据。基础数据主要包括垸区地形、场景模型、地图服务和底图服务几方面内容。

垸区地形：主要包括垸区 Dem 数据、倾斜模型、激光点云等模型数据。地形数据是三维场景的基底图据，是一切场景构建的基础。垸区地形数据符合空间数据标准，自带模型空间坐标信息，不需要用户调整模型位置和大小（图 6-10）。

图 6-10　垸区地形管理

场景模型：主要是指不带有地理空间位置坐标信息的模型，主要包括手工建模模型、BIM 模型等。

地图服务：主要包括管理和维护二维矢量数据服务。

底图服务：主要包括维护影像服务等。

6.2.4 分析模拟

分析模拟可实现对洪水模拟和河堤预警等基础信息的管理和维护。用户上传洪水模拟范围和河堤预警段范围后，三维场景展示平台中可根据模拟范围提供洪水淹没模拟（图 6-11）和预警区域动态展示。

图 6-11　洪水模拟数据管理

6.2.5 共享管理

模拟分析数据支持共享管理，可通过共享管理平台（图 6-12）向其他单位提供模拟分析数据的支持。共享管理模块主要包括共享机构管理和共享权限管理。

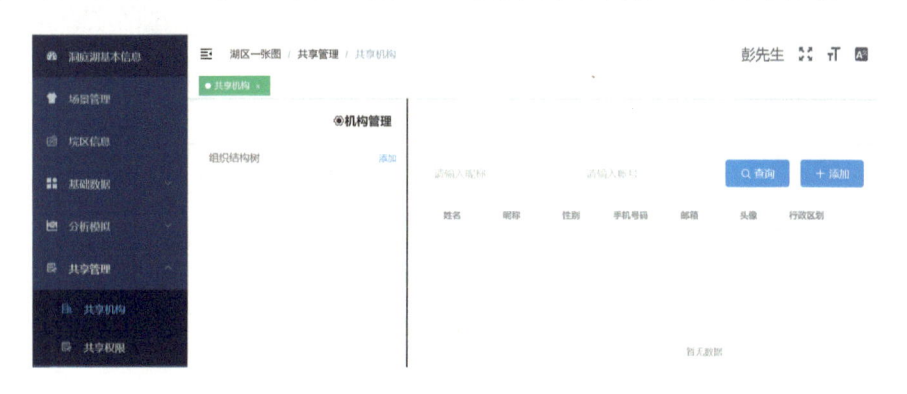

图 6-12　共享管理

共享机构:模拟数据支持对第三方单位的共享,为了实现权限的控制,需要对共享单位进行管理和维护。

共享权限:管理共享单位权限的范围。

6.2.6 权限管理

权限管理可实现系统功能模块的权限配置和管理,主要包括菜单管理、系统用户和系统角色三大块。

菜单管理:实现在后台各功能模块和三维展示系统中各功能模块的地址管理和维护(图 6-13)。

图 6-13 菜单管理

系统用户:管理和维护可登录系统的用户基础信息,支持启用和禁用用户信息(图 6-14)。

图 6-14 用户管理

系统角色：用户可以对具有一类权限的人员统一一种权限类型，通过创建用户角色，并为角色分配用户和可控制系统功能模块，从而实现权限的分配管理（图 6-15）。

图 6-15　权限分配

6.2.7　系统管理

系统管理可实现对行政区划基本信息（图 6-16）和系统运行日志的管理和维护。

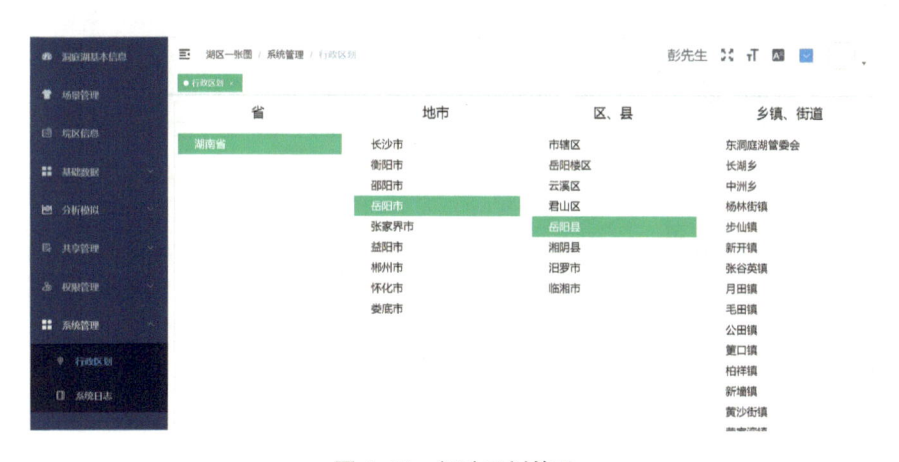

图 6-16　行政区划管理

6.3 三维功能

6.3.1 湖区沙盘展示

湖区沙盘展示是基于三维场景大比例尺,加载通过夸张处理的重点垸区、河道、河堤、分洪口和重要监测站点等信息,让用户在相对卡通化的三维场景下看到整个湖区的情况,并可以通过场景交互查看模型模拟成果数据,展示重要节点的过程数据等。图 6-17 为湖区三维沙盘主界面,左边图例展示 24 个重要垸区的名称和编号,与沙盘中数字对应。沙盘中包括以下内容。

图 6-17 湖区三维沙盘

(1) 水面:显示洞庭湖重要河道、湖泊分布情况。

(2) 蓄滞洪区布局:河道和水域周边是河堤的夸张效果,分割不同的垸区,能够让用户快速找到 24 个蓄滞洪区的位置,同时标注了各蓄滞洪区分洪闸、安全台(安全区)位置。

(3) 水文站点:标识了湖区重要水文站点的分布位置及名称。

(4) 堤防:图层放大后可看到 24 个重点垸的三维堤防。

用户可对三维场景进行缩放,随着比例放大,三维场景中沙盘要素逐渐虚化,慢慢地切换到真三维效果,从而实现沙盘效果与真三维效果的无缝衔接(图 6-18)。

第六章 洞庭湖河道堤垸及分洪可视化数字平台

图 6-18 沙盘与真三维切换

6.3.2 场景配置模块

场景配置模块支持用户根据地形数据、影像数据、倾斜模型数据、水利工程模型数据进行三维场景的配置。用户根据需求可配置不同的场景,为方案管理、开闸模拟、分洪模拟、情景模拟和水质模拟等功能模块提供三维基底场景,从而实现历史场景模拟或规划方案的模拟。

场景配置中用户可以创建场景,并在场景中添加基础底图和三维模型,其中 BIM 模型支持用户调整位置、大小、方向等,以满足复杂的场景表达;三维点云、倾斜模型等带有空间地理位置的模型为地理模型,无须用户调整模型位置。

如图 6-19 所示,场景配置中可支持多个场景的管理,可根据情况新建场景后,从基础底图、模型库中选择相应的模型,配置完场景后可将场景保存。用户通过场景列表双击加载设置好的场景。

(1) 场景加载

系统登录时,首先会获取用户已存储的场景信息,默认加载显示一个场景。场景加载时,首先加载地形数据、倾斜模型等三维基底数据,接下来将已配置的模型信息加载并放置到对应的位置,设置好模型的大小、方向和高度,从而实现场景的默认加载。默认场景的加载为其他几个专题功能提供了基础三维场景,用户可进入场景配置列表选择加载新的内容(图 6-20)。

(2) 基础底图配置

通过基础底图配置,用户可以选择加载影像数据、地形数据和倾斜建模数据,构建出三维场景需要的基底数据。基础底图数据都是带有实际坐标的地理

175

图 6-19　场景配置模块主界面

图 6-20　场景加载

空间数据，无须进行空间位置的编辑，用户根据系统中已提供的基础底图数据列表(图 6-21)，根据需求选择基础数据(不同范围、不同类型、不同年度的模型数据)，双击后，系统自动将选择后的基础数据加载进场景中，并将加载的模型显示到场景模型树中，用户可通过树上清单控制模型的显示、隐藏和是否删除。

如图 6-21 所示，基础底图数据可分为地形数据和地理数据。地形数据是数字高程数据，同一个场景中默认只能加载一个模型，因此用户在选择加载地形数据时，系统首先判断当前场景中是否已加载地形数据，提醒用户是否需要对已加载模型进行覆盖。地理数据是指带有空间位置的三维模型数据，主要包括倾斜

图 6-21　基础底图列表

模型、激光点云数据等。

（3）模型设置

模型数据与基础底图数据有所区别，基础底图数据是指带有空间位置的基底数据（如地形数据、倾斜模型数据、激光点云数据等），而常规模型数据是指不带有空间地理位置的三维模块，主要包括手工建模型、BIM 模型等。模型库中一般存放水利工程模型、闸站模型、泵站模型、构筑物模型等。用户根据场景需求选择模型，在三维场景中通过鼠标选择位置后，系统将模型加载进场景中。如需选择加载成功的模型，既可通过鼠标拖动快速设置位置，又可通过模型属性设置模型位置，并支持模型位置微调及高度、大小、方位的调整（图 6-22）。

图 6-22　模型设置

(4) 场景管理

用户可以保存配置好的场景，但在场景编辑前需要选择场景或者新建场景（图 6-23）。

图 6-23　场景新建

用户配置基础底图、放置模型并调配好模型位置后，可通过保存按钮将场景保存下来。

用户可以从三维空间中选择节点，查看站点对应的水文数据（图 6-24）。

图 6-24　水文数据查看

6.3.3 属性查看

用户通过属性查看功能可以在三维场景中选择三维模型或者地图要素,查阅要素的相关属性情况。属性查看需使用鼠标定位具体位置,通过空间分析获取矢量地图服务要素,并显示被选择要素的属性以及当前位置的经纬度和高程信息,如图 6-25 所示。

图 6-25　属性查看

6.3.4 场景漫游

场景漫游支持用户在三维场景中定制第三视角飞行路线,从而配合大湖模型的动态模拟分析,观看不同区域、不同时间内垸区或者河道的水位变化、淹没情况,沉浸式地感受分洪动态模拟情况(图 6-26)。场景漫游能够更好地辅助决策者进行决策分析。

场景漫游包括沿线飞行、绕中心点飞行和原地绕行三种模式。沿线飞行需要先绘制飞行路线,可通过下面的"设定路线"按钮绘制飞行路线;绕中心点飞行是在绘制完飞行路线后,系统计算出飞行路线的中心位置,飞行时相机始终对准

图 6-26　场景漫游设置界面

中心位置；原地绕行是绕绘制的起点 360°旋转飞行。

6.3.5　水下地形

剖面分析工具在用户绘制剖面线后，自动沿剖面线对地形进行切割，以获取切割位置的高程数据，并绘制剖面图形。通过剖面分析工具可以快速地获取不同区域地形的大致情况，并且可以快速判断出断面地形走势等，有利于辅助决策者分析决策（如图 6-27 所示）。

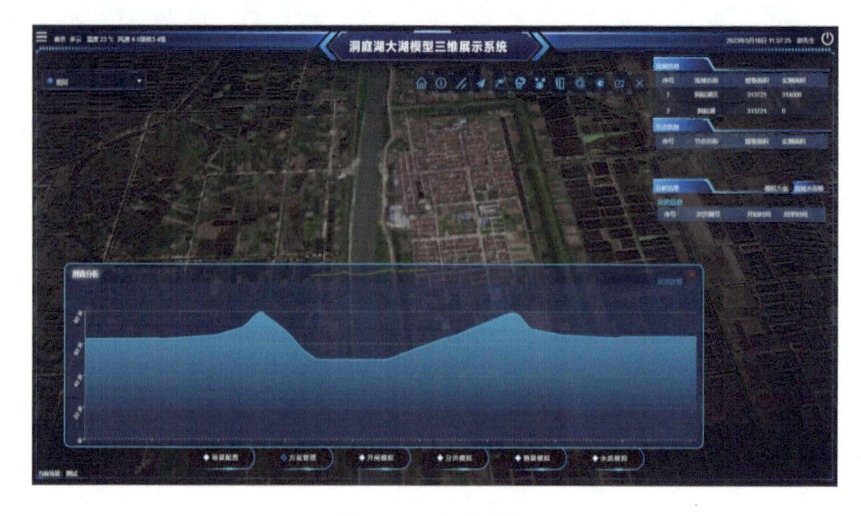

图 6-27　剖面分析

6.4 分洪闸 BIM 模型展示

6.4.1 BIM 技术介绍

建筑信息模型(Building Information Modeling,简称 BIM)是指在建设工程及设施全生命期内,对其物理和功能特性进行数字化表达,并依此设计、施工、运营的过程和结果。BIM 技术是一种多维(三维空间、四维时间、五维成本、N 维更多应用)模型信息集成技术,可以使建设项目的所有参与方(包括政府主管部门、业主、设计方、施工方、监理方、造价方、运营管理者、项目用户等)在项目从概念产生到完全拆除的整个生命周期内都能够在模型中操作信息和在信息中操作模型,从而从根本上改变从业人员依靠符号文字形式的图纸进行项目建设和运营管理的工作方式,实现在建设项目全生命周期内提高工作效率和项目质量、减少错误和风险的目标。

BIM 技术是以三维数字技术为基础,集成了建筑工程项目各种相关信息的工程数据模型,是对工程项目设施实体与功能特性的数字化表达。作为一个完善的信息模型,BIM 技术能够连接建设项目生命期不同阶段的数据、过程和资源,并对工程对象进行完整描述,提供可自动计算、查询、组合拆分的实时工程数据,便于建设项目各参与方普遍使用。其具有单一工程数据源,可解决分布式数据、异构工程数据之间的一致性和全局共享问题,支持建设项目生命周期中工程信息的动态创建、管理和共享,是项目实时的共享数据平台。

BIM 技术特性可具化为可视化、协调性、参数化设计、协同设计和可出图性五大特性。

(1) 可视化:三维可视化是 BIM 最基本的价值,它将传统设计中通过立面图、侧视图和剖面图对建筑、构件的平面二维表达,转换成三维立体、直观、具有关联性的表达,一方面优化了建筑参与人员对项目的真实理解(特别是一些形式各异、样式复杂的建筑结构),另一方面使项目设计、建造、运营过程中的沟通、讨论、决策都在可视化的环境中进行,这种"透明"式的互动与反馈,大大提高了设计效率、决策效率和准确性。

(2) 协调性:BIM 的协调性主要针对设计过程中出现的各专业、各项目信息"不兼容"的问题,在施工前进行碰撞检查,及时发现冲突部位并标记,从而减少设计错误,避免返工。

(3) 参数化设计:参数定义属性的意义在于数据驱动和统计分析。参数化设计时,将建筑构件的几何尺寸和非几何属性以参数的方式添加在三维模型上并实施驱动，一方面可通过参数的改变快速生成构件，大大提高模型的重用性；另一方面可以对门、窗、材料的传热系数、采购信息、受力状况，甚至结构、性能、节能、经济等方面的信息进行统计分析，自动生成信息统计表。

（4）协同设计：基于相同 BIM 设计平台的多专业多团队设计工作模式，辅以实现协同、阶段性协同、三维校审的工作方式，在优化各专业团队工作流程的同时，将各专业建立的模型进行链接，解决了各种错漏碰缺，提高了设计质量和设计效率。

（5）可出图性：通过建立的三维设计模型，一方面可以导出设计方案的三维效果图，以及各构件、部位的平面图、立面图、剖面图、详图、全景视图和漫游视图等，还可以将模型的设计成果做成视频在移动端进行播放或 VR 全景展示；另一方面也可以导出项目、小构件的材料清单和相关的规格、性能信息等。

SketchUp 软件是 BIM 领域常用工具之一，软件中文名为草图大师，是一款操作便捷、功能强大的三维设计软件。SketchUp 建模过程简单明了，在 3D 界面中绘制草图，可自动识别所绘制的曲线并加以捕捉，利用拉伸的方法建立三维模型。SketchUp 实时的材质、光影表现等可以使人获得更加直观的视觉感受，因此，该软件在景观设计、建筑方案设计、城市规划等领域均有广泛应用。SketchUp 的最新版用户界面简洁易懂、工具丰富，能够在 3D Warehouse 里查看地理空间数据信息并查看其他使用者上传的 3D 模型。同时，增加了新的工具包，支持一些布尔函数的操作，很大程度上提高了建模效率，节约了建模成本。SketchUp 软件还提供了与其他 BIM 软件进行数据交互的接口，使其能与其他 BIM 软件结合，快速进行三维建模。

本分洪闸 BIM 项目基于洞庭湖钱粮湖垸、共双茶垸、大通湖东垸、澧南垸、西官垸和围堤湖垸分洪闸设计成果，利用 SketchUp 软件依次完成图纸整理、图纸阅读、构件拆分、构件绘制、构件装配、模型检查等内容，完成了钱粮湖垸、共双茶垸、大通湖东垸、澧南垸、西官垸和围堤湖垸分洪闸 BIM 模型搭建。

6.4.2　基础数据获取

分洪闸 BIM 模型构建的基础是建筑信息数据收集，本项目所需的主要数据为洞庭湖钱粮湖垸、共双茶垸、大通湖东垸、澧南垸、西官垸和围堤湖垸分洪闸设计成果。数据来源于湖南省水利水电勘测设计规划研究总院有限公司。

6.4.3　BIM 模型构建

创建分洪闸 BIM 模型的过程主要分成四个步骤：分洪闸部位的拆分、分洪闸构件的创建、装配空间的参照体系设置、构件的装配搭建。

（1）分洪闸部位的拆分

建模的前提是对分洪闸整体进行合理拆分，可将分洪闸工程划分为三个部分：上游连接段、闸室段、下游连接段（图6-28）。在建模前对这三部分作进一步的细化拆分，具体如下。

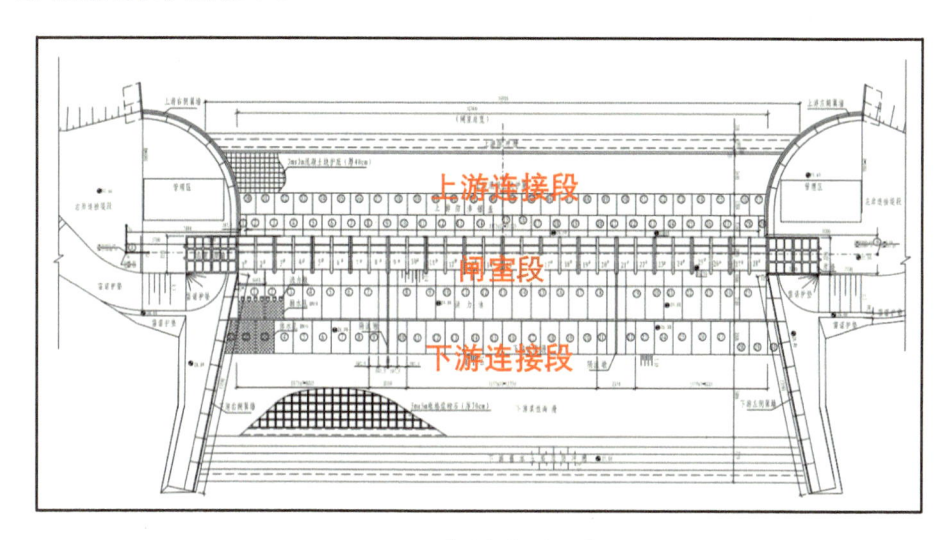

图 6-28　分洪闸拆分示意图

上游连接段：上游翼墙、上游防冲槽、上游护坡、铺盖、上游护底等。上游连接段的主要作用是引导水流平顺地进入闸室，在保护两岸及河床免遭冲刷的同时，与闸室等共同构成防渗地下轮廓，以确保两岸和闸基的抗渗稳定性。

闸室段：闸门、中墩、边墩（岸墙）、底板、胸墙、工作桥、交通桥、启闭机等。闸室连接两岸，主要用于控制水位和流量，并兼具防渗防冲的功能。

下游连接段：护坦、消力池、海漫、下游防冲槽以及下游翼墙和两岸的护坡。下游连接段用以消除过闸水流的剩余能量，引导出闸水流均匀扩散，调整流速分布并减缓流速，防止水流出闸后对下游产生冲刷。

（2）分洪闸构件的创建

本项目运用SketchUp软件对分洪闸的每个构件（如图6-29至图6-32所示）进行创建。分洪闸构件创建的主要步骤：创建构件参照平面及标高，绘制构件草图轮廓，确定构件尺寸，等等。

构件参照平面及标高的创建主要起到了表示构件的空间布局关系及承担构图辅助线的作用。绘制构件草图轮廓及确定构件尺寸是创建构件模型的关键，在SketchUp中可以通过拉伸、旋转、平移等构图命令对构件轮廓进行创建。简单的构件可以运用单次构图命令完成创建，复杂的构件则需要通过多次、组合使

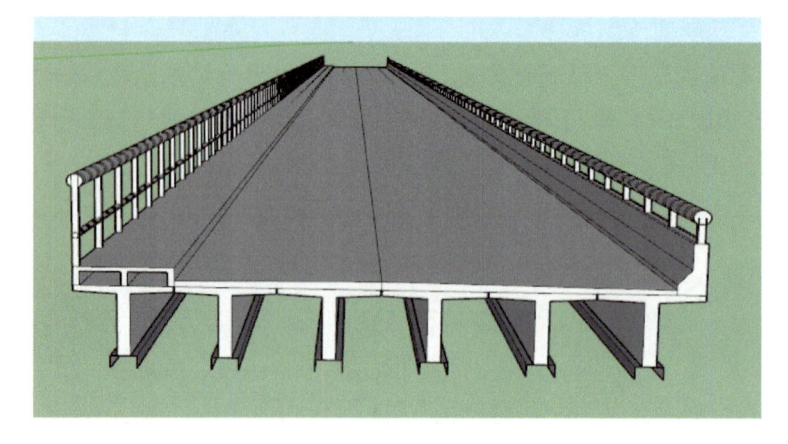

图 6-29　分洪闸工作桥构件

图 6-30　分洪闸控制房构件

图 6-31　分洪闸下游消力池及混凝土海漫构件

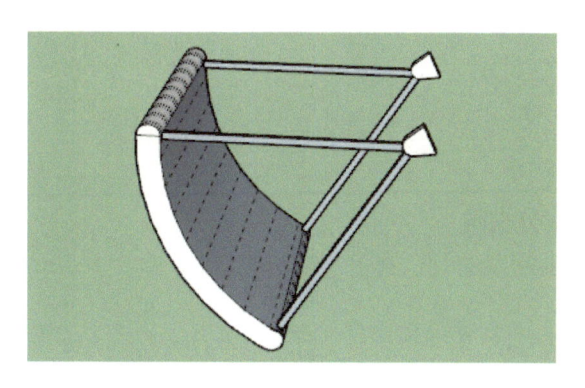

图 6-32　分洪闸闸门构件

用构图命令的方式完成创建。构件创建完成后,需要对构件进行整体锁定,避免装配过程中出错。

(3) 装配空间的参照体系布置

在将项目所需的必要的构件创建完成后,就要对构件进行装配搭建。所有的构件在平面或空间的组合都必须基于同一个基点,而每一条轴网和每一个标高就表达了其对于基点相对的平面位置和绝对的高程位置,因而轴网体系是项目装配的骨架和核心,直接影响到项目各个构件空间布局的准确性。恰当合理的标高和轴网布置不仅能够让项目的组装变得简易,也能免去多余的布置给整体模型带来的冗繁。在进行装配空间的参照体系布置时,应先进行标高布置,在标高布置合理的基础上再进行轴网布置。

(4) 构件的装配搭建

装配空间的参照体系布置好后,需要对所有构件进行装配,创建完整的BIM 模型。在模型装配之前,首先应该整理好装配搭建的思路,整体考虑 BIM 模型的结构和各构件之间的空间逻辑关系,选择合适的装配顺序和步骤。由低标高平面向高标高平面、从上游或下游向另一端,一步步完成构件装配,并检查冲突与碰撞,得到完整、正确的三维模型(如图 6-33 所示)。

图 6-33　装配完成的分洪闸模型

6.4.4 BIM 模型展示

6.4.4.1 三大垸

(1) 钱粮湖垸分洪闸

钱粮湖垸分洪闸共 28 孔,每孔 10 m 宽,闸身长 331.5 m。其 BIM 模型如图 6-34 所示。

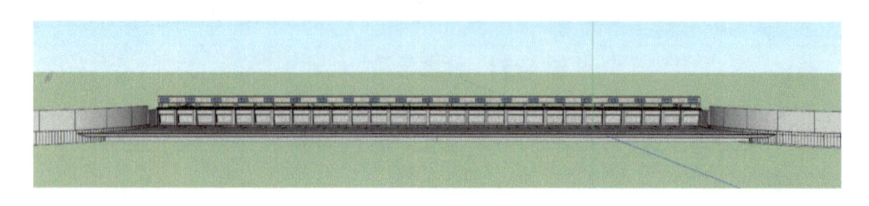

(a) 正视图

(b) 侧视图

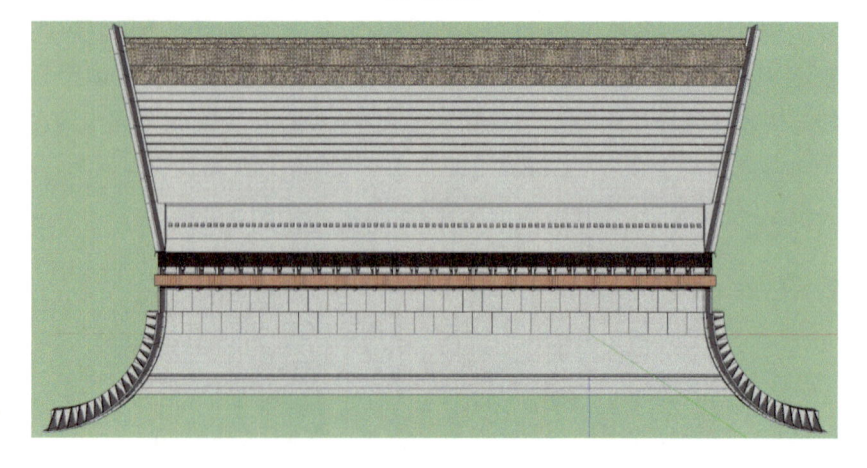

(c) 顶视图

第六章 洞庭湖河道堤垸及分洪可视化数字平台

(d) 总体图

图 6-34 钱粮湖垸分洪闸 BIM 模型

(2) 大通湖东垸分洪闸

大通湖东垸分洪闸共 16 孔,每孔 10 m 宽,闸身长 188 m。其 BIM 模型如图 6-35 所示。

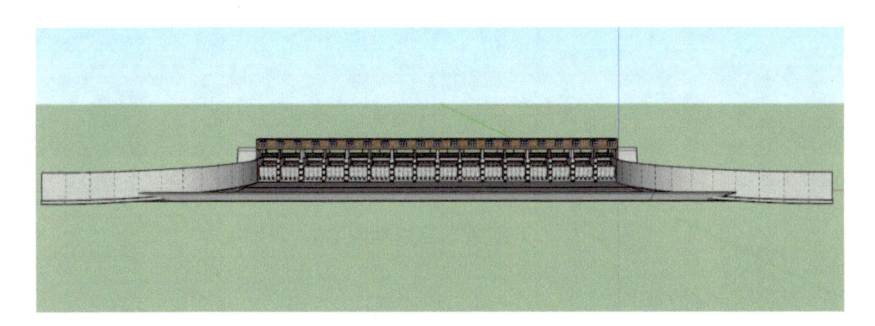

(a) 正视图

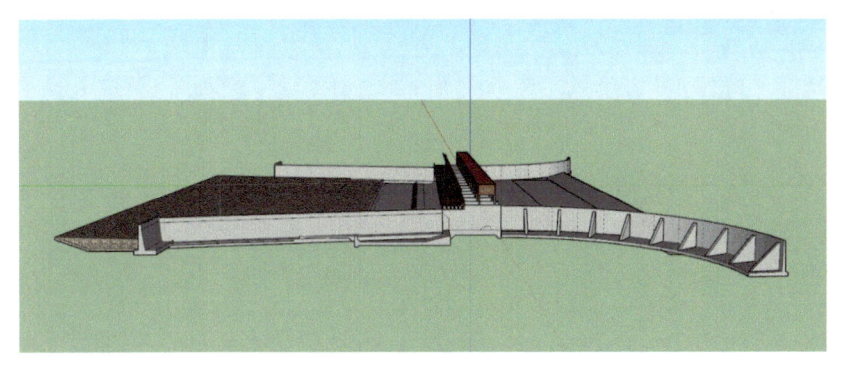

(b) 侧视图

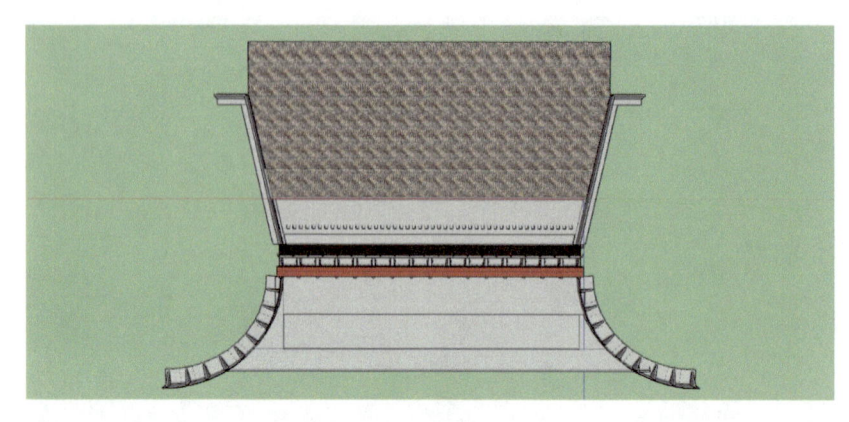

(c) 顶视图

(d) 总体图

图 6-35　大通湖东垸分洪闸 BIM 模型

(3) 共双茶垸分洪闸

共双茶垸分洪闸共 26 孔,每孔 10 m 宽,闸身长 305.5 m。其 BIM 模型如图 6-36 所示。

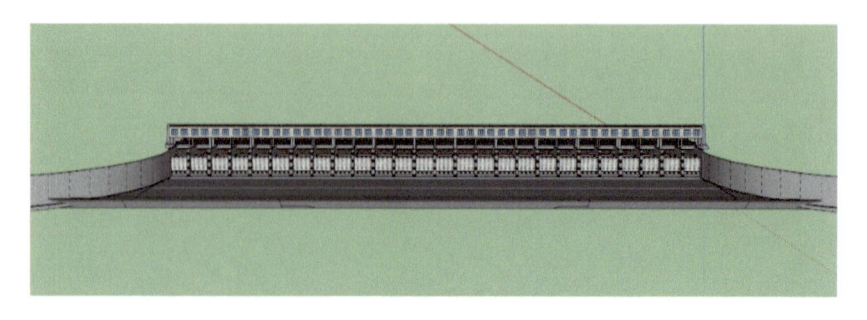

(a) 正视图

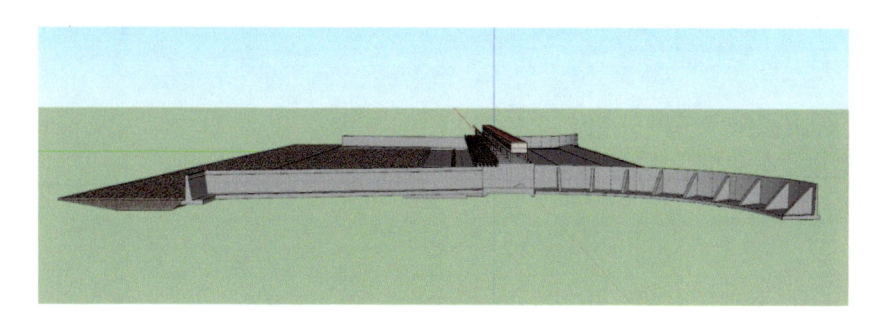

(b) 侧视图

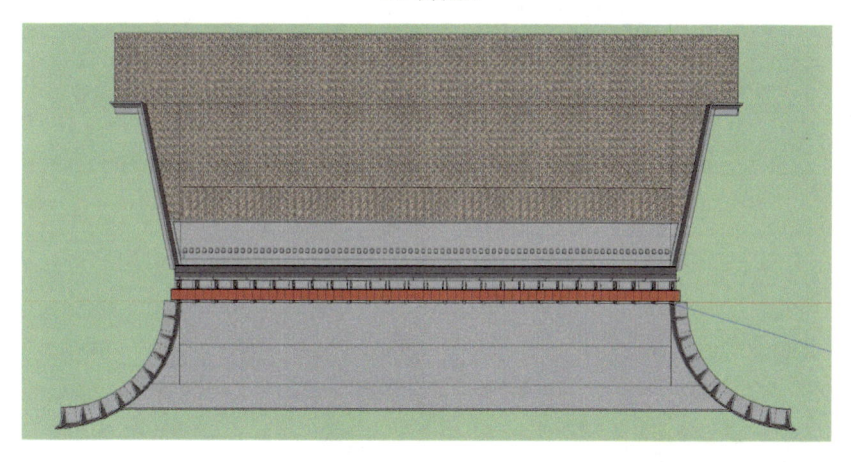

(c) 顶视图

(d) 总体图

图 6-36　共双茶垸分洪闸 BIM 模型

6.4.4.2 三小垸

(1) 澧南垸分洪闸

澧南垸分洪闸 BIM 模型如图 6-37 所示。

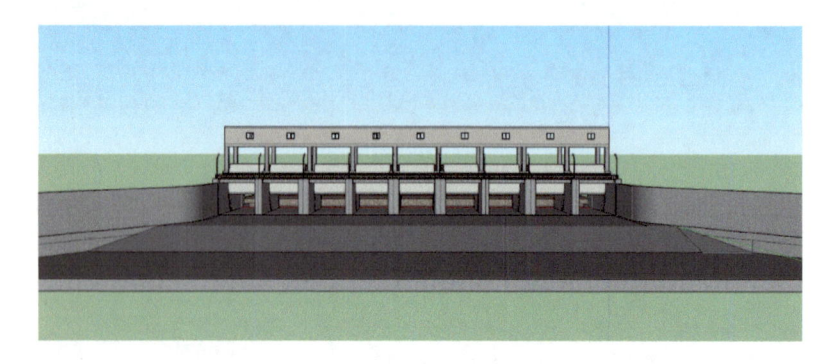

(a) 正视图

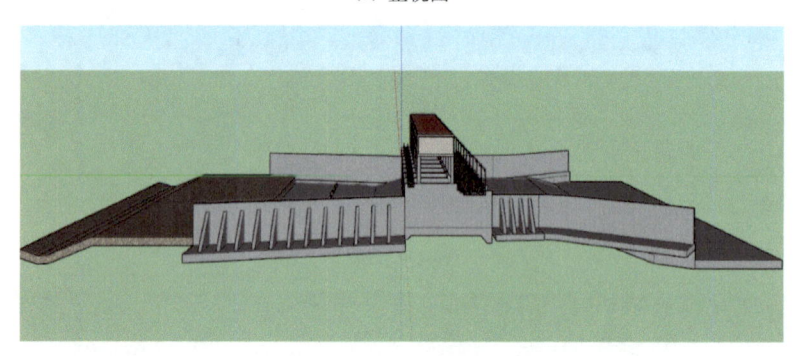

(b) 侧视图

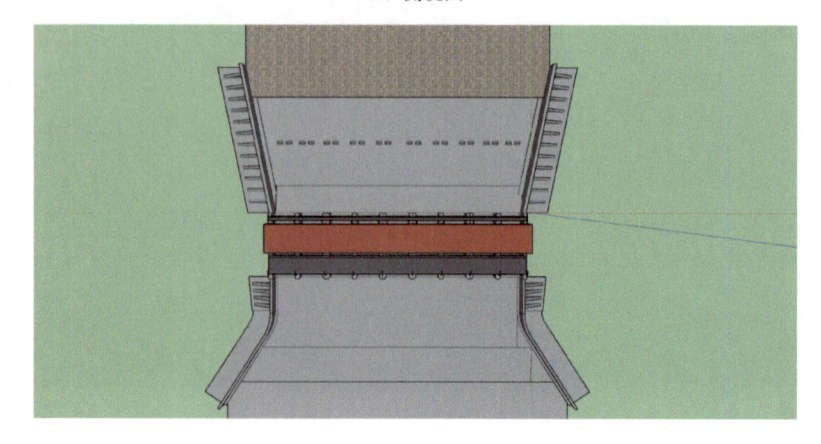

(c) 顶视图

(d) 总体图

图 6-37 澧南垸分洪闸 BIM 模型

(2) 西官垸分洪闸

西官垸分洪闸 BIM 模型如图 6-38 所示。

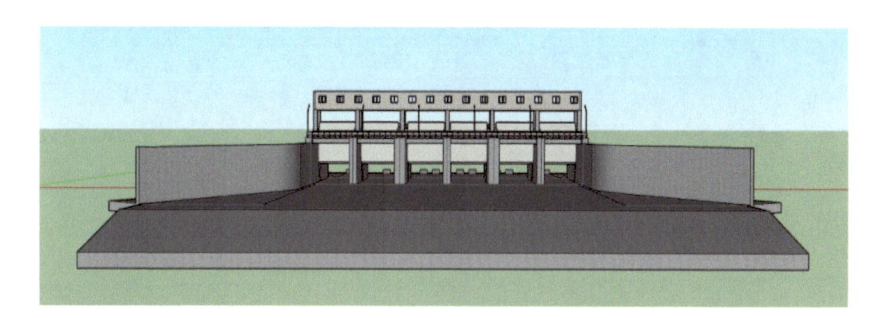

(a) 正视图

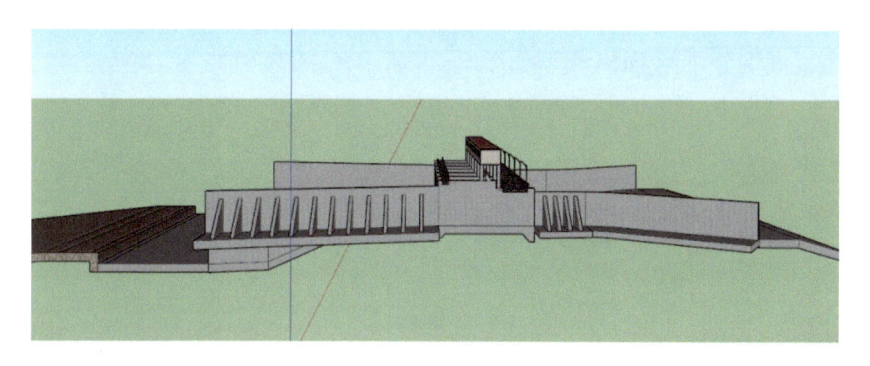

(b) 侧视图

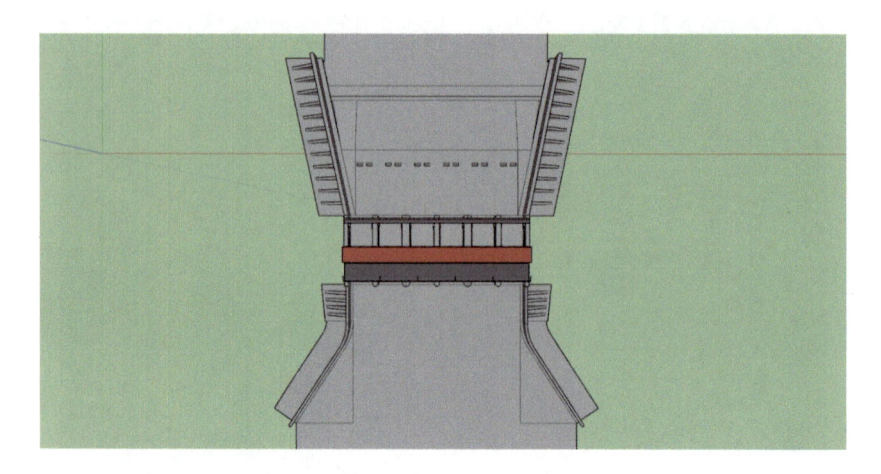

(c) 顶视图

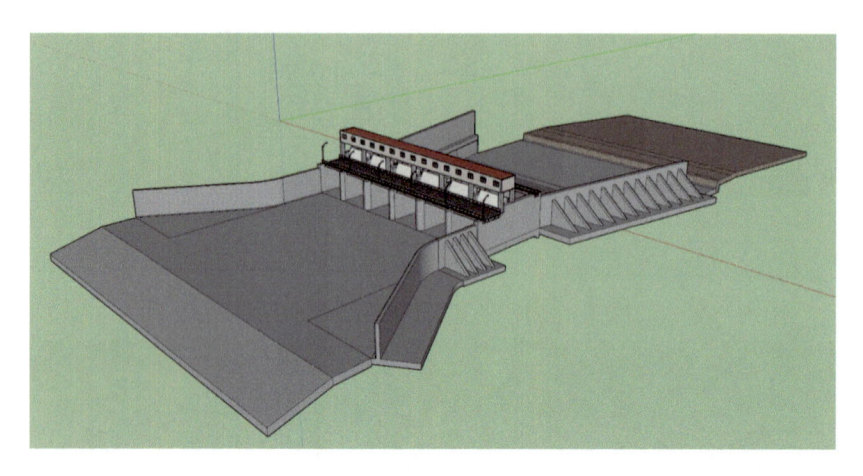

(d) 总体图

图 6-38　西官垸分洪闸 BIM 模型

(3) 围堤湖垸分洪闸

围堤湖垸分洪闸 BIM 模型如图 6-39 所示。

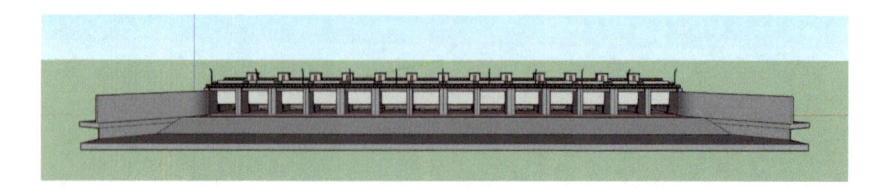

(a) 正视图

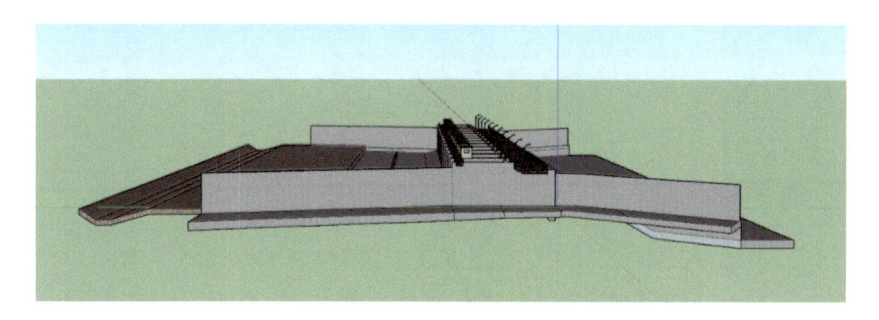

第六章　洞庭湖河道堤垸及分洪可视化数字平台

(b) 侧视图

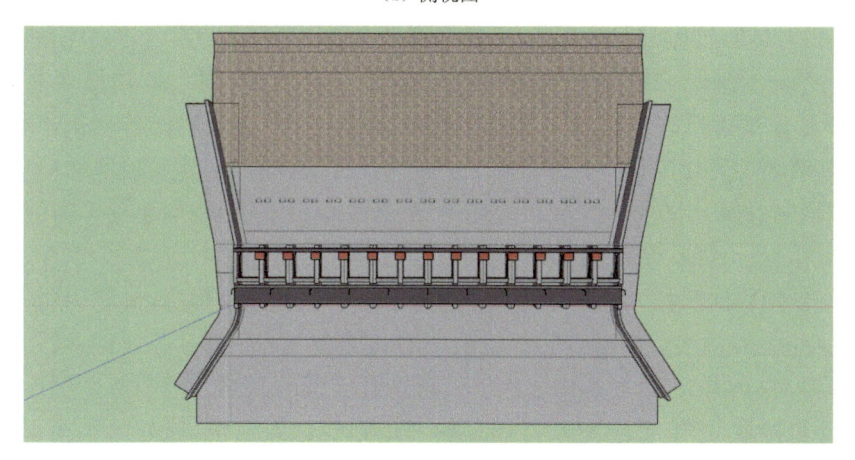

(c) 顶视图

(d) 总体图

图 6-39　围堤湖垸分洪闸 BIM 模型

6.5 西官垸可视化信息交互

6.5.1 技术原理

倾斜摄影测量技术是一种新型测量技术,它改变了以往航测遥感影像只能从垂直方向拍摄的局限性,通过在飞行平台上搭载多台传感器,同时从一个垂直、四个倾斜等不同角度采集影像。它比传统的摄影测量多了四个倾斜拍摄角度,拍摄时,同时记录航高、航速、航向和旁向重叠、坐标等参数,然后对倾斜影像进行分析和整理。飞机连续拍摄几组影像重叠的照片,同一地物最多能够在3张照片上被找到,这样内业人员可以比较轻松地进行建筑物结构分析,并能选择最为清晰的照片进行纹理制作。影像数据不仅能够真实地反映地物情况,而且可通过先进的定位技术,嵌入地理信息、影像信息,从而获取更加丰富的侧面纹理等信息。目前,倾斜摄影测量技术已经应用于实际的生产实践。

倾斜摄影测量技术能反映地物真实情况并且能对地物进行量测,倾斜摄影测量所获得的数字数据可真实地反映地物的外观、位置、高度等属性,增强了数据所带来的真实感,弥补了传统人工模型仿真度低的缺陷。倾斜摄影测量所获数据性价比高,是带有空间位置信息的可量测的影像数据,能同时输出 DSM、DOM 等数据成果,相比传统航空摄影测量能获得更多的数据。倾斜摄影测量技术可以借助无人机等飞行载体快速采集影像数据,实现全自动化的数字地形重建,大大减少了人力成本。

(1) 关键技术

① 多视影像联合平差

多视影像不仅包含垂直摄影数据,还包括倾斜摄影数据,而部分传统空中三角测量(后文简称"空三")系统无法较好地处理倾斜摄影数据,因此,多视影像联合平差需充分考虑影像间的几何变形和遮挡关系。可结合 POS 系统提供多视影像外方位元素,采取由粗到精的金字塔匹配策略,在每级影像上进行同名点自动匹配和光束法平差,得到同名点匹配结果;同时,建立连接点和连接线、控制点坐标、GPU/IMU 辅助数据的多视影像自检校区域网平差的误差方程,通过联合解算,确保平差结果的精度。

② 多视影像密集匹配

影像匹配是摄影测量的基本问题之一,多视影像具有覆盖范围大、分辨率高等特点。因此,如何在匹配过程中充分考虑冗余信息,快速准确地获取多视影像上的同名点坐标,进而获取地物的三维信息,是多视影像匹配的关键。由于单独使用一种匹配基元或匹配策略往往难以获取建模需要的同名点,随着计算机视觉发展起来的多基元、多视影像匹配,逐渐成为人们研究的焦点,并已取得很大进展。通过多视影像的特征,确定二维矢量数据集,将影像上不同视角的二维特征转化为三维特征,设置若干影响因子并给予一定的权值,再进行平面扫描和分割,就可获取测区相关数据。

③ 数字表面模型生成和正射影像纠正

多视影像密集匹配得到的高精度高分辨率的数字表面模型 DSM,能充分地显示地形地物起伏特征,因此成为新一代空间数据基础设施的重要内容。由于多角度倾斜影像之间的尺度差异较大,加上较严重的遮挡和阴影等问题,基于倾斜影像自动获取 DSM 存在新的难点。可根据自动空三解算出来的各影像外方位元素,分析与选择合适的影像匹配单元进行特征匹配和逐像素级的密集匹配,并引入并行算法,提高计算效率。在获取高密度 DSM 数据后,进行滤波处理,将不同匹配单元进行融合,形成统一的 DSM。多视影像的真正射纠正涉及物方连续的数字高程模型 DEM 和大量离散分布粒度差异很大的地物对象,以及海量的像方多角度影像,具有典型的数据密集和计算密集特点。在 DSM 的基础上,根据物方连续地形和离散地物对象的几何特征,通过轮廓提取、面片拟合、屋顶重建等方法提取物方语义信息;同时在多视影像上,通过影像分割、边缘提取、纹理聚类等方法获取像方语义信息;再根据联合平差和密集匹配的结果建立物方和像方的同名点对应关系,继而建立全局优化采样策略和顾及几何辐射特性的联合纠正,并进行处理。

(2) 图像质量保障

影响图像质量的因素分为天气因素与相机本身因素。天气因素主要是风、雾霾,当风速过大时,应该考虑停止飞行。风速过大会造成飞机飞行速度和姿态变化过大,导致从空中拍摄的照片扭曲程度过大,最终成像模糊;同时会加速飞机动能的消耗,缩短飞行时间,导致未能在有限的时间内完成对计划区域的拍摄。相机本身因素主要包括相机的像素和曝光时间。像素主要由相机本身决定。曝光时间的长短则与天气有着密切的关系,当光线条件不好的时候,应该尽量增加曝光时间,将快门速度调大。以大疆 M300 RTK+赛尔 102S 为例,阴天时快门速度为 1/800,晴天时建议将快门速度调节为 1/1000,并选择 ISO 数值 100 到 400 的照片进行数据处理。

(3) 重叠度解析

重叠度(示意图如图 6-40 所示)是提高相片连接点的重要保障,但有时候为了压缩飞行时间或扩大飞行区域,会调低重叠度。重叠度降低,会使每个地物点仅在少量航片中显现,提取连接点的量就会变少,相片的连接点不足会造成拍摄照片连接粗糙,导致提取的连接点平差结构弱,因而为了避免上述问题,应尽可能提升影像的重叠度。

(4) 飞行高度计算

飞行高度主要影响的是飞行航片中的 GSD(每个像素的实际大小),飞行高度的变化会影响航片相幅大小,以大疆 M300 RTK+赛尔 102S 为例,飞行高度与 GSD 数值的关系如图 6-41 所示。由图中可以看出,飞机离地面越近,GSD 数值越小,则精度越高。由此发现,在地面起伏变化大的地区选取合适的飞行高度对提高精度也很重要。

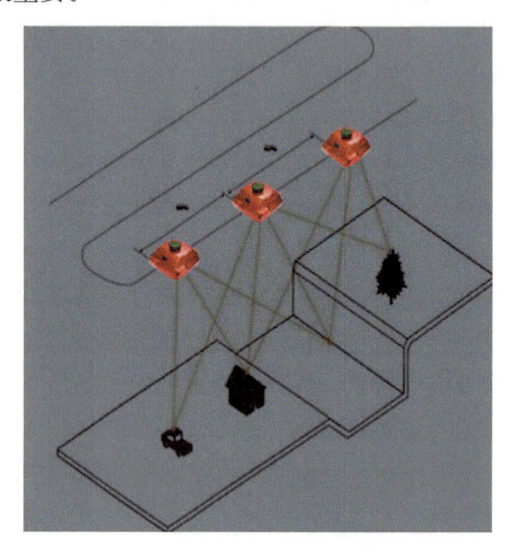

图 6-40　重叠度示意图

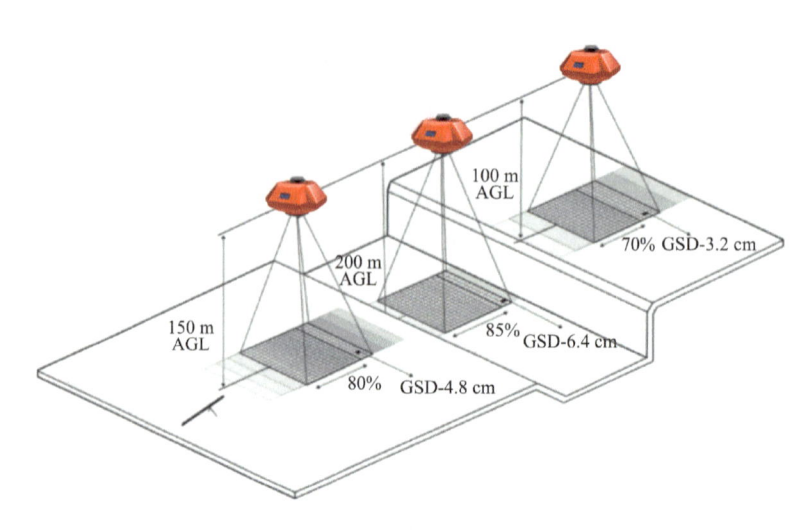

图 6-41　航高对 GSD 的影响

6.5.2 遵循标准

倾斜摄影测量需遵循的主要标准、规程规范及有关企业技术应为最新的版本,包括但不限于以下内容：

《1∶500 1∶1 000 1∶2 000 地形图航空摄影测量外业规范》(GB/T 7931—2008)；

《1∶500 1∶1 000 1∶2 000 外业数字测图规程》(GB/T 14912—2017)；

《数字表面模型 航空摄影测量生产技术规程》(CH/T 3012—2014)；

《数字航空摄影测量 测图规范 第1部分：1∶500 1∶1 000 1∶2 000 数字高程模型 数字正射影像图 数字线划图》(CH/T 3007.1—2011)；

《低空数字航空摄影规范》(CH/T 3005—2021)；

《全球定位系统实时动态测量(RTK)技术规范》(CH/T 2009—2010)；

《三维地理信息模型数据产品规范》(CH/T 9015—2012)；

《三维地理信息模型生产规范》(CH/T 9016—2012)；

《数字测绘成果质量要求》(GB/T 17941—2008)；

《数字测绘成果质量检查与验收》(GB/T 18316—2008)。

6.5.3 飞行系统

使用 M300 RTK 无人机,该机型带有陀螺平台的镜头座架,三轴(俯仰、横滚、偏航),飞行管制系统能够自动保持相机在工作中的正确姿态,实时控制航摄飞行质量,挂载能力强,可以挂载多款倾斜设备。本项目使用的飞行器参数如下：电机轴距为 900 mm,最大起飞重量可达 9 kg,最大额外负载 2.5 kg；GPS 定位悬停精度绝对值,垂直≤0.5 m,水平≤1.5 m；视觉定位悬停精度绝对值,垂直≤0.1 m,水平≤0.3 m；支持 GPS、GLONASS、BEIDOU、GALILEO 四种导航系统；飞行器具备 RTK 定位和定向能力,能够在指南针受到干扰的环境下利用 RTK 定向安全飞行；RTK 模式下飞行器悬停精度绝对值,垂直≤0.1 m,水平≤0.2 m；最大可承受风速为 7 级风；最大飞行时间为 55 min；飞行器的前、后、上、下均具备双目视觉系统,探测到附近障碍物时,飞行器能通过地面站软件发出警示信息；视觉系统的探测范围至少达到 30 m；飞行器具备六向红外 TOF 传感器；具备双 IMU(惯性测量单元)、双气压计、双指南针冗余；为保证数据安全,图传链路需通过 AES-256 技术进行加密；支持 1080p 高清图像传输；支持 2.4 GHz 和 5.8 GHz 双频通信；能够接收民航客机的 ADS-B 广播信息,并能通过地面端软件向用户发出附近民航客机预警信息,保障飞行区域安全。

在本项目中,选用五镜头倾斜摄影相机(型号：赛尔 102S Pro)对测区进行全方位的数据采集，倾斜航摄仪集成下视相机和多个倾斜相机，中央主摄垂直对地观测，获取垂直影像，其他相机的 4 个正交方位分别以一定的倾角放置一个相机，相机倾角指倾斜放置相机主光轴与垂直放置相机主光轴在它们所确定的平面内所形成的夹角。根据经验及模拟测试结果，当倾角在 40°到 50°之间时，所获得的影像更接近人眼对立面纹理信息的真实视觉体验，此范围角度一般为摄影测量大倾角范围。倾斜相机的使用使得野外效率得到有效提升，可实现最快 15 m/s 航速下的高精度作业，大幅提升了单日数据采集量。赛尔 102S Pro 拥有 8°~24°等效角，可抵消旋翼机高速飞行时产生的姿态倾角，保证下视视觉始终垂直地面，结合 M300 无人机的 RTK 系统，可实现微秒级时间同步，精准读取 POD 信息，提高测绘精度。除此之外，挂载相机附带 TFT 显示屏，在强光环境下能实时监测相机工作状态，包含机身温度、RTK 状态和触发数量监测等。同时，影像具有已定义的、刚性几何特征，适用于现有的数字摄影测量系统软件。

由于倾斜航摄仪拍摄模式的特殊性，相机间的相对关系对地物覆盖范围、倾斜影像分辨率变化范围、相邻曝光点影像重叠度、集成系统空间尺寸乃至后续数据处理算法都会产生影响，因此确定相机间的排布模式是首先要解决的问题之一。针对多种排布可能，通过对地物覆盖范围、倾斜影像分辨率等因素进行计算与仿真，确定较优的排布模式：下视影像长边跨航线，前视、后视影像长边跨航线，左视、右视影像短边跨航线。

结合倾斜相机主光轴旋转角度，由图 6-46 可以得出倾斜影像中心点、近地点与远地点的大致分辨率。设倾斜影像中心点、近点和远点分辨率分别为 GSD_{mid}、GSD_{top}、GSD_{bottom}，计算公式如下：

$$GSD_{top} = \frac{\delta h \cos\beta_y}{f \cos(\alpha_y - \beta_y)} \tag{6-1}$$

$$GSD_{mid} = \frac{\delta h}{f \cos\alpha_y} \tag{6-2}$$

$$GSD_{bottom} = \frac{\delta h \cos\beta_y}{f \cos(\alpha_y + \beta_y)} \tag{6-3}$$

式中，δ 为 CCD 单像元大小；h 为飞行高度；f 为相机焦距；α_y 为倾角；$\beta_y = \arctan(b/f)$ 为视场角的一半。

倾斜影像的几何关系如图 6-42 所示。

6.5.4 航测方案

无人机航测方案主要考虑飞行高度、飞行速度、航向重叠度及旁向重叠度四

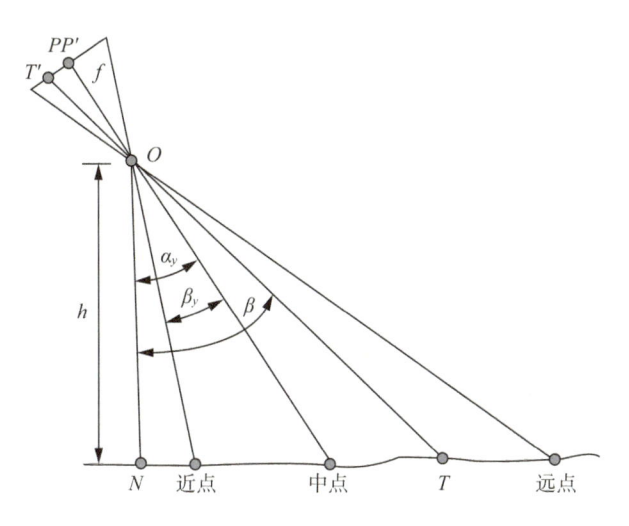

图 6-42 倾斜摄影的几何关系

个方面(图 6-43)。飞行高度与地形起伏、飞行安全及影像的有效分辨率有关,由于无人机的飞行高度一般比较低,地面起伏对其成像影响比较大,因此在地形起伏较大的测区,考虑分区航飞,并采用高重叠度的"弓"字交叉飞行法。

图 6-43 航测方案示意图

(1) 航摄时间选择设计

倾斜航空摄影的对象通常是高层建筑密集的城市地区和高差较大的陡峭山区,因此航空摄影时需要特别注意太阳高度角及阴影大小,阴影太大会直接影响影像处理的效果。由太阳高度角推算摄影时间,参考公式如下:

$$\cos t_{\text{top}} = \frac{h_\theta - \delta_\theta}{90° - \varphi} \tag{6-4}$$

$$T_\varphi = 12 - \sqrt{\frac{1 - \cos t_\theta}{0.03}} \tag{6-5}$$

式中：t_θ 为太阳时角，单位为°；h_θ 为太阳高度角，单位为°；δ_θ 为摄影日期的太阳赤纬，单位为°；φ 为摄区的平均地理纬度，单位为°；T_φ 为摄区的地方时，单位为时。

由于测区没有较高的山体或建筑遮挡，在测量时选择阳光较为充足的时间拍摄即可满足三维建模的基本要求。

(2) 地面分辨率与航摄分区设计

为了体现真实纹理的三维实景影像，倾斜航空摄影应选择周围有高差的区域作为摄区。在生成实景三维影像数据时，根据三维影像的目视效果合理设置地面分辨率。由于高差影响，摄区内最高点和最低点的分辨率、重叠度均有较大变化。根据经验，在满足最高点重叠度的前提下，最高点、最低点与基准面分辨率不超过 1.5 倍为宜。如果超过 1.5 倍，应分区进行航摄，在本次测点中没有高差较大的测区，因此无须考虑单点分区。

(3) 影像重叠度与航线设计

重叠度指的就是两张照片之间重叠的部分。重叠度分为旁向重叠度和航向重叠度（图 6-44）。在航空摄影中，沿两条相邻航线所摄的相邻像片上有同一地面影像部分，这部分重叠称为旁向重叠。航向重叠是航空摄影中，沿同一航线的相邻像片上的同一地面影响部分。由于相邻像片是从空中不同位置拍摄的，故重叠部分虽是同一地面，但影像不完全相同。沿航向重叠部分长度与像片长度之比，称为"航向重叠度"，以百分数表示。由于倾斜航空影像采取多视匹配的算法进行空三加密处理，影像重叠度大才能匹配更多的同名点。一般情况下，倾斜摄影时，下视相机的影像设计航向重叠度应不小于 70%，但航向重叠度也不宜过

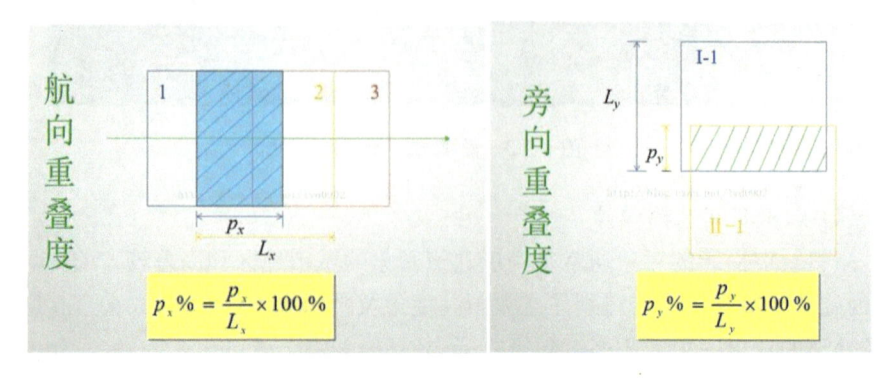

图 6-44 航向重叠度示意图

大,如果重叠过大,一方面会造成摄影基线变得更短,不仅影响测图精度,也会降低效率,另一方面基线变短会增加影像旋偏角超限的可能,一般在70%~80%之间为宜;下视影像旁向重叠度一般应设计为50%~80%,最低不低于30%;侧视影像航向重叠度不低于53%。

西官垸建筑航线及飞行参数详见表6-1。

表6-1 西官垸建筑航线及飞行参数图

序号	名称	地面采样距离GSD	测区面积（m³）	航线长度（km）	参数图
1	1号建筑（涵闸）	小于1 cm/pixel	74 763	7 638	
2	2号建筑（泵站）	小于1 cm/pixel	74 817	7 446	
3	3号建筑（涵闸）	小于1 cm/pixel	57 360	6 160	
4	4号建筑（涵闸）	小于1 cm/pixel	68 887	7 239	
5	5号建筑（泵站）	小于1 cm/pixel	104 992	6 667	
6	6号建筑（涵闸）	小于1 cm/pixel	45 524	5 395	

续表

序号	名称	地面采样距离GSD	测区面积（m³）	航线长度（km）	参数图
7	7号建筑（泵站）	小于1 cm/pixel	55 852	6 319	
8	8号建筑（涵闸）	小于1 cm/pixel	40 765	4 672	
9	9号建筑（泵站）	小于1 cm/pixel	80 020	7 982	
10	10号建筑（泵站）	小于1 cm/pixel	41 967	4 734	
11	11-12号建筑（涵闸＋泵站）	小于1 cm/pixel	113 653	9 604	
12	13号建筑（分洪闸：涵闸＋泵站）	小于1 cm/pixel	145 105	13 713	
13	14号建筑（涵闸）	小于1 cm/pixel	69 479	7 006	

续表

序号	名称	地面采样距离 GSD	测区面积（m³）	航线长度（km）	参数图
14	15 号建筑（涵闸）	小于 1 cm/pixel	61 024	6 380	
15	16 号建筑（涵闸）	小于 1 cm/pixel	43 846	5 007	
16	18 号建筑（泵站）	小于 1 cm/pixel	68 667	6 980	
17	西官垸安全区	小于 4 cm/pixel	2 741 461	33 260	
18	新增 1 号建筑（涵闸）	小于 1 cm/pixel	44 143	4 949	
19	新增 2 号建筑（涵闸）	小于 1 cm/pixel	69 997	7 292	
20	新增 3 号建筑（水文站）	小于 1 cm/pixel	67 565	7 072	

6.5.5 外业数据采集

(1) 数据获取

本次项目采用 M300 RTK 无人机挂载赛尔 102S 倾斜相机的方式(图 6-45)进行数据的采集。M300 RTK 无人机携带方便,可快速高效地完成断面测量任务,高精度的内置 RTK,可进一步提高测量精度,并提供高精度的地理信息参数。为了提高数据的精度,可针对独立测点进行航测方案设计,获取不同角度的影像。其中,垂直地面角度拍摄获取的影像称为正片(一组影像),镜头朝向与地面成一定夹角拍摄获取的影像称为斜片(四组影像)(图 6-46)。

图 6-45 无人机挂载飞行示意图

(2) 影像重叠度检查

由于倾斜航空影像采取多视匹配的算法进行空三加密处理,影像重叠度大才能匹配更多的同名点。一般情况下,倾斜摄影时下视相机的影像设计航向重叠度一般为 70%~80%;下视影像旁向重叠度一般应设计为 50%~80%,最低不低于 30%;侧视影像航向重叠度不低于 53%。

(3) 影像倾斜角检查

依据机载 POS 数据检查下视相机的倾斜角度。由于下视相机是垂直摄影,影像倾斜角按照现有大比例尺航空摄影规范执行,即一般不大于 2°,若下视影像需进行测图处理,则最大不应超过 4°。

(4) 影像旋偏角检查

倾斜航空影像由于重叠度大、基线短,飞机姿态稍有变化即可能导致旋偏角

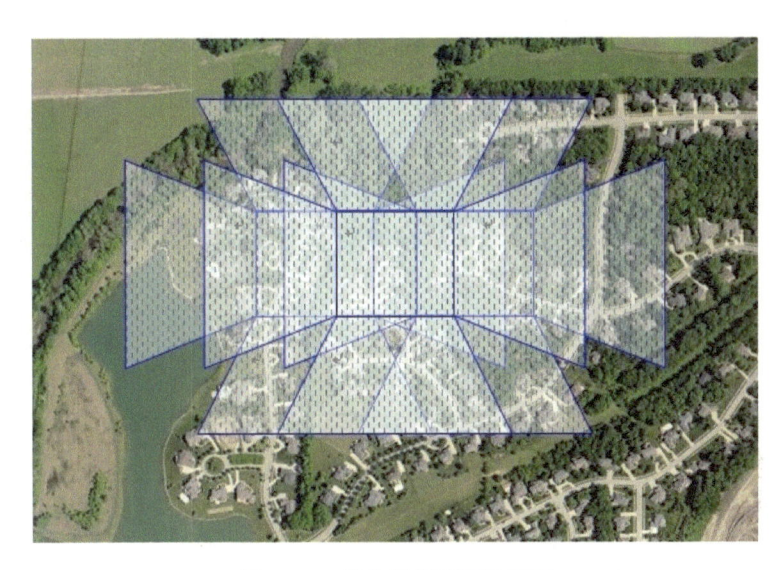

图 6-46　影像数据获取示意图

超限。按照成图要求,下视相机的像片旋偏角一般不大于 25°。根据作业经验,在只建模不测图的情况下,旋偏角不大于 35°或抽片后旋偏角最大不大于 25°即可,但需确保像片航向重叠度和旁向重叠度满足要求。

(5) 摄区、分区覆盖保证检查

倾斜摄影为了保证摄区外侧也能获取影像,测区边界覆盖的区域应大于实际需求的范围,一般在航线旁向方向测区边界范围外增加扩展航线,以保证左视和右视镜头影像均覆盖全测区范围。

(6) 航线弯曲度与航高保持检查

测区航线弯曲度可依照《数字航空摄影规范　第 1 部分:框幅式数字航空摄影》(GB/T 27920.1—2011)执行,航线弯曲度一般不大于 1%,当航线长度小于 5 000 m 时,航线弯曲度最大不超过 3%。由于倾斜航空摄影的航高一般小于 1 000 m,因此在航高保持方面,要求同一航线上相邻像片的航高差不大于 30 m,最大航高与最小航高之差不大于 50 m,分区内实际航高与设计航高之差不大于 50 m。

(7) 影像质量检查

影像质量检查与传统垂直摄影的要求一致,除云、云影、烟、雾、反光等检查项外,还需检查影像点位移,确保在曝光瞬间造成的像点位移不大于 1 个像素。

(8) 倾斜航空影像的数据整理

5 个镜头获取的影像分为 5 个文件夹分别存储。每个文件夹命名时,在原有基础上+字母[z(左)、y(右)、x(下)、q(前)、h(后)]。

6.5.6 内业数据处理

由于现有软件处理大倾角影像比较困难，实际作业时可预先解算下视相机的外方位元素，通过获知侧视相机与下视相机的相对关系，从而推算侧视相机影像的外方位元素。用光束法区域网空中三角测量的原理，从影像覆盖范围内若干控制点的已知地面坐标和相应点的像点坐标出发，根据共线方程解求 4 个侧视相机相对于下视相机的位置和姿态参数。

倾斜影像的大倾角特性，导致影像边缘的分辨率较低，地物变形较大，不能满足使用要求，因此在实际处理过程中将会对其进行裁剪，裁剪后可用的像幅称为倾斜影像有效像幅，有效像幅界定标准为影像内 GSD 达到指标要求的影像范围，并且在满足航线设计要求下，所有倾斜影像的有效像幅联合起来能覆盖到整个测区。有效像幅占倾斜影像原始像幅的比例越大，相机参数的设计越合理。

倾斜摄影可获取多个视角影像，能全方位地反映地物信息，因而相比传统建模方式更为快捷，通过使用 DJI Terra 数据处理软件，快速生成三维模型，还原真实地貌。

根据采集的像控数据进行空三测量，并进行三维建模（图 6-47 和图 6-48）。

将无人机搭载的照相机镜头参数、航迹参数、拍照中心坐标、地面控制点坐标以及航片特征点等参数信息导入软件，采用重叠区域关键点法对航片进行影像纠正和数据拼接工作。

运用拼接好的航片数据生成的点云数据建立实验区域的三维模型数据，作

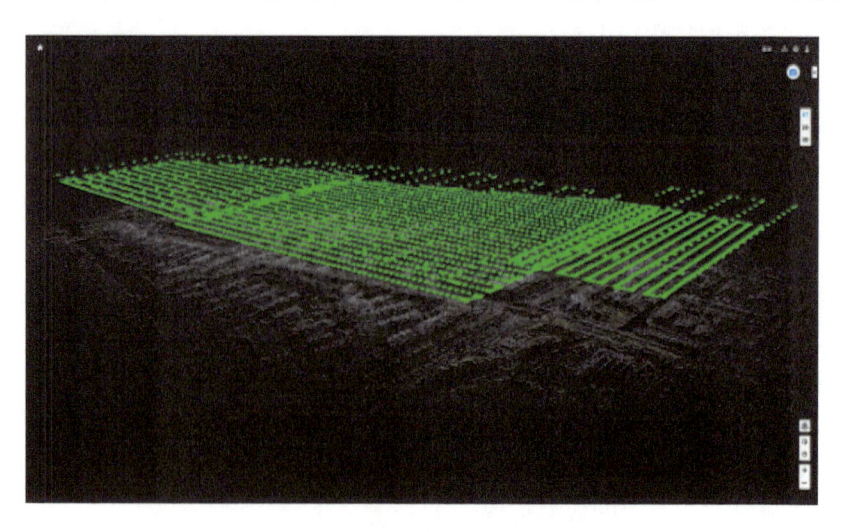

图 6-47　三维模型预生成示意图

图 6-48　影像导入示意图

为计算模型的输入条件,将模型建立所需的各种工程数据资料按照要求进行预处理。

6.5.7　三维可视化模型展示

根据西官垸堤垸图中的建筑物编号,对测区涵闸、泵站进行高精度的三维立体建模,发现图中缺少建筑物编号 17 的建筑,同时发现有 3 处未被统计在图中的水利设施。西官垸 21 处可视化模型展示如图 6-49 至图 6-68 所示。

图 6-49　1 号涵闸模型展示图

图 6-50　2 号泵站模型展示图

图 6-51　3 号涵闸模型展示图

第六章　洞庭湖河道堤垸及分洪可视化数字平台

图 6-52　4 号涵闸模型展示图

图 6-53　5 号泵站模型展示图

图 6-54　6 号涵闸模型展示图

图 6-55　7 号泵站模型展示图

第六章 洞庭湖河道堤垸及分洪可视化数字平台

图 6-56 8 号涵闸模型展示图

图 6-57 9 号泵站模型展示图

图 6-58　10 号泵站模型展示图

图 6-59　11-12 号(涵闸+泵站)模型展示图

第六章　洞庭湖河道堤垸及分洪可视化数字平台

图 6-60　13 号（分洪闸）模型展示图

图 6-61　14 号涵闸模型展示图

图 6-62　15 号涵闸模型展示图

图 6-63　16 号涵闸模型展示图

第六章 洞庭湖河道堤垸及分洪可视化数字平台

图 6-64 18 号泵站模型展示图

图 6-65 西官垸安全区模型展示图

215

图 6-66 新增 1 号涵闸模型展示图

图 6-67 新增 2 号涵闸模型展示图

第六章 洞庭湖河道堤垸及分洪可视化数字平台

图 6-68 新增 3 号水文站模型展示图

6.6 堤垸分蓄洪三维情景模拟

6.6.1 技术原理

分洪淹没过程的在线三维展示的技术原理是：通过配置三维场景、提供场景中溃坝模拟操作、调用后台模型接口更新模型参数，大湖模型根据当前地形和溃口水流速度等情况，自动计算出淹没速度和淹没深度。分洪淹没过程三维展示效果的前端重要技术主要包括以下几点。

（1）垸区地形数据整理和表达

常规地形数据是由高程测量点数据通过插值分析计算得出，实际应用过程中发现通过插值计算得到的地形在小范围内存在地形扭曲情况，会使模型分析与淹没分析表达出现较大误差，影响模型计算和表达精度。系统提供三维地形数据修正工具，通过设置堤坝边界线，结合高程测量数据插值计算，计算过程中自动参考边界线以及边界表达的高程值，对数据进行纠正计算，从而实现计算后地形与实际地形保持相近或者一致（图 6-69）。

（2）基于浏览器的三维图形平台选择

洞庭湖区三维场景为大型场景表达，涉及地形数据、倾斜模型数据、水利工

217

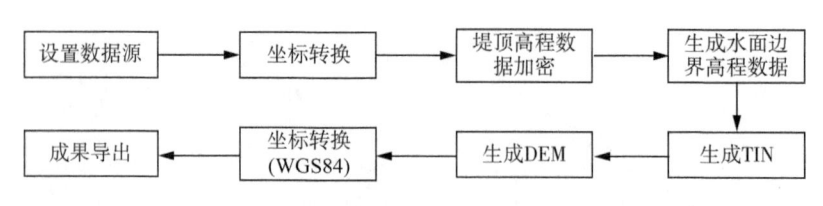

图 6-69　地形数据修正流程图

程模型等多模型的组合应用,数据量大。常规三维图形平台难以加载大场景数据,无法动态表达大场景变化情况。Cesium 是基于 Web 浏览器的 GIS 三维空间开源平台,用于地理数据可视化,支持海量数据的高效渲染,支持时间序列动态数据的三维可视化,具备太阳、大气、云雾等地理环境要素的动态模拟和地形等要素的加载绘制功能,符合大湖模型三维场景动态模拟和展示要求。

(3) 动态计算淹没范围数据结构

模型根据地形和溃口大小、深度,计算出水流速度和水流量,动态计算淹没范围和淹没深度,但是动态计算后成果数据量大,不能够满足当前网络传输要求,无法通过即时动态表达淹没范围,给前端三维场景中淹没范围的计算和表达带来压力。模型动态计算后,系统提供数据优化压缩处理,将成果数据从点位数据表达自动转换为面数据表达,有效减少数据量,提高数据传输速度,同时减少前端三维场景中模型计算逻辑,提升性能(图 6-70)。

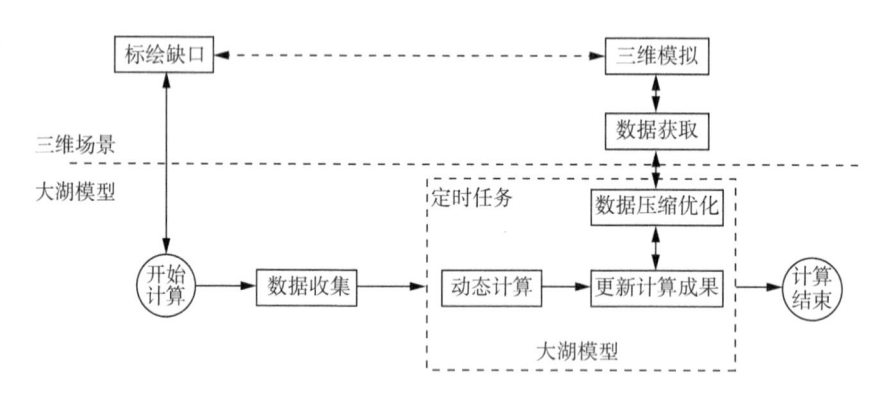

图 6-70　数据优化计算原理图

(4) 分洪淹没分析模拟性能控制

分洪淹没分析模拟性能受到前台数据量大小影响,地形数据与倾斜模型数据量一般较大,模型数据的加载过程将严重影响到场景展示的效果,因此需要对基础模型数据进行优化和处理。一般情况下,地形数据和倾斜数据通过切片处理后加载,同时后台应用 MongoDB 分布式数据库进行模型数据管理,通过 MongoDB 本身的分布式存储优势,优化和修改 Cesium 数据请求方式,突破浏览器线程限制,实现数据加载速度提升,从而提高模型模拟动态展示的性能和效率。

6.6.2　方案管理

方案管理是在不同的流域下,选择监测节点,配置好降水等参数后,模拟流域内不同节点的降水、水位变化过程;同时可根据历史数据,加载和展示次洪过程数据。

图 6-71 为方案管理界面,默认加载已配置模型模拟方案的流域,双击流域将加载流域内所有的节点信息,选择节点并双击,显示所有的模拟方案,如图 6-72 所示。

图 6-71　方案管理主界面

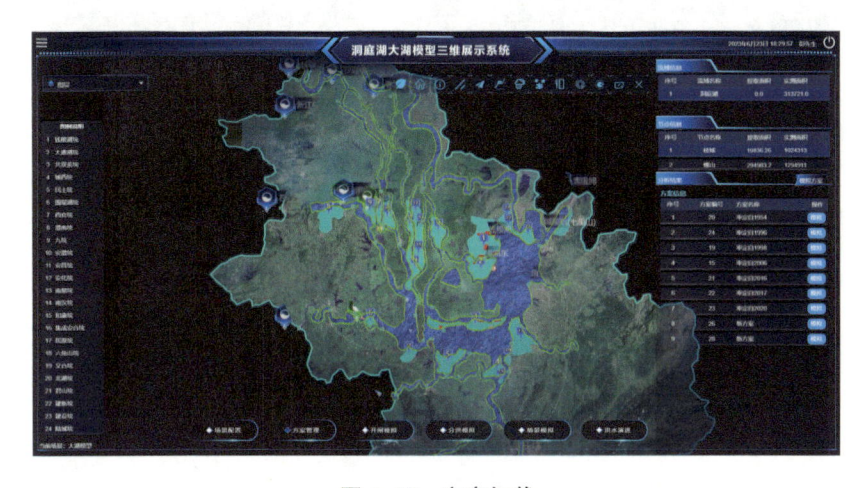

图 6-72　方案加载

(1)流域水雨情

展示当前流域、节点历年的次洪信息。用户通过双击次洪数据可以调阅不同场次的次洪信息(图6-73)。

图 6-73 次洪数据查看

用户可以从三维空间中选择节点,查看站点对应的水文数据(图6-74)。

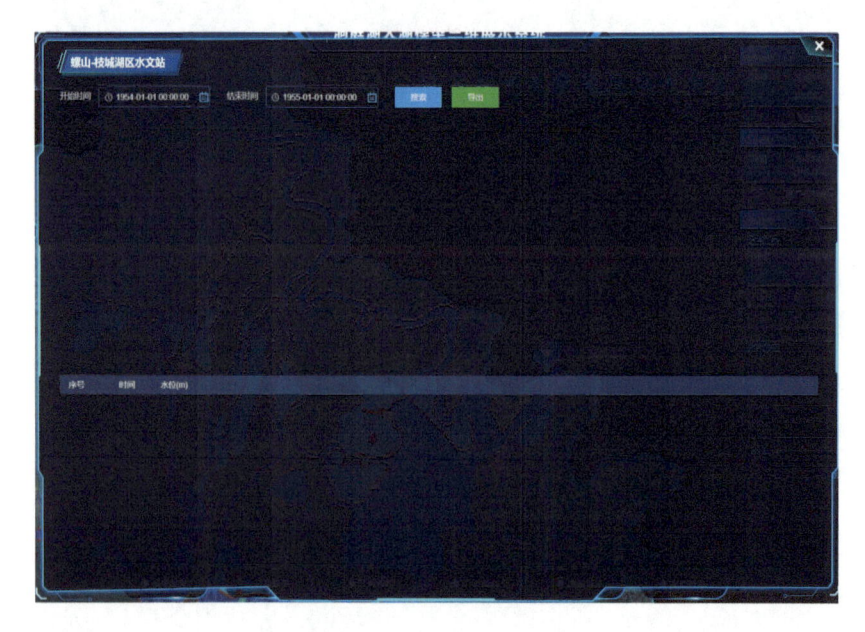

图 6-74 水文数据查看

(2) 模拟方案

通过配置模型参数(包括径流系数、滞后演算系数等),模拟计算不同节点洪水演进过程。用户通过模拟方案列表选择配置好的方案,通过模拟功能调用模型进行计算,对节点降水、水位变化进行预测,获取模拟数据并进行展示(图6-75)。

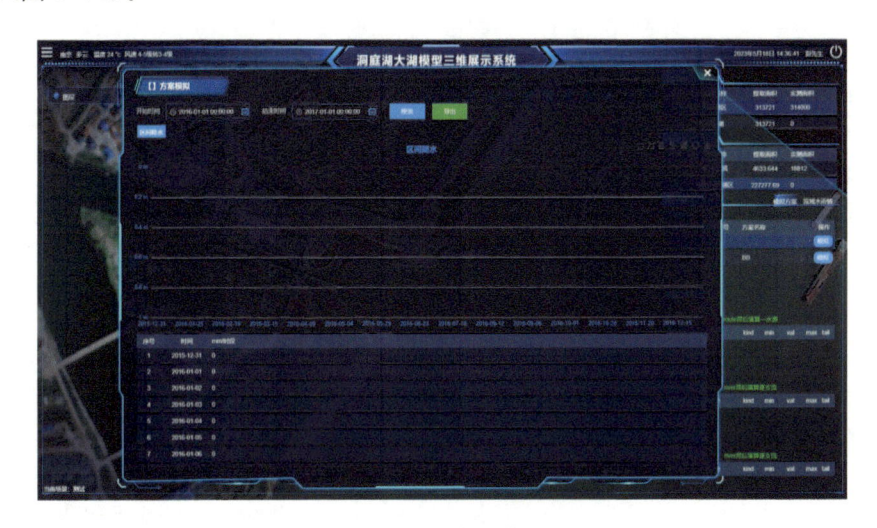

图 6-75　方案模拟

6.6.3　开闸模拟

开闸模拟是根据河道水位情况,控制分洪闸闸门开启数量和开启高度,控制河道分洪。用户通过分洪闸列表双击定位分洪闸,系统将显示可控制闸门;设置控制闸门开启高度和时长后,分洪模型将根据配置参数进行计算,并显示闸门开启过程及垸区淹没进程、淹没范围和淹没深度,系统基于三维场景返回数据并进行分洪淹没过程的模拟,为用户提供直观真实的模拟图像,辅助分洪决策。

本次建立三大垸(钱粮湖垸、大通湖东垸、共双茶垸)、三小垸(澧南垸、西官垸、围堤湖垸)共六个分洪闸开闸模拟模型,并与分洪模型接口对接,动态计算分洪过程,动态模拟垸区的淹没情况。

图 6-76 为分洪闸模拟界面。通过双击闸门列表,自动定位至分洪闸,并加载闸门信息。分洪闸支持手动操作和模型模拟两种方式。

手动操作:通过控制操控按钮,控制闸门的开启和关闭(图 6-77)。

模型模拟:通过设置开闸数据、水面高程,调用后台分洪模型,计算过程模拟数据,并在前台进行淹没过程模拟(图 6-78)。

图 6-76　分洪闸模拟界面

图 6-77　手动开闸效果

6.6.4　分洪模拟

分洪模拟是基于分洪模拟模型，在垸区任一位置设置分洪口及其宽度、深度后，计算垸区淹没情况。分洪模拟根据分洪模型计算结果，在三维场景下进行淹没演进的模拟展示。

图 6-79 为分洪模拟界面，系统默认已包含了 8 个预设分洪点，用户可以通过溃口定位，在三维空间中选择溃口位置。

图 6-78　模型模拟开闸效果

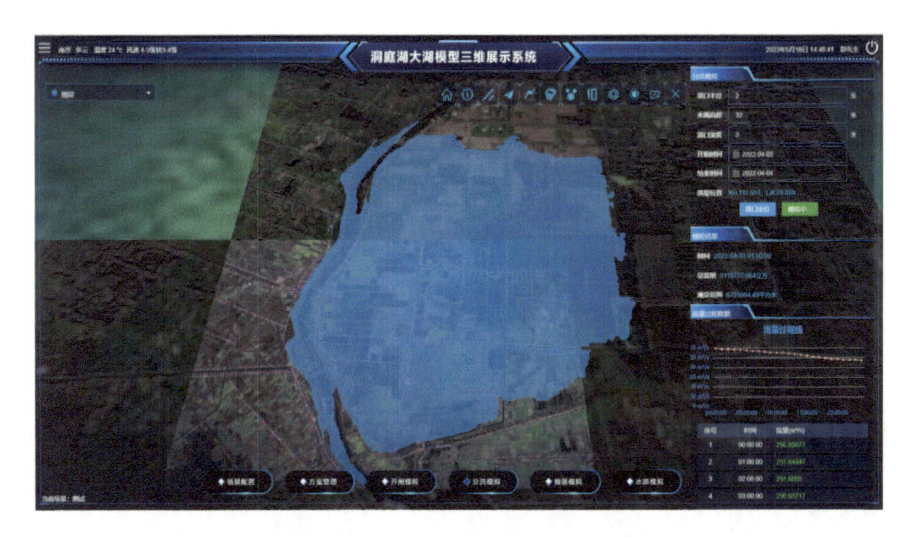

图 6-79　分洪模拟

6.6.5　情景模拟

情景模拟是洞庭湖大湖模型的简化快速版,用户通过设置江湖条件,设置长江枝城、三峡调度、湘水湘潭、资水桃江、沅江桃源、澧水石门和湖区降水的条件数据后,设置参与计算的垸区,可快速计算并生成模拟报告。

如图 6-80 所示,模拟结果将返回各节点分洪信息,单击分洪节点可展示历史信息和当前模拟信息。

图 6-80　情景模拟

6.6.6　西官垸洪水演进

西官垸洪水演进是西官垸分洪演进模型的情景展示,用户可直观地看到西官垸洪水随时间的动态演进过程,右侧展示重要水文站点分洪前后水位值（图 6-81）。

图 6-81　西官垸洪水演进

第七章
结论与建议

7.1 结论

本研究基于以分蓄洪分区串联大湖模型为核心的洪水演进模型,开展洞庭湖区分蓄洪模拟,并选取西官垸作为典型堤垸,利用水动力模型结合水质模型模拟垸内洪水演进及水环境调度过程。最终通过构建的已集成湖区主要水利工程三维可视化信息的数字平台展示模拟情景。主要结论如下。

7.1.1 洞庭湖区分蓄洪模拟

以 1998 年江湖条件叠加 1954 年来水条件,三峡分别按 155 m、161 m、171 m 方式调度,不启用蓄滞洪区的情况下,莲花塘站最高水位均超过 35.8 m,城陵矶附近 34.4 m 以上超额洪量均超过 230 亿 m^3,34.9 m 以上超额洪量均超过 130 亿 m^3。使用不同蓄滞洪区组合分蓄洪后,34.4 m 以上城陵矶附近超额洪量均存在且不低于 140 亿 m^3,但大部分方案下,35.8 m 以上无超额洪量,其中三峡按 171 m 调度情景下采用方案二时 35.8 m 以上超额洪量仅为 12.9 亿 m^3。因此,在三峡不同调度情况的来水条件下,启用蓄滞洪区难以将莲花塘水位降至保证水位 34.4 m 以下,且经济损失巨大。

7.1.2 西官垸洪水演进模拟

西官垸内开闸蓄水能较为明显地降低松澧地区河道水位。遇 1998 年和 2003 年洪水,西官垸分洪闸开闸分洪后,洪水演进过程一致,均在开闸 24 h 后洪水完全覆盖除保护区外的西官垸中南部区域,开闸 72 h 后西官垸内部各处的水位基本保持稳定。1998 年最终稳定水位为 36.67 m,水深为 3.5~6.8 m,最大淹没面积为 70.122 km^2;2003 年最终稳定水位为 36.83 m,水深为 3.2~7.01 m,最大淹没面积为 69.62 km^2。

分洪闸完全打开后,对比不启用西官垸分洪,遇 1998 年洪水水位下降值比遇 2003 年洪水时低。遇 1998 年洪水时,官垸站点水位下降值基本维持在 0.14~0.17 m,自治局站点水位下降值在 0.11~0.15 m,分洪闸附近位置水位下降值基本维持在 0.85 m 左右,津市站点水位下降值较小,均在 0.08 m 以内。遇 2003 年洪水时,官垸站点水位下降值基本维持在 0.14~0.20 m,自治局站点水位下降值维持在 0.16~0.30 m,分洪闸附近位置水位下降值基本维持在 0.71 m 左右,津市站点水位下降值较小,均在 0.09 m 以内。

7.1.3 西官垸水环境调度模拟

采用 3 种调度方案(启用泵站相同,工作流量不同)开展西官垸内水环境调度模拟，其中各泵站均以 2 m³/s 流量工作可使垸内渠道 COD 浓度最快满足Ⅴ类水标准，所需时间为 3 天 4 小时，在该方案执行 6 天后可使得垸内渠道 COD 浓度满足Ⅳ类水标准，同时可使得垸内渠道氨氮浓度迅速下降，方案执行 1 天后垸内渠道氨氮浓度可满足Ⅳ类水标准。

7.1.4　洞庭湖河道堤垸及分洪可视化数字平台

洞庭湖河道堤垸及分洪可视化数字平台可展示洞庭湖区基础信息及工程设施的可视化模型，包括洞庭湖区堤防三维化、三大垸及三小垸分洪闸 BIM 模型，西官垸主要控制性水利工程（水闸、泵站、安全区、安全台等）倾斜摄影模型，同时将水利工程设施可视化与洞庭湖区分蓄洪模拟、西官垸洪水演进及水环境调度模型相结合，实现堤垸分蓄洪闸门自定义启闭联动的三维情景模拟。

7.2　建议

随着长江上游梯级相继建成，上游水库群对上游洪水调蓄能力进一步增强，三峡水库对城陵矶防洪补偿库容增大，但由于长江中下游地区江湖关系及泄流能力变化，若遇 1954 年洪水，城陵矶附近 34.4 m 以上超额洪量仍大量存在。运用蓄滞洪区虽能一定程度上分蓄洪水，但并不能消除实际存在的超额洪量，防洪严峻形势并未发生本质改变，且随着经济社会的发展，运用蓄滞洪区造成的经济损失愈发严重。因此，除更合理利用分蓄洪区外，提出适应新的江湖关系、针对城陵矶附近河段的三峡补偿调度方案，并适当抬升城陵矶附近保证水位，对于科学防洪调度具有实际意义。

数字洞庭涉及洞庭湖水情、工情、经济社会等大量基本数据，本项目虽形成了包含水利工程信息的洞庭湖区数字化成果，但仍有不足之处，如水利工程三维可视化仅限于典型堤垸，后续应继续补充完善相关基础信息及可视化成果。除此之外，洪水演进及分蓄洪等水文水动力模型是洞庭湖区数字化的核心支撑，在洪水调度过程中为了能尽快提出调度决策方案和意见，合理利用分蓄洪区以有效提高防洪系统的整体防洪效果，迫切需要进一步加强洞庭湖分蓄洪模型研究，应不断演练、更新模型使其适应湖区水情、工情变化，为洞庭湖分蓄洪决策提供科学支撑。

参考文献

[1] 李威,艾婉秀,曾红玲,等.2020年汛期我国主要天气气候特征及成因分析[J].中国防汛抗旱,2021,31(1):1-5,63.

[2] 刘晓群,郝振纯,薛联青,等.洞庭湖蓄洪垸开闸蓄洪初步研究[J].人民长江,2009,40(14):79-83.

[3] 陈莫非,李安强,马强.2020年洪水洞庭湖调蓄作用分析[J].水利水电快报,2021,42(1):33-38.

[4] 水利部长江水利委员会.长江流域防洪规划[R].武汉:水利部长江水利委员会,2008.

[5] 黄艳.长江流域水工程联合调度方案的实践与思考:2020年防洪调度[J].人民长江,2020,51(12):116-128,134.

[6] 陈栋,姚仕明,朱勇辉,等.2020年汛期洞庭湖湖区典型堤岸险情分析及其处置建议[J].水利水电快报,2021,42(1):64-72.

[7] 徐卫红,张双虎,蒋云钟,等.洞庭湖区洪水组成及遭遇规律研究[C]//流域水循环与水安全:第十一届中国水论坛论文集,2013:7.

[8] 曾文,钟声.新中国成立以来洞庭湖区生态环境危机与治理[J].经济地理,2016,36(10):172-178.

[9] 邓命华,段炼中,黄昌林.洞庭湖蓄滞洪区建设管理问题与对策研究[J].中国农村水利水电,2009(11):40-42.

[10] 徐卫红.洞庭湖区复杂防洪系统数值模拟模型研究与应用[D].北京:中国水利水电科学研究院,2013.

[11] 郭世民.新时代湖南水文高质量发展的思考[J].水利发展研究,2020,20(11):29-31,48.

[12] 许小华,李文晶.鄱阳湖水利信息三维展示可视化系统设计与实现[J].人民长江,2020,51(4):226-231.

[13] 李谧,钟维明,沈国焱.三维可视化技术在水电站运维管理中的应用[J].电子技术与软件工程,2018(3):199-201.

[14] 潘传鹏,施涛,周达,等.一种抽水蓄能电站三维可视化方法研究与实现[J].测绘与空间地理信息,2018,4(19):150-152.

[15] 陆平.浅谈基于ArcGIS的三维可视化系统实现[J].测绘与空间地理信息,2017,40(3):140-142.

[16] 潘莹.基于BIM技术的水利水电工程逆向设计[J].水利信息化,2021(2):14-18.

[17] 李德,宾洪祥,黄桂林.水利水电工程BIM应用价值与企业推广思考[J].水利水电技术,2016,47(8):40-43.

[18] 林圣德.BIM技术在水利工程三维协同设计中的应用探讨[J].江淮水利科技,2018(2):43-45.

[19] 解凌飞,李德.基于BIM技术的水利水电工程三维协同设计[J].中国农村水利水电,2020(3):105-111.

[20] 朱亭,张贵金,刘琦,等.三维可视化大坝安全监控系统研发及应用[J].人民长江,2019,50(7):217-222.

[21] 刘黎溪,李万红,苏丽娜,等.天水曲溪供水工程地质BIM技术应用研究[J].中国农村水利水电,2020(10):219-221,227.

[22] 李森盛,刘若翔,种绍龙.无人机倾斜摄影立体测图在农村权籍测量中的应用[J].矿山测量,2020,48(3):105-109.

[23] 王莉,袁林山,张先聪.基于无人机倾斜摄影的矿山实景三维建模精度影响分析研究[J].矿山测量,2019,47(6):23-29,42.

[24] 龚健雅,崔婷婷,单杰,等.利用车载移动测量数据的建筑物立面建模方法[J].武汉大学学报(信息科学版),2015,40(9):1137-1143.

[25] 万凯,王硕,李炳.三维实景建模在水利工程中的应用[J].山东水利,2020(6):53-54.

[26] 朱征,包腾飞,郑东健,等.基于无人机倾斜摄影的白格堰塞区三维重建[J].水利水电科技进展,2020,40(5):81-88.

[27] 刘辉.水利工程智慧之路探讨:从通用IT到知识自动化到数据智能[J].水利规划与设计,2017(12):81-84.

[28] 蒋云钟,冶运涛,赵红莉,等.水利大数据研究现状与展望[J].水力发电学报,2020,39(10):1-32.

[29] 包志炎,姜小俊,黄康,等.浙江水利数字化转型总体框架和关键技术研究[J].水利信息化,2020(2):1-8.

[30] 广东省推进新型基础设施建设三年实施方案(2020—2022年)印发[EB/OL].(2020-11-07)[2023-08-09].http://www.cac.gov.cn/2020-11/07/c_1606226254314566.htm.

[31] 常高松,徐翔,谢学成.智慧水利在四川洪水预报和防洪调度中的应用[J].水利信息化,2021(2):10-13,33.

[32] 马惠清.基于大数据的信息化技术在水利建设管理中的应用研究[J].科技与创新,2021(6):174-175,178.

[33] 梁冰.辽宁水文信息化资源整合初探[J].吉林水利,2021(2):51-54.

[34] 苏晨,孙晨,张炜,等.镇江市"智慧水利"信息化模型设计与研究[J].水利技术监督,2021(3):33-36,70.

[35] 王宁,邹强,王汉东,等.基于Flex和SOA的防洪调度管理信息系统开发[J].人民长江,2015,46(23):99-103.

[36] 白忠.水利工程信息化与BIM+GIS融合应用的研究[J].江西建材,2021(4):172,174.

[37] 张亦弛.省级水利地理信息服务平台关键技术研究[D].南京:南京师范大学,2017.

[38] 凌龙.基于多源数据整合的陕西省水利地理信息系统设计与实现[D].西安:西北大

学,2016.

[39] 李建勋,解建仓,张永进.面向水利业务应用的数据集成及其服务模式[J].水利信息化,2011(4):1-3,8.

[40] 雷瑛,胡晓娟,董琨,等.多维地理信息资源统一编目管理关键技术研究[J].矿山测量,2015(4):65-66,71.

[41] 唐捷.面向空间数据抽取、转换、加载的元数据管理系统实现[J].电脑编程技巧与维护,2011(8):52-55.

[42] HARRIS G S. Real time routing of flood hydrographs in storm sewers[J]. Journal of the Hydraulic Division,1970,96(6):1274-1260.

[43] LIGHTHILL M J, WHITHAM G B. On kinematic waves, I: flood movement in long rivers[J]. Proceedings of the Royal Society of London A,1955,229(1178):281-316.

[44] DRONKERS J J. Tidal computations in rivers and coastal waters[M]. North-Holland Publishing Co,1964.

[45] CUNGE J A. On the subject of a flood propagation computation method (Muskingum method)[J]. Journal of Hydraulic Research,1969,7(2):205-230.

[46] MILLER W A, CUNGE J A. Simplified equations of unsteady flow[M]//MILLER W A, YEVJEWICH V. Unsteady flow in open channels. Vol. 1. For Collins, Colorado.: Water Resources Publication, Chapter 5,1975:183-257.

[47] WOODING R A. A hydraulic model for the catchment-stream problem[J]. Journal of Hydrology,1965,3(3):268-282.

[48] ECHEVERRIBAR I, MORALES-HERNÁNDEZ M, BRUFAU P, et al. 2D numerical simulation of unsteady flows for large scale floods prediction in real time[J]. Advances in Water Resources,2019,134:103444.

[49] 田景环,李芳芳.河道洪水演进浅析及一维数学模型的建立[J].中国水运(学术版),2007,7(8):94-95.

[50] SINGH V P, MCCANN R C. Some notes on Muskingum methods of flood routing[J]. Journal of Hydrology,1980(48):234-361.

[51] 龚珥夫,陈红兵,朱芳,等.新安江模型在资料匮乏的长江中下游山区中小流域洪水预报应用[J].湖泊科学,2021,33(2):581-594.

[52] 汤成友,项祖伟,缪韧,等.水箱模型在大尺度流域实时洪水预报模型研制中的应用[J].水文,2007(5):36-38,51.

[53] 梁犁丽,冶运涛,龚家国,等.分布式水文模型在短期水文预报中应用的可行性探讨[J].中国水利水电科学研究院学报,2013,11(3):210-215.

[54] ZHANG L L, SU F G, YANG D Q, et al. Discharge regime and simulation for the upstream of major rivers over Tibetan Plateau[J]. Journal of Geophysical Research: Atmospheres,2013,118(15):8500-8518.

[55] CHOUDHURY P, SHRIVASTAVA R K, NARULKAR S M. Flood routing in river

networks using equivalent Muskingum inflow[J]. Journal of Hydrologic Engineering, 2002,7(6):413-419.

[56] 仲志余,徐承隆,胡维忠.长江中下游洪水演进水文学方法模型研究[J].水利水电快报,1998,19(10):11-14.

[57] 邹冰玉,李世强.大湖演算模型在螺山站单值化后的适应性分析[J].水文,2011(s1):140-142,147.

[58] 宁磊.长江中游江湖关系与防洪形势研究[D].武汉:武汉大学,2010.

[59] 谢作涛,方红卫,仲志余.荆江-洞庭湖复杂河网洪水演进数学模型研究[J].泥沙研究,2010(3):38-43.

[60] 王秀杰,王丽娜,田福昌,等.基于时空动态耦合的漫滩、溃堤与防洪保护区洪水联算二维模型[J].自然灾害学报,2015,24(6):57-63.

[61] 陈文龙,宋利祥,邢领航,等.一维-二维耦合的防洪保护区洪水演进数学模型[J].水科学进展,2014,25(6):848-855.

[62] 苑希民,庞金龙,田福昌,等.多溃口河网耦合模型在防洪保护区洪水分析中的应用[J].水资源与水工程学报,2016,27(1):128-135.

[63] 程晓陶,杨磊,陈喜军.分蓄洪区洪水演进数值模型[J].自然灾害学报,1996(1):34-40.

[64] 胡四一,施勇,王银堂,等.长江中下游河湖洪水演进的数值模拟[J].水科学进展,2002,13(3):278-286.

[65] 谭维炎,胡四一,王银堂,等.长江中游洞庭湖防洪系统水流模拟:Ⅰ.建模思路和基本算法[J].水科学进展,1996(4):57-66.

[66] 张有兴,刘晓群,卢翔.长江中下游洪水模拟研究[J].湖南水利水电,2003(5):17-19.

本书出版受到以下项目资助：

（1）国家重点研发计划专题"长江中游新水沙情势下水文连通变化机理及其生态效应研究之洞庭湖松虎澧河湖水系优化调控及示范应用"（2022YFC3201804-03）；

（2）湖南水利科技重大项目"数字模拟技术在洞庭湖区水安全中的应用研究"（XSKJ2021000-07）；

（3）湖南水利科技重大项目"洞庭湖区防洪预演智慧系统技术及应用研究"（XSKJ2022068-13）；

（4）湖南水利科技重大项目"江湖关系变化背景下退化河网极端水情安全调控机制研究"（XSKJ2023059-05）。